深度学习推荐系统

王喆 / 编著

U0281514

电子工业出版社·
Publishing House of Electronics Industry
北京·BEIJING

内 容 简 介

深度学习在推荐系统领域掀起了一场技术革命，本书从深度学习推荐模型、Embedding技术、推荐系统工程实现、模型评估体系、业界前沿实践等几个方面介绍了这场技术革命中的主流技术要点。

本书既适合推荐系统、计算广告和搜索领域的从业者阅读，也适合人工智能相关专业的本科生、研究生、博士生阅读，帮助他们建立深度学习推荐系统的技术框架，通过学习前沿案例加强深度学习理论与推荐系统工程实践的融合能力。

未经许可，不得以任何方式复制或抄袭本书之部分或全部内容。

版权所有，侵权必究。

图书在版编目（CIP）数据

深度学习推荐系统 / 王喆编著. —北京：电子工业出版社，2020.3
ISBN 978-7-121-38464-6

Ⅰ. ①深… Ⅱ. ①王… Ⅲ. ①机器学习②计算机网络 Ⅳ. ①TP181②TP393

中国版本图书馆 CIP 数据核字（2020）第 027866 号

责任编辑：郑柳洁
印　　刷：中国电影出版社印刷厂
装　　订：中国电影出版社印刷厂
出版发行：电子工业出版社
　　　　　北京市海淀区万寿路 173 信箱　邮编：100036
开　　本：720×1000　1/16　印张：19　字数：316 千字
版　　次：2020 年 3 月第 1 版
印　　次：2024 年 6 月第 18 次印刷
定　　价：108.00 元

凡所购买电子工业出版社图书有缺损问题，请向购买书店调换。若书店售缺，请与本社发行部联系，联系及邮购电话：（010）88254888，88258888。

质量投诉请发邮件至 zlts@phei.com.cn，盗版侵权举报请发邮件至 dbqq@phei.com.cn。

本书咨询联系方式：010-51260888-819，faq@phei.com.cn。

推荐序

作为个性化时代互联网的核心应用技术，推荐、搜索和广告一直是工业界技术研发与创新的主战场，也是巨头公司如谷歌、亚马逊、阿里巴巴等重兵投入打造的技术护城河。这些领域往往面对的是互联网尺度的问题，非线性复杂度高，且容易收集到大量的数据，天然适合数据驱动（data-driven）的方法。2015 年左右，深度学习的技术浪潮席卷进来，迅速引爆了整个领域的全面技术变革。

对于追求实效的工业界来说，深度学习带来的价值远不止贡献了一种新的算法。回顾整个互联网技术的发展史，机器学习作为一种新的生产工具，很早就被引入，并被应用在搜索、广告等领域。只不过，早期学术界研究、发表的大量复杂算法模型，往往只能停留在实验室阶段，难以被工业界大规模应用。主要原因有两个：一是模型的假设过于苛刻，跟真实应用情况相差很远，效果难以保证；二是工业界计算规模巨大，模型的训练和求解都存在复杂的工程挑战。一个新的模型从设计到应用，往往需要专业的大规模并行计算团队动辄数月甚至数年的时间才能研发成功。那个时期，工业界跟学术界交集很少。

然而，深度学习的出现彻底改变了技术研发的格局，推动生产力出现了数量级的跃升。与传统机器学习不同的是，深度学习将复杂的、需要专业化建模与优化能力、专业化分布式计算编程能力才能搞定的工业级机器学习算法研发闭环打破，提供了如下搭积木式的算法研发新范式：

（1）大量优秀且开源的深度学习训练框架提供了封装好的基础模块，新模型算法的设计变成了工具化组装。

（2）深度模型的优化可以采用一系列标准的优化器轻松完成，无须人工进行梯度的求导及优化算法的设计，且大部分优化器已经嵌入在深度学习框架中，无须编程开发。

（3）算法工程师或科学家可以将主要研发精力集中到对领域问题的理解和模型设计上，通过类似土木工程师绘图的方式搭建深度模型架构图，接下来的工作交给软件工程师，通过对深度学习框架计算效率和性能的优化，即可完成模型的训练。换句话说，模型的设计和实现是解耦的。

这种全新的研发模式，使得深度学习时代新模型、新算法的研发与创新层出不穷，极大地推高了工业应用领域的技术水位，带来了真金白银的巨大价值。如今，一名技术实习生每天可以轻松完成数个深度模型算法的实验尝试，而在之前的数十年间，能被工业界应用的机器学习模型屈指可数，这是巨大的生产力提升。可以说，深度学习解放了工业界对于复杂机器学习模型应用的畏惧心和想象力。

研发模式的变革，进一步重塑了技术创新的内驱力。我们可以清晰地看到，深度学习浪潮爆发后，在推荐、搜索、广告这类应用技术领域，核心模型算法的创新已经逐渐演变成由工业界主导、以工业实践和领域应用驱动为主的模式。最领先的算法往往来自头部公司的顶尖团队，而不再由学术界专门做研究的机器学习实验室基于假想的问题或理论的发展而创造。

这些来自工业界的算法，往往带有极强的领域问题色彩，抛开了漂亮的理论外表，追求简洁务实。而这一点，恰恰是年轻的从业者容易忽视的。这也是本书最为珍贵的闪光点。它最大的价值不是罗列了众多的、闻名业界的典型模型算法进行细节点解剖，而是从技术创造的视角，以具体的技术诞生场景为蓝图，试图引导读者学习和掌握工业界模型设计背后的真正"银弹"——目的是解决什么样的问题。

当前，工业界技术研发圈普遍存在两种方法体系：

（1）拿着锤子找钉子：跟踪最新的顶会论文或大公司技术博客，寻找创新点，拿到自己的场景试一试，靠撞大运拿结果。

（2）问题驱动：定义清楚问题，想清楚技术的需求，然后寻找或构思相应的技术工具。

很可惜的是，当前业界很多技术团队或者算法工程师，还是习惯于使用第一种研发方法，不是能力不足，而是思维惯性和缺乏技术自信所致。这里以我领导的阿里巴巴定向广告模型团队的研发路径为例，对第二种研发方法做介绍：

我们一直在思考和寻找的是"真正能够发挥阿里巴巴电商体系下大量沉淀的互联网个性化行为数据"的模型算法。在这样的思路下，在过去的三、四年里，我们创造性地提出、研发及生产化了 DIN、DIEN、MIMN、ESMM 等一系列个性化行为预估模型，为阿里广告业务带来了百亿级收入增量。这些模型背后有两条思考的主线：

（1）以电商场景为代表的这类互联网个性化行为模式，用何种深度模型结构来捕捉其内在规律。因此读者看到了我们将 Attention 式结构（反向激活用户兴趣表达，见 DIN 模型）、GRU 式结构（兴趣随时间演化规律，见 DIEN 模型）、Memory 式结构（兴趣记忆与归纳，见 MIMN 模型）等引入模型设计中。

（2）用户行为数据使用得越多，对用户兴趣的刻画越准确，用何种技术架构来容纳更多的数据。因此读者看到我们从单点行为建模（DIN、DIEN、MIMN）发展了多种行为路径的联合建模（ESMM）、从短序列行为数据建模（DIN、DIEN）发展为超长行为序列建模（MIMN）。

深度学习的技术浪潮，从爆发到今天成为工业界绝大部分公司的标配解法，事实上第一波直接的技术红利已经基本被消耗殆尽。据我所知，业界大部分头部的、深度学习变革较为彻底的团队，都已经进入到滞涨阶段。这段技术发展过程，我称之为工业级深度学习 1.0 阶段。1.0 阶段达到顶峰的标志是：

（1）搭积木式的模型架构演进，其边际收益越来越低。

（2）深度模型进入数据饥饿阶段，希望进一步通过 10 倍、100 倍的数据量来填充既有模型容量（model capacity），从而提升精度。

（3）大部分新的大型算法优化和改进，都需要工程系统架构配套进行巨大的升级改造。

瓶颈已经出现，新的技术跃变在何方？

从 2018 年开始，我判断、践行并一直呼吁：对于推荐、搜索及广告等领域，业界需要重新定义和设计新的系统架构，以适应深度学习爆发式发展带来的领先算法能力。我认为，下一步技术的演化会进入全新的阶段，我称之为工业级深度学习 2.0 阶段。在 2.0 阶段，深度学习不再是新奇的利器，而是新的基础设施（工具）；算力不再是深度学习的助推力，相反地由于模型复杂度的爆炸，算力将变成新的制约；技术发展将从依赖深度学习算法单点突破收割技术红利，开始转向更为复杂的、系统性的技术体系推进，进一步创造技术红利。这里，关键性的技术破局点是算法与系统架构的协同设计（algo-system co-design）。举一个具体的例子：粗排一直是推荐、广告等排序技术系统中的重要一环，受计算规模远超精排的限制，历史上粗排模型经历了从最简单的统计反馈模型，发展到特征裁剪下的轻量级 LR 或 FM 模型，以及当前主流的双塔深度学习模型。然而，双塔结构限定了用户侧与物品侧没法进行特征交叉，且最终的目标拟合只能是向量内积及相关变种形式，模型的表达能力大大受限。2019 年，我们团队做了一次大胆而全新的尝试：重新定义了粗排架构，采用全实时计算的方式，引入网络量化压缩、蒸馏等技术，对算力与模型精度进行了精细化平衡，在一定的算力约束下可以支持粗排模型采用任意复杂度的深度网络结构进行在线推理。这种架构使得我们最新的粗排模型几乎可以逼近精排最复杂的模型，而且支持高效的线上迭代，在绝大部分场景上线后均取得了两位数以上的效果提升（这是我们近一年来单点模型技术提升最大的一项技术突破）。

可以预见，在工业级深度学习 2.0 阶段，技术演进的模式将再升级：从算法视角的实践和问题驱动，进一步拓展到更宏大的技术体系整体思考：领域问题特性、数据、算力、算法、架构及工程系统等将被纳入统一的思考框架中，成为技术创新的发力点。具体到推荐、搜索和广告领域的从业人员：算法工程师必须要兼顾系统工程师思维，系统工程师必须紧跟算法大潮并尝试引领算法架构。这个阶段的技术看起来"很不讨喜"：复杂、成本高、难复现、对人的要求高（算法能力+工程能力双肩挑），等等。不过我认为，从简单到复杂，并进一步形成更简单的技术体系和浪潮，正是技术发展最深刻的规律，也是本书希望传达给读者的思考方式。

这是最好的时代，也是最坏的时代，借以此序与大家共勉。

朱小强

阿里巴巴资深算法专家

前言
推荐系统的深度学习时代

1992 年，施乐公司帕拉奥图研究中心（Xerox Palo Alto Research Center）的 David Goldberg 等学者创建了应用协同过滤算法的推荐系统[1]。如果以此作为推荐系统领域的开端，那么推荐系统距今已有 28 年历史。在这 28 年中，特别是近 5 年，推荐系统技术的发展日新月异。毫无疑问，为推荐系统插上翅膀的，是深度学习带来的技术革命。2012 年，随着深度学习网络 AlexNet 在著名的 ImageNet 竞赛中一举夺魁[2]，深度学习引爆了图像、语音、自然语言处理等领域，就连互联网商业化最成功、机器学习模型应用最广泛的推荐、广告和搜索领域，也被深度学习的浪潮一一席卷。2015 年，随着微软、谷歌、百度、阿里等公司成功地在推荐、广告等业务场景中应用深度学习模型，推荐系统领域正式迈入了深度学习时代。

处于深度学习时代的推荐系统算法工程师（以下简称推荐工程师）是幸运的，我们见证了最深刻、也是最迅猛的技术变革；但某种意义上，我们也是不幸的，因为在这个技术日新月异、模型飞速演化的时代，一不小心我们就处于被淘汰的边缘。然而，这个时代，终究为对技术充满热情的工程师留下了充足的发展空间。在热忱的推荐工程师搭建自己的技术蓝图、丰富自己的技术储备时，**希望本书能**

---

[1] Goldberg, David, et al. Using collaborative filtering to weave an information tapestry. Communications of the ACM 35.12 (1992): 61-71.

[2] Alex Krizhevsky, Ilya Sutskever, and Geoffrey E. Hinton. Imagenet classification with deep convolutional neural networks.Advances in neural information processing systems. 2012.

成为他们脑海中推荐系统技术的思维导图，帮助他们构建深度学习推荐系统的技术框架。

本书缘起

写作本书的动机，一是我一直有结构化地整理推荐系统知识的愿望，二是电子工业出版社编辑的邀请。2018 年 12 月，郑柳洁编辑看了我的技术专栏和一些公众号文章，与我联系，邀请我写一本推荐或者广告算法方面的技术书。那时，我刚和 Hulu 的同事们结束了《百面机器学习：算法工程师带你去面试》的撰写工作。这本讲机器学习面试的书市场反响不错，着实帮助了很多同学。这段写作经历让我体会到，认真做一件事情、认真写技术内容是能够让很多读者受益的。我已在推荐和广告领域工作了 8 个年头，正好经历了深度学习在推荐系统领域发展的浪潮。因此，我选择了"深度学习推荐系统"这个主题，期望能把自己有限的知识和经验分享给对这个领域感兴趣的同学和同行。

本书特色

本书希望讨论的是推荐系统相关的"经典的"或者"前沿的"技术内容。其中着重讨论的是深度学习在推荐系统业界的应用。需要明确的是，本书不是一本机器学习或者深度学习的入门书，虽然书中会穿插机器学习基础知识的介绍，但绝大多数内容建立在读者有一定的机器学习基础上；本书也不是一本纯理论书籍，而是一本从工程师的实际经验角度出发，介绍深度学习在推荐系统领域的应用方法，以及推荐系统相关的业界前沿知识的技术书。

本书读者群

本书的目标读者可分为两类：

一类是互联网行业相关方向，特别是推荐、广告、搜索领域的从业者。希望这些同行能够通过学习本书熟悉深度学习推荐系统的发展脉络，厘清每个关键模型和技术的细节，进而在工作中应用甚至改进这些技术点。

另一类是有一定机器学习基础，希望进入推荐系统领域的爱好者、在校学生。本书尽量用平实的语言，从细节出发，介绍推荐系统技术的相关原理和应用方法，帮助读者从零开始构建前沿、实用的推荐系统知识体系。

欢迎交流

深度学习推荐系统的知识迭代迅速，而我所知有限，难免有挂一漏万之憾。**我非常希望与读者一起完成深度学习推荐系统的知识迭代工作**。欢迎读者将在阅读过程中遇到的问题反馈给我。无论是指出错误还是提出改进建议，还是想与我探讨技术问题，都可以通过以下方式联系我：

微信公众号：王喆的机器学习笔记（wangzhenotes）

邮箱：wzhe06@gmail.com

有价值的反馈我会在第一时间进行回复。

致谢

写作本书的过程并不轻松，除了挤出几乎所有的业余时间用于写作，还需要花大量的时间查阅论文、梳理技术框架，甚至与各大公司的同行及论文的作者交流技术细节、追踪业界前沿的技术应用。在此，十分感谢为本书提供过帮助的业界同行。

在写作本书的过程中，责任编辑郑柳洁为本书提出了大量有价值的建设性意见，并对很多细节问题进行了大量专业的修改。在此，十分感谢郑柳洁编辑和为本书做出贡献的电子工业出版社的编辑朋友们。

感谢在写作过程中给予我极大支持和理解的妻子和女儿，你们对家庭的照顾和对我工作的支持是我完成本书的最大动力。

谢谢你们！

美国旧金山湾区 Foster City

王喆

目录

第 1 章
互联网的增长引擎——推荐系统

这是一个生活处处被推荐系统影响的时代。想上网购物，推荐系统会帮你挑选满意的商品；想了解资讯，推荐系统会为你准备你感兴趣的新闻；想学习充电，推荐系统会为你提供最适合你的课程；想消遣放松，推荐系统会为你奉上让你欲罢不能的短视频；想闭目养神，推荐系统可以为你播放最应景的音乐。可以说，推荐系统从来没有像现在这样影响着人们的生活。

而推荐系统背后的算法工程师们，也从没有像现在这样追逐着发展日新月异的推荐系统技术。如果说推荐系统是互联网发展的增长引擎，那么推荐工程师就是推荐系统的发展引擎。在本章中，笔者将以推荐系统的具体场景为出发点，介绍什么是推荐系统，为什么推荐系统被称为互联网的"增长引擎"，以及如何从技术的角度看待推荐系统、构建推荐系统的整体技术架构。

1.1 为什么推荐系统是互联网的增长引擎

对互联网从业者来说，"增长"这个词就像插在心中的一支矛，无时无刻不被其刺激并激励着。笔者对"增长"这个词的理解来自大学时实验室的一段经历。清华大学计算机系和搜狗公司是长期合作伙伴，因此实验室的师兄、师姐经常谈起与搜狗的合作项目。笔者记忆至今的一句话是"如果我们能为搜狗的用户推荐更合适的广告，让广告的点击率增长 1%，就能为公司增加上千万的利润"。从那时起，"增长"这个词就深深地烙在笔者心中。这个词几乎成为互联网公司成功的唯一标准，也成为所有互联网从业者永远追逐的目标。通过算法和模型"神奇"地实现"增长"的愿望，也指引笔者走上了算法工程师的职业道路。

1.1.1 推荐系统的作用和意义

推荐系统存在的作用和意义可以从用户和公司两个角度进行阐述。

用户角度：**推荐系统解决在"信息过载"的情况下，用户如何高效获得感兴趣信息的问题**。从理论上讲，推荐系统的应用场景并不仅限于互联网。但互联网带来的海量信息问题，往往会导致用户迷失在信息中无法找到目标内容。可以说，互联网是推荐系统应用的最佳场景。正如封面中代表本书的那条鱼，它从鱼群中脱颖而出，穿过数码的网络跃然纸上。希望它能成为笔者为你筛选出的知识"锦鲤"。从用户需求层面看，推荐系统是在用户需求并不十分明确的情况下进行信息的过滤，因此，与搜索系统（用户会输入明确的"搜索词"）相比，推荐系统更多地利用用户的各类历史信息"猜测"其可能喜欢的内容，这是解决推荐问题时必须注意的基本场景假设。

公司角度：**推荐系统解决产品能够最大限度地吸引用户、留存用户、增加用户黏性、提高用户转化率的问题，从而达到公司商业目标连续增长的目的**。不同业务模式的公司定义的具体推荐系统优化目标不同，例如，视频类公司更注重用户观看时长，电商类公司更注重用户的购买转化率（Conversion Rate，CVR），新闻类公司更注重用户的点击率，等等。需要注意的是，设计推荐系统的最终目标是达成公司的商业目标、增加公司收益，这应是推荐工程师站在公司角度考虑问题的出发点。

正因如此，推荐系统不仅是用户高效获取感兴趣内容的"引擎"，也是互联网公司达成商业目标的"引擎"，二者是一个问题的两个维度，是相辅相成的。接下来，笔者尝试用两个应用场景进一步解释推荐系统是如何发挥"增长引擎"这一关键作用的。

1.1.2 推荐系统与 YouTube 的观看时长增长

上文提到，推荐系统的"终极"优化目标应包括两个维度：一个维度是用户体验的优化；另一个维度是满足公司的商业利益。对一个健康的商业模式来说，这两个维度应该是和谐统一的。这一点在 YouTube 推荐系统上体现得非常充分。

YouTube 是全球最大的 UGC（User Generated Content，用户生成内容）视频分享平台（如图 1-1 所示），其优化用户体验结果的最直接体现就是用户观看时长的增加。YouTube 作为一家以广告为主要收入来源的公司，其商业利益也建立在用户观看时长的增长之上，因为总用户观看时长与广告的总曝光机会成正比。只有不断增加广告的曝光量，才能实现公司利润的持续增长。因此，YouTube 的用户体验和公司利益在"观看时长"这一点上达成了一致。

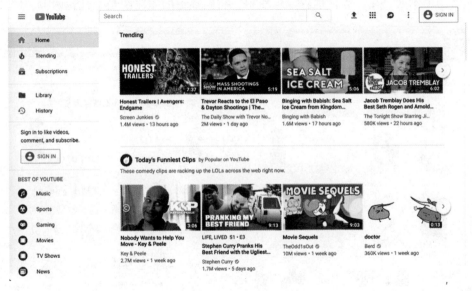

图 1-1   YouTube 的首页

正因如此，YouTube 推荐系统的主要优化目标就是观看时长，而非传统推荐系统看重的"点击率"。事实上，YouTube 的工程师在一篇著名的工程论文 *Deep Neural Networks for YouTube Recommendations*[1]中，非常明确地提出了将观看时长作为优化目标的建模方法。其大致推荐流程是：先通过构建深度学习模型，预测用户观看某候选视频的时长，再按照预测时长进行候选视频的排序，形成最终的推荐列表。笔者会在后面的章节中详细介绍 YouTube 推荐系统的技术细节。

1.1.3   推荐系统与电商网站的收入增长

如果说推荐系统在实现 YouTube 商业目标的过程中起的作用相对间接，那么它在电商平台上则直接驱动了公司收入的增长。因为推荐系统为用户推荐的商品是否合适，直接影响了用户的购买转化率。

2019 年天猫"双 11"的成交额是 2684 亿元。驱动天猫达成如此惊人成交额的是阿里巴巴著名的"千人千面"推荐系统（天猫手机端首页如图 1-2 所示）。对比某位男士和某位女士看到的天猫首页，可以看出，天猫的推荐系统不仅为不同用户推荐了不同品类的商品（例如，在"快抢购"模块中，为男士推荐了手机和手表，为女士推荐了女装和睡衣），还根据用户的特点生成了相同品类的不同缩略图（例如，在"为你推荐"模块中，相同频道的缩略图是个性化的）。

(a)某位男士看到的天猫首页　　　　(b)某位女士看到的天猫首页

图 1-2　天猫手机端首页

可以说，天猫的推荐系统真正实现了首页所有元素的个性化推荐，实现了名副其实的"千人千面"。这背后的一切是由以提高转化率、点击率为核心的推荐算法驱动的。假设通过推荐系统的某项改进，将平台整体的转化率提升了 1%，那么在 2684 亿元成交额的基础上，增加的成交额将达到 26.84 亿元（2684×1%）。也就是说，算法工程师仅通过优化推荐技术，就创造了 26.84 亿元的价值。这无疑是推荐工程师最大的职业魅力所在。

推荐系统的价值远不止于此。2018 年，全球在线广告市场规模达到 2200 亿美元，这背后的驱动者正是各大公司的广告推荐系统；同样在 2018 年，中国短视频应用的用户使用时长增长了 89.2%，这背后，视频推荐引擎发挥着不可替代的作用；从 2015 年开始，个性化资讯应用更是以摧枯拉朽之势击败了传统的门户网站和新闻类应用，成为用户获取资讯最主要的方式。可以说，推荐系统几乎成了驱动互联网所有应用领域的核心技术系统，当之无愧地成为当今助推互联网增长的强劲引擎。

1.2　推荐系统的架构

通过 1.1 节的介绍，读者应该已经对以下两点有所了解：

（1）互联网企业的核心需求是"增长"，而推荐系统正处在"增长引擎"的核心位置。

（2）推荐系统要解决的"用户痛点"是用户如何在"信息过载"的情况下高效地获得感兴趣的信息。

第一点告诉我们，推荐系统是重要的、不可或缺的；第二点则清晰地阐释了构建推荐系统要解决的基础问题，即推荐系统要处理的是"人"和"信息"的关系。

这里的"信息"，在商品推荐中指的是"商品信息"，在视频推荐中指的是"视频信息"，在新闻推荐中指的是"新闻信息"，简而言之，可统称为**"物品信息"**。而从"人"的角度出发，为了更可靠地推测出"人"的兴趣点，推荐系统希望利用大量与"人"相关的信息，包括历史行为、人口属性、关系网络等，这些可统称为**"用户信息"**。

此外，在具体的推荐场景中，用户的最终选择一般会受时间、地点、用户的状态等一系列环境信息的影响，可称为**"场景信息"**或"上下文信息"。

1.2.1 推荐系统的逻辑框架

在获知"用户信息""物品信息""场景信息"的基础上，推荐系统要处理的问题可以较形式化地定义为：对于用户 U（user），在特定场景 C（context）下，针对海量的"物品"信息，构建一个函数 $f(U,I,C)$，预测用户对特定候选物品 I（item）的喜好程度，再根据喜好程度对所有候选物品进行排序，生成推荐列表的问题。

根据推荐系统问题的定义，可以得到抽象的推荐系统逻辑框架（如图 1-3 所示）。虽然该逻辑框架是概括性的，但正是在此基础上，对各模块进行细化和扩展，才产生了推荐系统的整个技术体系。

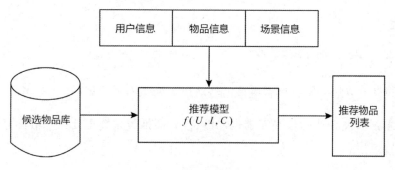

图 1-3　推荐系统逻辑框架

1.2.2 推荐系统的技术架构

在实际的推荐系统中，工程师需要将抽象的概念和模块具体化、工程化。在图 1-3 的基础上，工程师需要着重解决的问题有两类。

（1）**数据和信息相关的问题**，即"用户信息""物品信息""场景信息"分别是什么？如何存储、更新和处理？

（2）**推荐系统算法和模型相关的问题**，即推荐模型如何训练、如何预测、如何达成更好的推荐效果？

可以将这两类问题分为两个部分："数据和信息"部分逐渐发展为推荐系统中融合了数据离线批处理、实时流处理的数据流框架；"算法和模型"部分则进一步细化为推荐系统中集训练（training）、评估（evaluation）、部署（deployment）、线上推断（online inference）为一体的模型框架。具体地讲，推荐系统的技术架构示意图如图 1-4 所示。

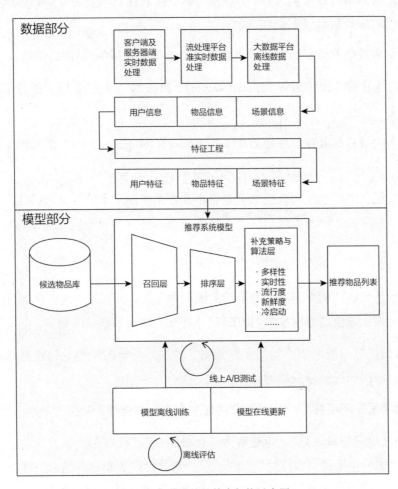

图 1-4 推荐系统的技术架构示意图

1.2.3 推荐系统的数据部分

推荐系统的数据部分（如图 1-4 中米黄色部分所示）主要负责"用户""物品""场景"的信息收集与处理。具体地讲，将负责数据收集与处理的三种平台按照实时性的强弱排序，依次为"客户端及服务器端实时数据处理""流处理平台准实时数据处理""大数据平台离线数据处理"。在实时性由强到弱递减的同时，三种平台的海量数据处理能力则由弱到强。因此，一个成熟的推荐系统的数据流系统会将三者取长补短，配合使用。

在得到原始的数据信息后，推荐系统的数据处理系统会将原始数据进一步加工，加工后的数据出口主要有三个：

（1）生成推荐模型所需的样本数据，用于算法模型的训练和评估。

（2）生成推荐模型服务（model serving）所需的"特征"，用于推荐系统的线上推断。

（3）生成系统监控、商业智能（Business Intelligence，BI）系统所需的统计型数据。

可以说，推荐系统的数据部分是整个推荐系统的"水源"，只有保证"水源"的持续、纯净，才能不断地"滋养"推荐系统，使其高效地运转并准确地输出。

1.2.4　推荐系统的模型部分

推荐系统的"模型部分"是推荐系统的主体（如图 1-4 中浅蓝色部分所示）。模型的结构一般由"召回层""排序层""补充策略与算法层"组成。

"召回层"一般利用高效的召回规则、算法或简单的模型，快速从海量的候选集中召回用户可能感兴趣的物品。

"排序层"利用排序模型对初筛的候选集进行精排序。

"补充策略与算法层"，也被称为"再排序层"，可以在将推荐列表返回用户之前，为兼顾结果的"多样性""流行度""新鲜度"等指标，结合一些补充的策略和算法对推荐列表进行一定的调整，最终形成用户可见的推荐列表。

从推荐模型接收到所有候选物品集，到最后产生推荐列表，这一过程一般称为模型服务过程。

在线环境进行模型服务之前，需要通过模型训练（model training）确定模型结构、结构中不同参数权重的具体数值，以及模型相关算法和策略中的参数取值。模型的训练方法又可以根据模型训练环境的不同，分为"离线训练"和"在线更新"两部分，其中：离线训练的特点是可以利用全量样本和特征，使模型逼近全局最优点；在线更新则可以准实时地"消化"新的数据样本，更快地反映新的数据变化趋势，满足模型实时性的需求。

除此之外，为了评估推荐模型的效果，方便模型的迭代优化，推荐系统的模型部分提供了"离线评估"和"线上 A/B 测试"等多种评估模块，用得出的线下和线上评估指标，指导下一步的模型迭代优化。

以上所有模块共同组成了推荐系统模型部分的技术框架。模型部分，特别是"排序层"模型是推荐系统产生效果的重点，也是业界和学界研究的重心。因此在后面的章节中，笔者将着重介绍模型部分，特别是"排序层"模型的主流技术及其演化趋势。

1.2.5　深度学习对推荐系统的革命性贡献

深度学习对推荐系统的革命性贡献在于对推荐模型部分的改进。与传统的推荐模型相比，深度学习模型对数据模式的拟合能力和对特征组合的挖掘能力更强。此外，深度学习模型结构的灵活性，使其能够根据不同推荐场景调整模型，使之与特定业务数据"完美"契合。

与此同时，深度学习对海量训练数据及数据实时性的要求，也对推荐系统的数据流部分提出了新的挑战。如何尽量做到海量数据的实时处理、特征的实时提取，线上模型服务过程的数据实时获取，是深度学习推荐系统数据部分需要攻克的难题。

1.2.6　把握整体，补充细节

推荐系统的整体技术架构及其对应的技术细节是异常复杂的，它不仅要求从业者有较深厚的机器学习知识、推荐模型相关的理论知识，还对从业者的工程能力和针对不同技术方案进行权衡，做出最优选择的"业务嗅觉"有着很高的要求。也许这正是推荐系统魅力之所在。

通过学习本章，读者将从整体上对深度学习推荐系统的框架有所了解。如果读者对本章涉及的技术名词、推荐系统的相关概念不太清楚，也完全不用担心，仅保留对深度学习推荐系统的初步印象即可。希望你能把推荐系统的技术框架埋藏于心，秉着"把握整体，补充细节"的方式进行具体章节的阅读。相信本书会抽丝剥茧地帮助你解答心中的疑惑。

1.3　本书的整体结构

本书的整体结构在图 1-4 的基础上展开，并重点介绍深度学习在推荐系统中的应用知识点和实践经验。在介绍具体的技术点时，笔者力图介绍清楚技术发展的主要脉络和前因后果。

由于推荐系统排序模型在推荐系统中占据绝对核心的地位，本书的前几章将着重介绍深度学习排序模型的技术演化趋势，在之后的章节中，会依次介绍推荐系统其他模块的技术细节和工程实现，通过业界前沿的推荐系统实例将所有知识融会贯通。具体地讲，本书的主要内容共分为 9 章。

第 1 章　互联网的增长引擎——推荐系统

介绍推荐系统的基础知识，在互联网中的地位和作用；介绍推荐系统的主要技术架构，使读者对推荐系统有宏观的认识，从整体到部分地展开本书的内容。

第 2 章　前深度学习时代——推荐系统的进化之路

介绍前深度学习时代推荐模型的演变历史，并介绍与推荐模型相关的基础机器学习知识，为深度学习推荐系统的学习夯实基础。

第 3 章　浪潮之巅——深度学习在推荐系统中的应用

介绍业界主流的深度学习推荐模型结构，以及不同模型之间的演化关系。希望读者能够在掌握深度学习推荐系统主要技术途径的同时，建立起改进推荐模型的思路和技术直觉。

第 4 章　Embedding 技术在推荐系统中的应用

重点介绍深度学习的核心技术——Embedding 技术在推荐系统中的应用，其中包括主流 Embedding 技术的发展过程和技术细节，及其实践和应用。

第 5 章 多角度审视推荐系统

如果说深度学习推荐模型是推荐系统的核心，那么本章将从核心之外的角度重新审视推荐系统，内容覆盖推荐系统的不同技术模块及优化思路。其中包括特征工程、召回层策略、推荐系统实时性、优化目标、业务理解、冷启动、"探索与利用"等多个重要的推荐系统话题。

第 6 章 深度学习推荐系统的工程实现

介绍深度学习推荐系统的工程实现方法和主要技术平台。包括数据处理平台、离线训练平台、线上部署和预估方法等三大部分内容。

第 7 章 推荐系统的评估

介绍推荐系统评估的主要指标和方法。建立从传统离线评估、离线仿真评估方法，到快速线上评估测试方法，最终到线上 A/B 测试评估的多层推荐系统评估体系。

第 8 章 深度学习推荐系统的前沿实践

介绍业界前沿推荐系统的技术框架和模型细节。主要包括 YouTube、Airbnb、Facebook、阿里巴巴等业界巨头的推荐系统的前沿实践。

第 9 章 构建属于你的推荐系统知识框架

汇总与本书相关的推荐系统知识，介绍推荐工程师应具备的主要技能点和思维方法。

参考文献

[1] COVINGTON PAUL, ADAMS JAY, SARGIN EMRE. Deep neural networks for youtube Recommendations[C]. Proceedings of the 10th ACM conference on recommender systems, 2016.

第 2 章
前深度学习时代——推荐系统的进化之路

在互联网永不停歇的增长需求的驱动下，推荐系统的发展可谓一日千里，从 2010 年之前千篇一律的协同过滤（Collaborative Filtering，CF）、逻辑回归（Logistic Regression，LR），进化到因子分解机（Factorization Machine，FM）、梯度提升树（Gradient Boosting Decision Tree，GBDT），再到 2015 年之后深度学习推荐模型的百花齐放，各种模型架构层出不穷。推荐系统的主流模型经历了从单一模型到组合模型，从经典框架到深度学习的发展过程。

诚然，深度学习推荐模型已经成了推荐、广告、搜索领域的主流，但在学习它之前，认真地回顾前深度学习时代的推荐模型仍是非常必要的，原因如下。

（1）即使在深度学习空前流行的今天，协同过滤、逻辑回归、因子分解机等传统推荐模型仍然凭借其可解释性强、硬件环境要求低、易于快速训练和部署等不可替代的优势，拥有大量适用的应用场景。模型的应用没有新旧、贵贱之分，熟悉每种模型的优缺点、能够灵活运用和改进不同的算法模型是优秀推荐工程师应具备的素质。

（2）传统推荐模型是深度学习推荐模型的基础。构成深度神经网络（Deep Neural Network，DNN）的基本单元是神经元，而应用广泛的传统逻辑回归模型正是神经元的另一种表现形式；深度学习推荐模型中影响力很大的基于因子分解机支持的神经网络（Factorization machine supported Neural Network，FNN）、深度因子分解机（Deep Factorization Machine，DeepFM）、神经网络因子分解机（Neural Factorization Machine，NFM）等深度学习模型更是与传统的 FM 模型有着千丝万缕的联系。此外，在传统推荐模型训练中被广泛采用的梯度下降等训练方式，更是沿用至深度学习时代。所以说，传统推荐模型是深度学习推荐模型的基础，也是读者学习的入口。

本章从前深度学习时代推荐模型的进化关系图开始，逐一介绍主要的传统推荐模型的原理、优缺点，以及不同模型之间的演化关系，希望能够为读者绘制一幅全面的传统推荐模型进化蓝图。

2.1 传统推荐模型的演化关系图

图 2-1 所示为传统推荐模型的演化关系图，我们将它作为全章的索引。已经对其中某些模型有所了解的读者可以由点及面地构建全面的模型进化关系脉络，还没有相关知识储备的读者，可以据此建立传统推荐模型的框架和大致印象。

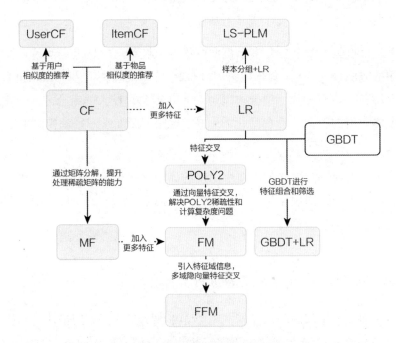

图 2-1 传统推荐模型的演化关系图

简要地讲，传统推荐模型的发展脉络主要由以下几部分组成。

（1）**协同过滤算法族**（图 2-1 中蓝色部分）。经典的协同过滤算法曾是推荐系统的首选模型，从物品相似度和用户相似度角度出发，协同过滤衍生出物品协同过滤（ItemCF）和用户协同过滤（UserCF）两种算法。为了使协同过滤能够更好地处理稀疏共现矩阵问题、增强模型的泛化能力，从协同过滤衍生出矩阵分解模型（Matrix Factorization，MF），并发展出矩阵分解的各分支模型。

（2）**逻辑回归模型族**。与协同过滤仅利用用户和物品之间的显式或隐式反馈信息相比，逻辑回归能够利用和融合更多用户、物品及上下文特征。从 LR 模型衍生出的模型同样"枝繁叶茂"，包括增强了非线性能力的大规模分片线性模型（Large Scale Piece-wise Linear Model，LS-PLM），由逻辑回归发展出来的 FM 模型，以及与多种不同模型配合使用后的组合模型，等等。

（3）**因子分解机模型族**。因子分解机在传统逻辑回归的基础上，加入了二阶部分，使模型具备了进行特征组合的能力。更进一步，在因子分解机基础上发展出来的域感知因子分解机（Field-aware Factorization Machine，FFM）则通过加入特征域的概念，进一步加强了因子分解机特征交叉的能力。

（4）**组合模型**。为了融合多个模型的优点，将不同模型组合使用是构建推荐模型常用的方法。Facebook 提出的 GBDT+LR[梯度提升决策树(Gradient Boosting Decision Tree) +逻辑回归] 组合模型是在业界影响力较大的组合方式。此外，组合模型中体现出的特征工程模型化的思想，也成了深度学习推荐模型的引子和核心思想之一。

接下来，笔者将对进化关系图中出现的模型逐一讲解。希望读者在完成一个新模型的学习后，回到进化关系图中，找到该模型在图中的位置，将与它相关的知识嵌入整个推荐模型的知识图谱。

2.2 协同过滤——经典的推荐算法

如果让推荐系统领域的从业者选出业界影响力最大、应用最广泛的模型，那么笔者认为 90%的从业者会首选协同过滤。对协同过滤的研究甚至可以追溯到 1992 年[1]，Xerox 的研究中心开发了一种基于协同过滤的邮件筛选系统，用以过滤一些用户不感兴趣的无用邮件。但协同过滤在互联网领域大放异彩，还是源于互联网电商巨头 Amazon 对协同过滤的应用。

2003 年，Amazon 发表论文 *Amazon.com Recommenders Item-to-Item Collaborative Filtering*[2]，这不仅让 Amazon 的推荐系统广为人知，更让协同过滤成为今后很长时间的研究热点和业界主流的推荐模型。时至今日，尽管对协同过滤的研究已与深度学习紧密结合，但模型的基本原理还是没有脱离经典协同过滤的思路。本节介绍什么是协同过滤，以及协同过滤的技术细节。

2.2.1　什么是协同过滤

顾名思义，"协同过滤"就是协同大家的反馈、评价和意见一起对海量的信息进行过滤，从中筛选出目标用户可能感兴趣的信息的推荐过程。这里用一个商品推荐的例子来说明协同过滤的推荐过程（如图 2-2 所示）。

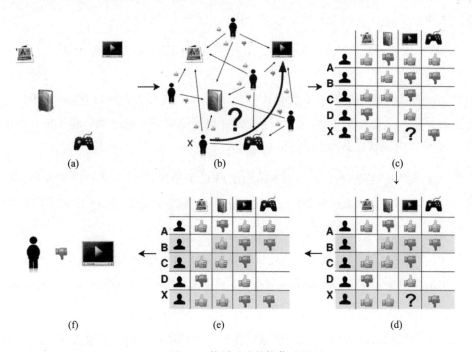

图 2-2　协同过滤的推荐过程

图 2-2 描述了一个电商网站场景下的协同过滤推荐过程，其推荐过程按照图 2-2(a) ~ (f)的顺序共分为 6 步。

（1）电商网站的商品库里一共有 4 件商品：游戏机、某小说、某杂志和某品牌电视机。

（2）用户 X 访问该电商网站，电商网站的推荐系统需要决定是否推荐电视机给用户 X。换言之，推荐系统需要预测用户 X 是否喜欢该品牌的电视机。为了进行这项预测，可以利用的数据有用户 X 对其他商品的历史评价数据，以及其他用户对这些商品的历史评价数据。图 2-2(b)中用绿色"点赞"标志表示用户对商品的好评，用红色"踩"的标志表示差评。可以看到，用户、商品和评价记录构成了带有标识的有向图。

（3）为便于计算，将有向图转换成矩阵的形式（被称为"共现矩阵"），用户作为矩阵行坐标，商品作为列坐标，将"点赞"和"踩"的用户行为数据转换为矩阵中相应的元素值。这里将"点赞"的值设为 1，将"踩"的值设为-1，"没有数据"置为 0（如果用户对商品有具体的评分，那么共现矩阵中的元素值可以取具体的评分值，没有数据时的默认评分也可以取评分的均值）。

（4）生成共现矩阵之后，推荐问题就转换成了预测矩阵中问号元素（图 2-2(d)所示）的值的问题。既然是"协同"过滤，用户理应考虑与自己兴趣相似的用户的意见。因此，预测的第一步就是找到与用户 X 兴趣最相似的 n（Top n 用户，这里的 n 是一个超参数）个用户，然后综合相似用户对"电视机"的评价，得出用户 X 对"电视机"评价的预测。

（5）从共现矩阵中可知，用户 B 和用户 C 由于跟用户 X 的行向量近似，被选为 Top n（这里假设 n 取 2）相似用户，由图 2-2(e)可知，用户 B 和用户 C 对"电视机"的评价都是负面的。

（6）相似用户对"电视机"的评价是负面的，因此可预测用户 X 对"电视机"的评价也是负面的。在实际的推荐过程中，推荐系统不会向用户 X 推荐"电视机"这一物品。

以上描述了协同过滤的算法流程，其中关于"用户相似度计算"及"最终结果的排序"过程是不严谨的，下面重点描述这两步的形式化定义。

2.2.2 用户相似度计算

在协同过滤的过程中，用户相似度的计算是算法中最关键的一步。通过 2.2.1 节的介绍可知，共现矩阵中的行向量代表相应用户的用户向量。那么，计算用户

i 和用户 j 的相似度问题，就是计算用户向量 i 和用户向量 j 之间的相似度，两个向量之间常用的相似度计算方法有如下几种。

（1）**余弦相似度**，如（式 2-1）所示。余弦相似度（Cosine Similarity）衡量了用户向量 i 和用户向量 j 之间的向量夹角大小。显然，夹角越小，证明余弦相似度越大，两个用户越相似。

$$\text{sim}(\boldsymbol{i},\boldsymbol{j}) = \cos(\boldsymbol{i},\boldsymbol{j}) = \frac{\boldsymbol{i} \cdot \boldsymbol{j}}{\|\boldsymbol{i}\| \cdot \|\boldsymbol{j}\|} \qquad （式 2-1）$$

（2）**皮尔逊相关系数**，如（式 2-2）所示。相比余弦相似度，皮尔逊相关系数通过使用用户平均分对各独立评分进行修正，减小了用户评分偏置的影响。

$$\text{sim}(i,j) = \frac{\sum_{p \in P}(R_{i,p} - \bar{R}_i)(R_{j,p} - \bar{R}_j)}{\sqrt{\sum_{p \in P}(R_{i,p} - \bar{R}_i)^2}\sqrt{\sum_{p \in P}(R_{j,p} - \bar{R}_j)^2}} \qquad （式 2-2）$$

其中，$R_{i,p}$ 代表用户 i 对物品 p 的评分。$\bar{R}_i$ 代表用户 i 对所有物品的平均评分，P 代表所有物品的集合。

（3）基于皮尔逊系数的思路，还可以通过引入物品平均分的方式，减少物品评分偏置对结果的影响，如（式 2-3）所示。

$$\text{sim}(i,j) = \frac{\sum_{p \in P}(R_{i,p} - \overline{R_p})(R_{j,p} - \overline{R_p})}{\sqrt{\sum_{p \in P}(R_{i,p} - \overline{R_p})^2}\sqrt{\sum_{p \in P}(R_{j,p} - \overline{R_p})^2}} \qquad （式 2-3）$$

其中，$\overline{R_p}$ 代表物品 p 得到所有评分的平均分。

在相似用户的计算过程中，理论上，任何合理的"向量相似度定义方式"都可以作为相似用户计算的标准。在对传统协同过滤改进的工作中，研究人员也是通过对相似度定义的改进来解决传统的协同过滤算法存在的一些缺陷的。

2.2.3　最终结果的排序

在获得 Top n 相似用户之后，利用 Top n 用户生成最终推荐结果的过程如下。假设"目标用户与其相似用户的喜好是相似的"，可根据相似用户的已有评价对目标用户的偏好进行预测。这里最常用的方式是利用用户相似度和相似用户的评价的加权平均获得目标用户的评价预测，如（式 2-4）所示。

$$R_{u,p} = \frac{\sum_{s \in S}(w_{u,s} \cdot R_{s,p})}{\sum_{s \in S} w_{u,s}} \qquad （式 2-4）$$

其中，权重 $w_{u,s}$ 是用户 u 和用户 s 的相似度，$R_{s,p}$ 是用户 s 对物品 p 的评分。

在获得用户 u 对不同物品的评价预测后，最终的推荐列表根据预测得分进行排序即可得到。至此，完成协同过滤的全部推荐过程。

以上介绍的协同过滤算法基于用户相似度进行推荐，因此也被称为基于用户的协同过滤（UserCF），它符合人们直觉上的"兴趣相似的朋友喜欢的物品，我也喜欢"的思想，但从技术的角度，它也存在一些缺点，主要包括以下两点。

（1）在互联网应用的场景下，用户数往往远大于物品数，而 UserCF 需要维护用户相似度矩阵以便快速找出 Top n 相似用户。该用户相似度矩阵的存储开销非常大，而且随着业务的发展，用户数的增长会导致用户相似度矩阵的存储空间以 n^2 的速度快速增长，这是在线存储系统难以承受的扩展速度。

（2）用户的历史数据向量往往非常稀疏，对于只有几次购买或者点击行为的用户来说，找到相似用户的准确度是非常低的，这导致 UserCF 不适用于那些正反馈获取较困难的应用场景（如酒店预定、大件商品购买等低频应用）。

2.2.4　ItemCF

由于 UserCF 技术上的两点缺陷，无论是 Amazon，还是 Netflix，都没有采用 UserCF 算法，而采用了 ItemCF 算法实现其最初的推荐系统。

具体地讲，ItemCF 是基于物品相似度进行推荐的协同过滤算法。通过计算共现矩阵中物品列向量的相似度得到物品之间的相似矩阵，再找到用户的历史正反馈物品的相似物品进行进一步排序和推荐，ItemCF 的具体步骤如下：

（1）基于历史数据，构建以用户（假设用户总数为 m）为行坐标，物品（物品总数为 n）为列坐标的 m×n 维的共现矩阵。

（2）计算共现矩阵两两列向量间的相似性（相似度的计算方式与用户相似度的计算方式相同），构建 $n×n$ 维的物品相似度矩阵。

（3）获得用户历史行为数据中的正反馈物品列表。

（4）利用物品相似度矩阵，针对目标用户历史行为中的正反馈物品，找出相似的 Top k 个物品，组成相似物品集合。

（5）对相似物品集合中的物品，利用相似度分值进行排序，生成最终的推荐列表。

在第 5 步中，如果一个物品与多个用户行为历史中的正反馈物品相似，那么该物品最终的相似度应该是多个相似度的累加，如（式 2-5）所示。

$$R_{u,p} = \sum_{h \in H}(w_{p,h} \cdot R_{u,h}) \qquad （式 2-5）$$

其中，H 是目标用户的正反馈物品集合，$w_{p,h}$ 是物品 p 与物品 h 的物品相似度，$R_{u,h}$ 是用户 u 对物品 h 的已有评分。

2.2.5　UserCF 与 ItemCF 的应用场景

除了技术实现上的区别，UserCF 和 ItemCF 在具体应用场景上也有所不同。

一方面，由于 UserCF 基于用户相似度进行推荐，使其具备更强的社交特性，用户能够快速得知与自己兴趣相似的人最近喜欢的是什么，即使某个兴趣点以前不在自己的兴趣范围内，也有可能通过"朋友"的动态快速更新自己的推荐列表。这样的特点使其非常适用于新闻推荐场景。因为新闻本身的兴趣点往往是分散的，相比用户对不同新闻的兴趣偏好，新闻的及时性、热点性往往是其更重要的属性，而 UserCF 正适用于发现热点，以及跟踪热点的趋势。

另一方面，ItemCF 更适用于兴趣变化较为稳定的应用，比如在 Amazon 的电商场景中，用户在一个时间段内更倾向于寻找一类商品，这时利用物品相似度为其推荐相关物品是契合用户动机的。在 Netflix 的视频推荐场景中，用户观看电影、电视剧的兴趣点往往比较稳定，因此利用 ItemCF 推荐风格、类型相似的视频是更合理的选择。

2.2.6 协同过滤的下一步发展

协同过滤是一个非常直观、可解释性很强的模型，但它并不具备较强的泛化能力，换句话说，协同过滤无法将两个物品相似这一信息推广到其他物品的相似性计算上。这就导致了一个比较严重的问题——热门的物品具有很强的头部效应，容易跟大量物品产生相似性；而尾部的物品由于特征向量稀疏，很少与其他物品产生相似性，导致很少被推荐。

举例来说，从某共现矩阵中抽出 A、B、C、D 四个物品的向量，利用余弦相似度计算出物品相似度矩阵（如图 2-3 所示）。

$$
\begin{array}{l}
A[0\ \ 0\ \ 0\ \ 1\ \ 1\ \ 0\ \ 1\ \ 0\ \ 1] \\
B[0\ \ 1\ \ 0\ \ 0\ \ 0\ \ 0\ \ 0\ \ 0\ \ 0] \\
C[0\ \ 0\ \ 1\ \ 0\ \ 0\ \ 0\ \ 0\ \ 0\ \ 0] \\
D[1\ \ 1\ \ 1\ \ 1\ \ 1\ \ 1\ \ 1\ \ 0\ \ 1]
\end{array}
\Rightarrow
\begin{array}{c}
\ \ \ \ A \ \ \ \ \ \ B \ \ \ \ \ \ C \ \ \ \ \ \ D \\
\begin{array}{c} A \\ B \\ C \\ D \end{array}
\begin{bmatrix}
- & 0.00 & 0.00 & 0.71 \\
0.00 & - & 0.00 & 0.35 \\
0.00 & 0.00 & - & 0.35 \\
0.71 & 0.35 & 0.35 & -
\end{bmatrix}
\end{array}
$$

图 2-3　从物品向量到相似度矩阵

通过物品相似度矩阵可知，A、B、C 之间的相似度均为 0，而与 A、B、C 最相似的物品均为物品 D，因此在以 ItemCF 为基础构建的推荐系统中，物品 D 将被推荐给所有对 A、B、C 有过正反馈的用户。

但事实上，物品 D 与 A、B、C 相似的原因仅在于物品 D 是一件热门商品，系统无法找出 A、B、C 之间相似性的主要原因是其特征向量非常稀疏，缺乏相似性计算的直接数据。这一现象揭示了协同过滤的天然缺陷——推荐结果的头部效应较明显，处理稀疏向量的能力弱。

为解决上述问题，同时增加模型的泛化能力，矩阵分解技术被提出。该方法在协同过滤共现矩阵的基础上，使用更稠密的隐向量表示用户和物品，挖掘用户和物品的隐含兴趣和隐含特征，在一定程度上弥补了协同过滤模型处理稀疏矩阵能力不足的问题。

另外，协同过滤仅利用用户和物品的交互信息，无法有效地引入用户年龄、性别、商品描述、商品分类、当前时间等一系列用户特征、物品特征和上下文特征，这无疑造成了有效信息的遗漏。为了在推荐模型中引入这些特征，推荐系统逐渐发展到以逻辑回归模型为核心的、能够综合不同类型特征的机器学习模型的道路上。

2.3 矩阵分解算法——协同过滤的进化

2.2 节介绍了推荐系统领域最经典的模型之一——协同过滤，针对协同过滤算法的头部效应较明显、泛化能力较弱的问题，矩阵分解算法被提出。矩阵分解在协同过滤算法中"共现矩阵"的基础上，加入了隐向量的概念，加强了模型处理稀疏矩阵的能力，针对性地解决了协同过滤存在的主要问题。

2006 年，在 Netflix 举办的著名推荐算法竞赛 Netflix Prize Challenge 中，以矩阵分解为主的推荐算法大放异彩，拉开了矩阵分解在业界流行的序幕[3]。本节借用 Netflix 推荐场景的例子说明矩阵分解算法的原理。

2.3.1 矩阵分解算法的原理

Netflix 是美国最大的流媒体公司，其推荐系统的主要应用场景是利用用户的行为历史，在 Netflix 的视频应用中为用户推荐喜欢的电影、电视剧或纪录片。图 2-4 用图例的方式描述了协同过滤算法和矩阵分解算法在视频推荐场景下的算法原理。

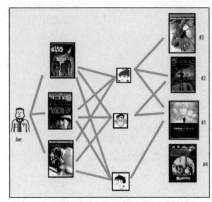 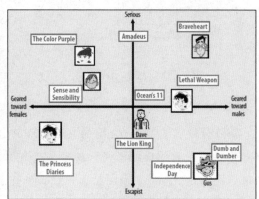

(a) 协同过滤算法原理图　　　　　　　　(b) 矩阵分解算法原理图

图 2-4　协同过滤和矩阵分解在视频推荐场景下的算法原理

如图 2-4 (a)所示，协同过滤算法找到用户可能喜欢的视频的方式很直接，即基于用户的观看历史，找到跟目标用户 Joe 看过同样视频的相似用户，然后找到这些相似用户喜欢看的其他视频，推荐给目标用户 Joe。

矩阵分解算法则期望为每一个用户和视频生成一个隐向量, 将用户和视频定位到隐向量的表示空间上 (如图 2-4(b)所示), 距离相近的用户和视频表明兴趣特点接近, 在推荐过程中, 就应该把距离相近的视频推荐给目标用户。例如, 如果希望为图 2-4(b)中的用户 Dave 推荐视频, 可以发现离 Dave 的用户向量最近的两个视频向量分别是 "Ocean's 11" 和 "The Lion King", 那么可以根据向量距离由近到远的顺序生成 Dave 的推荐列表。

用隐向量表达用户和物品, 还要保证相似的用户及用户可能喜欢的物品的距离相近——听上去是一个非常好的想法, 但关键问题是如何得到这样的隐向量呢?

在 "矩阵分解" 的算法框架下, **用户和物品的隐向量是通过分解协同过滤生成的共现矩阵得到的** (如图 2-5 所示), 这也是 "矩阵分解" 名字的由来。

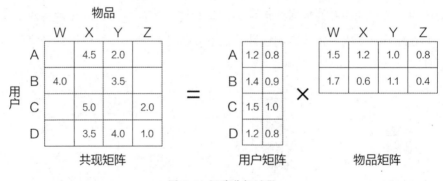

图 2-5 矩阵分解过程

矩阵分解算法将 $m \times n$ 维的共现矩阵 R 分解为 $m \times k$ 维的用户矩阵 U 和 $k \times n$ 维的物品矩阵 V 相乘的形式。其中 m 是用户数量, n 是物品数量, k 是隐向量的维度。k 的大小决定了隐向量表达能力的强弱。k 的取值越小, 隐向量包含的信息越少, 模型的泛化程度越高; 反之, k 的取值越大, 隐向量的表达能力越强, 但泛化程度相应降低。此外, k 的取值还与矩阵分解的求解复杂度直接相关。在具体应用中, k 的取值要经过多次试验找到一个推荐效果和工程开销的平衡点。

基于用户矩阵 U 和物品矩阵 V, 用户 u 对物品 i 的预估评分如 (式 2-6) 所示。

$$\hat{r}_{ui} = q_i^T p_u \qquad\qquad （式 2\text{-}6）$$

其中 p_u 是用户 u 在用户矩阵 U 中的对应行向量，q_i 是物品 i 在物品矩阵 V 中的对应列向量。

2.3.2 矩阵分解的求解过程

对矩阵进行矩阵分解的主要方法有三种：**特征值分解**（Eigen Decomposition）、**奇异值分解**（Singular Value Decomposition，SVD）和**梯度下降**（Gradient Descent）。其中，特征值分解只能作用于方阵，显然不适用于分解用户-物品矩阵。

奇异值分解的具体描述如下：

假设矩阵 M 是一个 $m \times n$ 的矩阵，则一定存在一个分解 $M = U \Sigma V^T$，其中 U 是 $m \times m$ 的正交矩阵，V 是 $n \times n$ 的正交矩阵，Σ 是 $m \times n$ 的对角阵。

取对角阵 Σ 中较大的 k 个元素作为隐含特征，删除 Σ 的其他维度及 U 和 V 中对应的维度，矩阵 M 被分解为 $M \approx U_{m\times k}\Sigma_{k\times k}V_{k\times n}{}^T$，至此完成了隐向量维度为 k 的矩阵分解。

可以说，奇异值分解似乎完美地解决了矩阵分解的问题，但其存在两点缺陷，使其不宜作为互联网场景下矩阵分解的主要方法。

（1）奇异值分解要求原始的共现矩阵是稠密的。互联网场景下大部分用户的行为历史非常少，用户–物品的共现矩阵非常稀疏，这与奇异值分解的应用条件相悖。如果应用奇异值分解，就必须对缺失的元素值进行填充。

（2）传统奇异值分解的计算复杂度达到了 $O(mn^2)$ 的级别[4]，这对于商品数量动辄上百万、用户数量往往上千万的互联网场景来说几乎是不可接受的。

由于上述两个原因，传统奇异值分解也不适用于解决大规模稀疏矩阵的矩阵分解问题。因此，梯度下降法成了进行矩阵分解的主要方法，这里对其进行具体的介绍。

（式 2-7）是求解矩阵分解的目标函数，该目标函数的目的是让原始评分 r_{ui} 与用户向量和物品向量之积 $q_i^T p_u$ 的差尽量小，这样才能最大限度地保存共现矩阵的原始信息。

$$\min_{\boldsymbol{q}^*, \boldsymbol{p}^*} \sum_{(u,i)\in K} \left(r_{ui} - \boldsymbol{q}_i^T \boldsymbol{p}_u\right)^2 \qquad （式 2\text{-}7）$$

其中 K 是所有用户评分样本的集合。为了减少过拟合现象，加入正则化项后的目标函数如（式 2-8）所示。

$$\min_{\boldsymbol{q}^*, \boldsymbol{p}^*} \sum_{(u,i)\in K} \left(r_{ui} - \boldsymbol{q}_i^T \boldsymbol{p}_u\right)^2 + \lambda(\|\boldsymbol{q}_i\|^2 + \|\boldsymbol{p}_u\|^2) \qquad （式 2\text{-}8）$$

基础知识——什么是过拟合现象和正则化

正则化对应的英文是 Regularization，直译过来是"规则化"，即希望让训练出的模型更"规则"、更稳定，避免预测出一些不稳定的"离奇"结果。

举例来说，图 2-6 中蓝色的点是样本点，红色的曲线是通过某模型学习出的拟合函数 $f_{red}(x)$，红色曲线虽然很好地拟合了所有样本点，但波动的幅度非常大，很难想象真实世界的数据模式是红色曲线这个样子的，这就是直观上的"过拟合现象"。

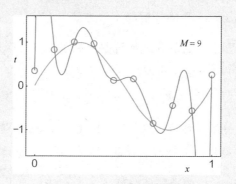

图 2-6　过拟合现象的例子

为了让模型更"稳重"，需要给模型加入一些限制，这些限制就是正则化项。在加入正则化项之后再次进行训练，拟合函数变成了绿色曲线的形式，避免受个别"噪声点"的影响，模型的预测输出更加稳定。

那么，正则化项严格的数学形式是怎样的呢？

$$\frac{1}{2}\sum_{i=1}^{n}\{t_i - \boldsymbol{W}^{\mathrm{T}}\varnothing(\boldsymbol{X}_i)\}^2 + \frac{\lambda}{q}\sum_{j=1}^{M}|\boldsymbol{w}_j|^q \qquad （式 2-9）$$

（式 2-9）是某模型的损失函数（Loss Function），其中 t_n 是训练集样本的真实输出，$\boldsymbol{W}$ 是权重，$\varnothing$ 是基函数。如果不考虑加号后面的部分，则（式 2-9）是一个标准的 L2 损失函数。

在加号后面的项就是正则化项，其中 λ 被称为正则化系数，λ 越大，正则化的限制越强。剩余部分就是模型权重的 q 次方之和，q 取 1 时被称为 L1 正则化，q 取 2 时被称为 L2 正则化。

将正则化项加入损失函数来保持模型稳定的做法也可以做如下理解。对于加入了正则化项的损失函数来说，模型权重越大，损失函数的值越大。梯度下降是朝着损失（Loss）小的方向发展的，因此正则化项其实是希望在尽量不影响原模型与数据集之间损失的前提下，使模型的权重变小，权重的减小自然会让模型的输出波动更小，从而达到让模型更稳定的目的。

对（式 2-8）所示的目标函数的求解可以利用非常标准的梯度下降过程完成。

（1）确定目标函数，如（式 2-8）所示。

（2）对目标函数求偏导，求取梯度下降的方向和幅度。

根据（式 2-8）对 $\boldsymbol{q}_i$ 求偏导，得到的结果为

$$-2(\boldsymbol{r}_{ui} - \boldsymbol{q}_i^{\mathrm{T}}\boldsymbol{p}_u)\boldsymbol{p}_u + 2\lambda\boldsymbol{q}_i$$

对 $\boldsymbol{p}_u$ 求偏导的结果为

$$-2(\boldsymbol{r}_{ui} - \boldsymbol{q}_i^{\mathrm{T}}\boldsymbol{p}_u)\boldsymbol{q}_i + 2\lambda\boldsymbol{p}_u$$

（3）利用第 2 步的求导结果，沿梯度的反方向更新参数：

$$\boldsymbol{q}_i \leftarrow \boldsymbol{q}_i + \gamma\left((\boldsymbol{r}_{ui} - \boldsymbol{q}_i^{\mathrm{T}}\boldsymbol{p}_u)\boldsymbol{p}_u - \lambda\boldsymbol{q}_i\right)$$

$$p_u \leftarrow p_u + \gamma \left((r_{ui} - q_i^T p_u) q_i - \lambda p_u \right)$$

其中，γ为学习率。

（4）当迭代次数超过上限 n 或损失低于阈值θ时，结束训练，否则循环第 3 步。

在完成矩阵分解过程后，即可得到所有用户和物品的隐向量。在对某用户进行推荐时，可利用该用户的隐向量与所有物品的隐向量进行逐一的内积运算，得出该用户对所有物品的评分预测，再依次进行排序，得到最终的推荐列表。

在了解了矩阵分解的原理之后，就可以更清楚地解释为什么矩阵分解相较协同过滤有更强的泛化能力。在矩阵分解算法中，由于隐向量的存在，使任意的用户和物品之间都可以得到预测分值。而隐向量的生成过程其实是对共现矩阵进行全局拟合的过程，因此隐向量其实是利用全局信息生成的，有更强的泛化能力；而对协同过滤来说，如果两个用户没有相同的历史行为，两个物品没有相同的人购买，那么这两个用户和两个物品的相似度都将为 0（因为协同过滤只能利用用户和物品自己的信息进行相似度计算，这就使协同过滤不具备泛化利用全局信息的能力）。

2.3.3　消除用户和物品打分的偏差

由于不同用户的打分体系不同（比如在 5 分为满分的情况下，有的用户认为打 3 分已经是很低的分数了，而有的用户认为打 1 分才是比较差的评价），不同物品的衡量标准也有所区别（比如电子产品的平均分和日用品的平均分差异有可能比较大），为了消除用户和物品打分的偏差（Bias），常用的做法是在矩阵分解时加入用户和物品的偏差向量，如（式 2-10）所示。

$$r_{ui} = \mu + b_i + b_u + q_i^T p_u \qquad\qquad （式 2-10）$$

其中μ是全局偏差常数，b_i是物品偏差系数，可使用物品i收到的所有评分的均值，b_u是用户偏差系数，可使用用户u给出的所有评分的均值。

与此同时，矩阵分解目标函数也需要在（式 2-8）的基础上做相应改变，如（式 2-11）所示。

$$\min_{\boldsymbol{q}^*, \boldsymbol{p}^*, \boldsymbol{b}^*} \sum_{(u,i)\in K} (\boldsymbol{r}_{ui} - \mu - b_u - b_i - \boldsymbol{p}_u^T \boldsymbol{q}_i)^2 + \lambda(\|\boldsymbol{p}_u\|^2 + \|\boldsymbol{q}_i\|^2 + b_u^2 + b_i^2) \quad （式 2\text{-}11）$$

同理，矩阵分解的求解过程会随着目标函数的改变而变化，主要区别在于利用新的目标函数，通过求导得出新的梯度下降公式，在此不再赘述。

加入用户和物品的打分偏差项之后，矩阵分解得到的隐向量更能反映不同用户对不同物品的"真实"态度差异，也就更容易捕捉评价数据中有价值的信息，从而避免推荐结果有偏。

2.3.4　矩阵分解的优点和局限性

相比协同过滤，矩阵分解有如下非常明显的优点。

（1）**泛化能力强**。在一定程度上解决了数据稀疏问题。

（2）**空间复杂度低**。不需再存储协同过滤模型服务阶段所需的"庞大"的用户相似性或物品相似性矩阵，只需存储用户和物品隐向量。空间复杂度由 n^2 级别降低到 $(n+m)\cdot k$ 级别。

（3）**更好的扩展性和灵活性**。矩阵分解的最终产出是用户和物品隐向量，这其实与深度学习中的 Embedding 思想不谋而合，因此矩阵分解的结果也非常便于与其他特征进行组合和拼接，并便于与深度学习网络进行无缝结合。

与此同时，也要意识到矩阵分解的局限性。与协同过滤一样，矩阵分解同样不方便加入用户、物品和上下文相关的特征，这使得矩阵分解丧失了利用很多有效信息的机会，同时在缺乏用户历史行为时，无法进行有效的推荐。为了解决这个问题，逻辑回归模型及其后续发展出的因子分解机等模型，凭借其天然的融合不同特征的能力，逐渐在推荐系统领域得到更广泛的应用。

2.4　逻辑回归——融合多种特征的推荐模型

相比协同过滤模型仅利用用户与物品的相互行为信息进行推荐，逻辑回归模型能够综合利用用户、物品、上下文等多种不同的特征，生成较为"全面"的推荐结果。另外，逻辑回归的另一种表现形式"感知机"作为神经网络中最基础的单一神经元，是深度学习的基础性结构。因此，能够进行多特征融合的逻辑回归模型成了独立于协同过滤的推荐模型发展的另一个主要方向。

相比协同过滤和矩阵分解利用用户和物品的"相似度"进行推荐，逻辑回归将推荐问题看成一个分类问题，通过预测正样本的概率对物品进行排序。这里的正样本可以是用户"点击"了某商品，也可以是用户"观看"了某视频，均是推荐系统希望用户产生的"正反馈"行为。因此，逻辑回归模型将推荐问题转换成了一个点击率（Click Through Rate，CTR）预估问题。

2.4.1　基于逻辑回归模型的推荐流程

基于逻辑回归的推荐过程如下。

（1）将用户年龄、性别、物品属性、物品描述、当前时间、当前地点等特征转换成数值型特征向量。

（2）确定逻辑回归模型的优化目标（以优化"点击率"为例），利用已有样本数据对逻辑回归模型进行训练，确定逻辑回归模型的内部参数。

（3）在模型服务阶段，将特征向量输入逻辑回归模型，经过逻辑回归模型的推断，得到用户"点击"（这里用点击作为推荐系统正反馈行为的例子）物品的概率。

（4）利用"点击"概率对所有候选物品进行排序，得到推荐列表。

基于逻辑回归的推荐过程的重点在于，利用样本的特征向量进行模型训练和在线推断。下面着重介绍逻辑回归模型的数学形式、推断过程和训练方法。

2.4.2　逻辑回归模型的数学形式

如图 2-7 所示，逻辑回归模型的推断过程可以分为如下几步：

（1）将特征向量 $x = (x_1, x_2, ..., x_n)^T$ 作为模型的输入。

（2）通过为各特征赋予相应的权重 $(w_1, w_2, ..., w_{n+1})$，来表示各特征的重要性差异，将各特征进行加权求和，得到 $x^T w$。

（3）将$x^T w$输入 sigmoid 函数，使之映射到 0~1 的区间，得到最终的"点击率"。

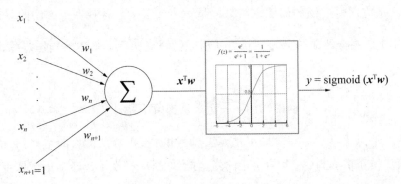

图 2-7　逻辑回归模型的数学形式的推断过程

其中，sigmoid 函数的具体形式如（式 2-12）所示。

$$f(z) = \frac{1}{1 + e^{-z}} \qquad （式\ 2\text{-}12）$$

其函数曲线如图 2-8 所示。可以直观地看到 sigmoid 的值域在 0~1 之间，符合"点击率"的物理意义。

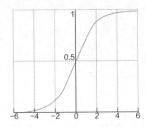

图 2-8　sigmoid 函数曲线

综上，逻辑回归模型整个推断过程的数学形式如（式 2-13）所示。

$$f(x) = \frac{1}{1 + e^{-(w \cdot x + b)}} \qquad （式\ 2\text{-}13）$$

对于标准的逻辑回归模型来说，要确定的参数就是特征向量相应的权重向量 w，下面介绍逻辑回归模型的权重向量 w 的训练方法。

2.4.3　逻辑回归模型的训练方法

逻辑回归模型常用的训练方法是梯度下降法、牛顿法、拟牛顿法等，其中梯度下降法是应用最广泛的训练方法，也是学习深度学习各种训练方法的基础。

事实上，在介绍矩阵分解训练方法时，已经对梯度下降法的具体步骤进行了介绍。

基础知识——什么是梯度下降法

梯度下降法是一个一阶最优化算法。应用梯度下降法的目的是找到一个函数的局部极小值。为此，必须沿函数上当前点对应梯度（或者是近似梯度）的反方向进行规定步长距离的迭代搜索。如果向梯度正方向迭代进行搜索，则会接近函数的局部极大值点，这个过程被称为梯度上升法。

如图 2-9 所示，梯度下降法很像寻找一个盆地最低点的过程。那么，在寻找最低点的过程中，沿哪个方向才是下降最快的方向呢？

图 2-9　梯度下降法的形象化表示

这就利用了"梯度"的性质：如果实值函数 $F(x)$ 在点 x_0 处可微且有定义，那么函数 $F(x)$ 在点 x_0 处沿着梯度相反的方向 $-\nabla F(x)$ 下降最快。

因此，在优化某模型的目标函数时，只需对目标函数进行求导，得到梯度的方向，沿梯度的反方向下降，并迭代此过程直至寻找到局部最小点。

使用梯度下降法求解逻辑回归模型的第一步是确定逻辑回归的目标函数。已知逻辑回归的数学形式如（式 2-13）所示，这里表示成 $f_w(x)$。对于一个输入样本 x，预测结果为正样本（类别 1）和负样本（类别 0）的概率如（式 2-14）所示。

$$\begin{cases} P(y=1|x;w) = f_w(x) \\ P(y=0|x;w) = 1 - f_w(x) \end{cases} \quad \text{（式 2-14）}$$

将（式 2-14）综合起来，可以写成（式 2-15）的形式：

$$P(y|x;w) = (f_w(x))^y (1 - f_w(x))^{1-y} \quad \text{（式 2-15）}$$

由极大似然估计的原理可写出逻辑回归的目标函数，如（式 2-16）所示。

$$L(w) = \prod_{i=1}^{m} P(y|x;w) \quad \text{（式 2-16）}$$

由于目标函数连乘的形式不便于求导，故在（式 2-16）两侧取 log，并乘以系数 $-(1/m)$，将求最大值的问题转换成求极小值的问题，最终的目标函数形式如（式 2-17）所示。

$$J(w) = -\frac{1}{m} l(w) = -\frac{1}{m} \log L(w)$$
$$= -\frac{1}{m} \left(\sum_{i=1}^{m} (y^i \log f_w(x^i) + (1 - y^i) \log(1 - f_w(x^i))) \right) \quad \text{（式 2-17）}$$

在得到逻辑回归的目标函数后，需对每个参数求偏导，得到梯度方向，对 $J(w)$ 中的参数 w_j 求偏导的结果如（式 2-18）所示。

$$\frac{\partial}{\partial w_j} J(w) = \frac{1}{m} \sum_{i=1}^{m} (f_w(x^i) - y^i) x_j^i \quad \text{（式 2-18）}$$

在得到梯度之后，即可得到模型参数的更新公式，如（式 2-19）所示。

$$w_j \leftarrow w_j - \gamma \frac{1}{m} \sum_{i=1}^{m} (f_w(x^i) - y^i) x_j^i \quad \text{（式 2-19）}$$

至此，完成了逻辑回归模型的更新推导。

可以看出，无论是矩阵分解还是逻辑回归，在用梯度下降求解时都遵循其基本步骤。问题的关键在于利用模型的数学形式找出其目标函数，并通过求导得到梯度下降的公式。在之后的章节中，如无特殊情况，将不再一一推导模型的参数更新公式。有兴趣的读者可以尝试推导或者阅读模型相关的论文。

2.4.4 逻辑回归模型的优势

在深度学习模型流行之前，逻辑回归模型曾在相当长的一段时间里是推荐系统、计算广告业界的主要选择之一。除了在形式上适于融合不同特征，形成较"全面"的推荐结果，其流行还有三方面的原因：一是数学含义上的支撑；二是可解释性强；三是工程化的需要。

1. 数学含义上的支撑

逻辑回归作为广义线性模型的一种，它的假设是因变量 y 服从伯努利分布。那么在 CTR 预估这个问题上，"点击"事件是否发生就是模型的因变量 y，而用户是否点击广告是一个经典的掷偏心硬币问题。因此，CTR 模型的因变量显然应该服从伯努利分布。所以，采用逻辑回归作为 CTR 模型是符合"点击"这一事件的物理意义的。

与之相比，线性回归作为广义线性模型的另一个特例，其假设是因变量 y 服从高斯分布，这明显不是点击这类二分类问题的数学假设。

2. 可解释性强

直观地讲，逻辑回归模型的数学形式是各特征的加权和，再施以 sigmoid 函数。在逻辑回归数学基础的支撑下，逻辑回归的简单数学形式也非常符合人类对预估过程的直觉认知。

使用各特征的加权和是为了综合不同特征对 CTR 的影响，而不同特征的重要程度不一样，所以为不同特征指定不同的权重，代表不同特征的重要程度。最后，通过 sigmoid 函数，使其值能够映射到 0~1 区间，正好符合 CTR 的物理意义。

逻辑回归如此符合人类的直觉认知显然有其他的好处——使模型具有极强的可解释性。算法工程师可以轻易地根据权重的不同解释哪些特征比较重要，在

CTR 模型的预测有偏差时定位是哪些因素影响了最后的结果。在与负责运营、产品的同事合作时，也便于给出可解释的原因，有效降低沟通成本。

3．工程化的需要

在互联网公司每天动辄 TB 级别的数据面前，模型的训练开销和在线推断效率显得异常重要。在 GPU 尚未流行的 2012 年之前，逻辑回归模型凭借其易于并行化、模型简单、训练开销小等特点，占据着工程领域的主流。囿于工程团队的限制，即使其他复杂模型的效果有所提升，在没有明显击败逻辑回归模型之前，公司也不会贸然加大计算资源的投入，升级推荐模型或 CTR 模型，这是逻辑回归持续流行的另一重要原因。

2.4.5　逻辑回归模型的局限性

逻辑回归作为一个基础模型，显然有其简单、直观、易用的特点。但其局限性也是非常明显的：表达能力不强，无法进行特征交叉、特征筛选等一系列较为"高级"的操作，因此不可避免地造成信息的损失。为解决这一问题，推荐模型朝着复杂化的方向继续发展，衍生出因子分解机等高维的复杂模型。在进入深度学习时代之后，多层神经网络强大的表达能力可以完全替代逻辑回归模型，让它逐渐从各公司退役。各公司也将转而投入深度学习模型的应用浪潮之中。

2.5　从 FM 到 FFM——自动特征交叉的解决方案

逻辑回归模型表达能力不强的问题，会不可避免地造成有效信息的损失。在仅利用单一特征而非交叉特征进行判断的情况下，有时不仅是信息损失的问题，甚至会得出错误的结论。著名的"辛普森悖论"用一个非常简单的例子，说明了进行多维度特征交叉的重要性。

基础知识——什么是辛普森悖论

在对样本集合进行分组研究时，在分组比较中都占优势的一方，在总评中有时反而是失势的一方，这种有悖常理的现象，被称为"辛普森悖论"。下面用一个视频推荐的例子进一步说明什么是"辛普森悖论"。

假设表 2-1 和表 2-2 所示为某视频应用中男性用户和女性用户点击视频的数据。

表 2-1　男性用户

视　　频	点击（次）	曝光（次）	点击率
视频 A	8	530	1.51%
视频 B	51	1520	3.36%

表 2-2　女性用户

视　　频	点击（次）	曝光（次）	点击率
视频 A	201	2510	8.01%
视频 B	92	1010	9.11%

从以上数据中可以看出，无论男性用户还是女性用户，对视频 B 的点击率都高于视频 A，显然推荐系统应该优先考虑向用户推荐视频 B。

那么，如果忽略性别这个维度，将数据汇总（如表 2-3 所示）会得出什么结论呢？

表 2-3　数据汇总

视　　频	点击（次）	总曝光（次）	点击率
视频 A	209	3040	6.88%
视频 B	143	2530	5.65%

在汇总结果中，视频 A 的点击率居然比视频 B 高。如果据此进行推荐，将得出与之前的结果完全相反的结论，这就是所谓的"辛普森悖论"。

在"辛普森悖论"的例子中，分组实验相当于使用"性别"+"视频 id"的组合特征计算点击率，而汇总实验则使用"视频 id"这一单一特征计算点击率。汇总实验对高维特征进行了合并，损失了大量的有效信息，因此无法正确刻画数据模式。

逻辑回归只对单一特征做简单加权，不具备进行特征交叉生成高维组合特征的能力，因此表达能力很弱，甚至可能得出像"辛普森悖论"那样的错误结论。

因此，通过改造逻辑回归模型，使其具备特征交叉的能力是必要和迫切的。

2.5.1　POLY2 模型——特征交叉的开始

针对特征交叉的问题，算法工程师经常采用先手动组合特征，再通过各种分析手段筛选特征的方法，但该方法无疑是低效的。更遗憾的是，人类的经验往往有局限性，程序员的时间和精力也无法支撑其找到最优的特征组合。因此，采用 POLY2 模型进行特征的"暴力"组合成了可行的选择。

POLY2 模型的数学形式如（式 2-20）所示。

$$\varnothing POLY2(\pmb{w}, \pmb{x}) = \sum_{j_1=1}^{n-1} \sum_{j_2=j_1+1}^{n} w_{h(j_1, j_2)} x_{j_1} x_{j_2} \qquad （式 2-20）$$

可以看到，该模型对所有特征进行了两两交叉（特征 x_{j_1} 和 x_{j_2}），并对所有的特征组合赋予权重 $w_{h(j_1, j_2)}$。POLY2 通过暴力组合特征的方式，在一定程度上解决了特征组合的问题。POLY2 模型本质上仍是线性模型，其训练方法与逻辑回归并无区别，因此便于工程上的兼容。

但 POLY2 模型存在两个较大的缺陷。

（1）在处理互联网数据时，经常采用 one-hot 编码的方法处理类别型数据，致使特征向量极度稀疏，POLY2 进行无选择的特征交叉——原本就非常稀疏的特征向量更加稀疏，导致大部分交叉特征的权重缺乏有效的数据进行训练，无法收敛。

（2）权重参数的数量由 n 直接上升到 n^2，极大地增加了训练复杂度。

基础知识——什么是 one-hot 编码

one-hot 编码是将类别型特征转换成向量的一种编码方式。由于类别型特征不具备数值化意义，如果不进行 one-hot 编码，无法将其直接作为特征向量的一个维度使用。

举例来说，某样本有三个特征，分别是星期、性别和城市，用 [Weekday=Tuesday, Gender=Male, City=London] 表示。由于模型的输入特征向量仅可以是数值型特征向量，无法把"Tuesday"这个字符串直接输入模型，需要将其数值化，最常用的方法就是将特征做 one-hot 编码。编码的结果如图 2-10 所示。

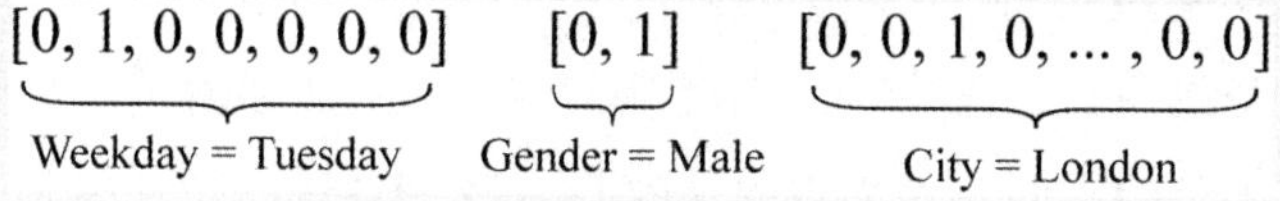

$$[0, 1, 0, 0, 0, 0, 0] \qquad [0, 1] \qquad [0, 0, 1, 0, ... , 0, 0]$$

$$\underbrace{\qquad\qquad\qquad}_{\text{Weekday = Tuesday}} \qquad \underbrace{\quad}_{\text{Gender = Male}} \qquad \underbrace{\qquad\qquad\qquad}_{\text{City = London}}$$

图 2-10　one-hot 编码特征向量

可以看到，Weekday 这个特征域有 7 个维度，Tuesday 对应第 2 个维度，所以把对应维度置为 1。Gender 分为 Male 和 Female，one-hot 编码就有两个维度，City 特征域同理。

虽然 one-hot 编码方式可以将类别型特征转变成数值型特征向量，但是会不可避免地造成特征向量中存在大量数值为 0 的特征维度。这在互联网这种海量用户场景下尤为明显。假设某应用有 1 亿用户，那么将用户 id 进行 one-hot 编码后，将造成 1 亿维特征向量中仅有 1 维是非零的。这是造成互联网模型的输入特征向量稀疏的主要原因。

2.5.2　FM 模型——隐向量特征交叉

为了解决 POLY2 模型的缺陷，2010 年，Rendle 提出了 FM 模型[5]。

（式 2-21）是 FM 二阶部分的数学形式，与 POLY2 相比，其主要区别是用两个向量的内积$(\boldsymbol{w}_{j_1} \cdot \boldsymbol{w}_{j_2})$取代了单一的权重系数$w_{h(j_1,j_2)}$。具体地说，FM 为每个特征学习了一个隐权重向量（latent vector）。在特征交叉时，使用两个特征隐向量的内积作为交叉特征的权重。

$$\emptyset FM(\boldsymbol{w}, \boldsymbol{x}) = \sum_{j_1=1}^{n-1} \sum_{j_2=j_1+1}^{n} (\boldsymbol{w}_{j_1} \cdot \boldsymbol{w}_{j_2}) x_{j_1} x_{j_2} \qquad （式 2-21）$$

本质上，FM 引入隐向量的做法，与矩阵分解用隐向量代表用户和物品的做法异曲同工。可以说，FM 是将矩阵分解隐向量的思想进行了进一步扩展，从单纯的用户、物品隐向量扩展到了所有特征上。

FM 通过引入特征隐向量的方式，直接把 POLY2 模型 n^2 级别的权重参数数量减少到了 nk（ k 为隐向量维度，$n>>k$）。在使用梯度下降法进行 FM 训练的过程中，FM 的训练复杂度同样可被降低到 nk 级别，极大地降低了训练开销。

隐向量的引入使 FM 能更好地解决数据稀疏性的问题。举例来说，在某商品推荐的场景下，样本有两个特征，分别是频道（channel）和品牌（brand），某训练样本的特征组合是(ESPN, Adidas)。在 POLY2 中，只有当 ESPN 和 Adidas 同时出现在一个训练样本中时，模型才能学到这个组合特征对应的权重；而在 FM 中，ESPN 的隐向量也可以通过(ESPN, Gucci)样本进行更新，Adidas 的隐向量也可以通过(NBC, Adidas)样本进行更新，这大幅降低了模型对数据稀疏性的要求。甚至对于一个从未出现过的特征组合(NBC, Gucci)，由于模型之前已经分别学习过 NBC 和 Gucci 的隐向量，具备了计算该特征组合权重的能力，这是 POLY2 无法实现的。相比 POLY2，FM 虽然丢失了某些具体特征组合的精确记忆能力，但是泛化能力大大提高。

在工程方面，FM 同样可以用梯度下降法进行学习，使其不失实时性和灵活性。相比之后深度学习模型复杂的网络结构导致难以部署和线上服务，FM 较容易实现的模型结构使其线上推断的过程相对简单，也更容易进行线上部署和服务。因此，FM 在 2012—2014 年前后，成为业界主流的推荐模型之一。

2.5.3　FFM 模型——引入特征域的概念

2015 年，基于 FM 提出的 FFM[6]在多项 CTR 预估大赛中夺魁，并被 Criteo、美团等公司深度应用在推荐系统、CTR 预估等领域。相比 FM 模型，FFM 模型引入了特征域感知（field-aware）这一概念，使模型的表达能力更强。

$$\emptyset FFM(\boldsymbol{w}, \boldsymbol{x}) = \sum_{j_1=1}^{n-1} \sum_{j_2=j_1+1}^{n} \left(\boldsymbol{w}_{j_1, f_2} \cdot \boldsymbol{w}_{j_2, f_1}\right) x_{j_1} x_{j_2} \qquad （式 2-22）$$

（式 2-22）是 FFM 的数学形式的二阶部分。其与 FM 的区别在于隐向量由原来的 $\boldsymbol{w}_{j_1}$ 变成了 $\boldsymbol{w}_{j_1, f_2}$，这意味着每个特征对应的不是唯一一个隐向量，而是一组隐向量。当 $\boldsymbol{x}_{j_1}$ 特征与 $\boldsymbol{x}_{j_2}$ 特征进行交叉时，$\boldsymbol{x}_{j_1}$ 特征会从 $\boldsymbol{x}_{j_1}$ 的这一组隐向量中挑出与特征 $\boldsymbol{x}_{j_2}$ 的域 f_2 对应的隐向量 $\boldsymbol{w}_{j_1, f_2}$ 进行交叉。同理，$\boldsymbol{x}_{j_2}$ 也会用与 $\boldsymbol{x}_{j_1}$ 的域 f_1 对应的

隐向量进行交叉。

这里所说的域（field）具体指什么呢？简单地讲，"域"代表特征域，域内的特征一般是采用 one-hot 编码形成的一段 one-hot 特征向量。例如，用户的性别分为男、女、未知三类，那么对一个女性用户来说，采用 one-hot 方式编码的特征向量为[0,1,0]，这个三维的特征向量就是一个"性别"特征域。将所有特征域连接起来，就组成了样本的整体特征向量。

下面介绍 Criteo FFM 的论文[6]中的一个例子，更具体地说明 FFM 的特点。假设在训练推荐模型过程中接收到的训练样本如图 2-11 所示。

Publisher(P)	Advertiser(A)	Gender(G)
ESPN	NIKE	Male

图 2-11　训练样本示例

其中，Publisher、Advertiser、Gender 是三个特征域，ESPN、NIKE、Male 分别是这三个特征域的特征值（还需要转换成 one-hot 特征）。

如果按照 FM 的原理，特征 ESPN、NIKE 和 Male 都有对应的隐向量 $w_{ESPN}, w_{NIKE}, w_{Male}$，那么 ESPN 特征与 NIKE 特征、ESPN 特征与 Male 特征做交叉的权重应该是 $w_{ESPN} \cdot w_{NIKE}$ 和 $w_{ESPN} \cdot w_{Male}$。其中，ESPN 对应的隐向量 w_{ESPN} 在两次特征交叉过程中是不变的。

而在 FFM 中，ESPN 与 NIKE、ESPN 与 Male 交叉特征的权重分别是 $w_{ESPN,A} \cdot w_{NIKE,P}$ 和 $w_{ESPN,G} \cdot w_{Male,P}$。

细心的读者肯定已经注意到，ESPN 在与 NIKE 和 Male 交叉时分别使用了不同的隐向量 $w_{ESPN,A}$ 和 $w_{ESPN,G}$，这是由于 NIKE 和 Male 分别在不同的特征域 Advertiser(A)和 Gender(G)导致的。

在 FFM 模型的训练过程中，需要学习 n 个特征在 f 个域上的 k 维隐向量，参数数量共 $n \cdot k \cdot f$ 个。在训练方面，FFM 的二次项并不能像 FM 那样简化，因此其复杂度为 kn^2。

相比 FM，FFM 引入了特征域的概念，为模型引入了更多有价值的信息，使模型的表达能力更强，但与此同时，FFM 的计算复杂度上升到 kn^2，远大于 FM

的 kn。在实际工程应用中，需要在模型效果和工程投入之间进行权衡。

2.5.4　从 POLY2 到 FFM 的模型演化过程

本节最后，用图示的方法回顾从 POLY2 到 FM，再到 FFM 的模型演化过程。本节仍以图 2-11 所示的训练样本为例。

POLY2 模型直接学习每个交叉特征的权重，若特征数量为 n，则权重数量为 n^2 量级，具体为 $n(n{-}1)/2$ 个。如图 2-12 所示，每个彩色原点代表一个特征交叉项。

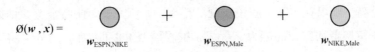

图 2-12　POLY2 模型示意图

FM 模型学习每个特征的 k 维隐向量，交叉特征由相应特征隐向量的内积得到，权重数量共 nk 个。FM 比 POLY2 的泛化能力强，但记忆能力有所减弱，处理稀疏特征向量的能力远强于 POLY2。如图 2-13 所示，每个特征交叉项不再是单独一个圆点，而是 3 个彩色圆点的内积，代表每个特征有一个 3 维的隐向量。

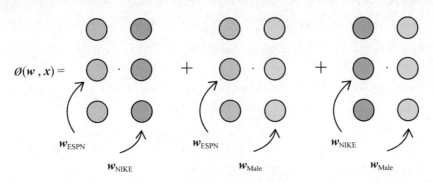

图 2-13　FM 模型示意图

FFM 模型在 FM 模型的基础上引入了特征域的概念，在做特征交叉时，每个特征选择与对方域对应的隐向量做内积运算，得到交叉特征的权重，在有 n 个特征，f 个特征域，隐向量维度为 k 的前提下，参数数量共 $n \cdot k \cdot f$ 个。如图 2-14 所示，每个特征都有 2 个隐向量，根据特征交叉对象特征域的不同，选择使用对应的隐向量。

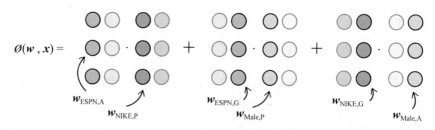

图 2-14　FFM 模型示意图

　　理论上，FM 模型族利用交叉特征的思路可以引申到三阶特征交叉，甚至更高维的阶段。但由于组合爆炸问题的限制，三阶 FM 无论是权重数量还是训练复杂度都过高，难以在实际工程中实现。那么，如何突破二阶特征交叉的限制，进一步加强模型特征组合的能力，就成了推荐模型发展的方向。2.6 节将介绍的组合模型在一定程度上解决了高阶特征交叉的问题。

2.6　GBDT+LR——特征工程模型化的开端

　　FFM 模型采用引入特征域的方式增强了模型的特征交叉能力，但无论如何，FFM 只能做二阶的特征交叉，如果继续提高特征交叉的维度，会不可避免地产生组合爆炸和计算复杂度过高的问题。那么，有没有其他方法可以有效地处理高维特征组合和筛选的问题呢？2014 年，Facebook 提出了基于 GBDT+ LR[7]组合模型的解决方案。

2.6.1　GBDT+LR 组合模型的结构

　　简而言之，Facebook 提出了一种利用 GBDT 自动进行特征筛选和组合，进而生成新的离散特征向量，再把该特征向量当作 LR 模型输入，预估 CTR 的模型结构（如图 2-15 所示）。

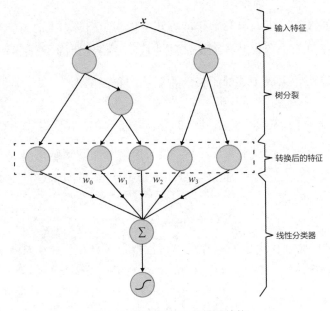

图 2-15　GBDT+LR 的模型结构

　　需要强调的是，用 GBDT 构建特征工程，利用 LR 预估 CTR 这两步是独立训练的，所以不存在如何将 LR 的梯度回传到 GBDT 这类复杂的问题。利用 LR 预估 CTR 的过程在 2.4 节已经进行了详细介绍，本节着重讲解利用 GBDT 构建新的特征向量的过程。

基础知识——什么是 GBDT 模型

　　GBDT 的基本结构是决策树组成的树林（如图 2-16 所示），学习的方式是梯度提升。

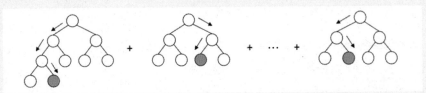

图 2-16　GBDT 的基本结构

　　具体地讲，GBDT 作为集成模型，预测的方式是把所有子树的结果加起来。

$$D(x) = d_{\text{tree 1}}(x) + d_{\text{tree 2}}(x) + \cdots$$

GBDT 通过逐一生成决策子树的方式生成整个树林，生成新子树的过程是利用样本标签值与当前树林预测值之间的残差，构建新的子树。

假设当前已经生成了 3 棵子树，则当前的预测值为

$$D(x) = d_{\text{tree }1}(x) + d_{\text{tree }2}(x) + d_{\text{tree }3}(x)$$

GBDT 期望的是构建第 4 棵子树，使当前树林的预测结果 $D(x)$ 与第 4 棵子树的预测结果 $d_{\text{tree}4}(x)$ 之和，能进一步逼近理论上的拟合函数 $f(x)$，即

$$D(x) + d_{\text{tree }4}(x) = f(x)$$

所以，第 4 棵子树生成的过程是以目标拟合函数和已有树林预测结果的残差 $R(x)$ 为目标的：

$$R(x) = f(x) - D(x)$$

理论上，如果可以无限生成决策树，那么 GBDT 可以无限逼近由所有训练集样本组成的目标拟合函数，从而达到减小预测误差的目的。

GBDT 是由多棵回归树组成的树林，后一棵树以前面树林的结果与真实结果的残差为拟合目标。每棵树生成的过程是一棵标准的回归树生成过程，因此回归树中每个节点的分裂是一个自然的特征选择的过程，而多层节点的结构则对特征进行了有效的自动组合，也就非常高效地解决了过去棘手的特征选择和特征组合的问题。

2.6.2　GBDT 进行特征转换的过程

利用训练集训练好 GBDT 模型之后，就可以利用该模型完成从原始特征向量到新的离散型特征向量的转化。具体过程如下。

一个训练样本在输入 GBDT 的某一子树后，会根据每个节点的规则最终落入某一叶子节点，把该叶子节点置为 1，其他叶子节点置为 0，所有叶子节点组成的向量即形成了该棵树的特征向量，把 GBDT 所有子树的特征向量连接起来，即形成了后续 LR 模型输入的离散型特征向量。

举例来说，如图 2-17 所示，GBDT 由三棵子树构成，每棵子树有 4 个叶子节点，输入一个训练样本后，其先后落入"子树 1"的第 3 个叶节点中，那么特征向量就是[0,0,1,0]，"子树 2"的第 1 个叶节点，特征向量为[1,0,0,0]，"子树 3"的第 4 个叶节点，特征向量为[0,0,0,1]，最后连接所有特征向量，形成最终的特征向量[0,0,1,0,1,0,0,0,0,0,0,1]。

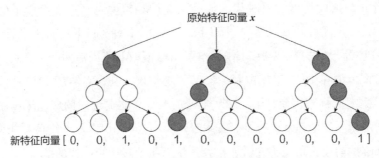

图 2-17　GBDT 生成特征向量的过程

事实上，决策树的深度决定了特征交叉的阶数。如果决策树的深度为 4，则通过 3 次节点分裂，最终的叶节点实际上是进行三阶特征组合后的结果，如此强的特征组合能力显然是 FM 系的模型不具备的。但 GBDT 容易产生过拟合，以及 GBDT 的特征转换方式实际上丢失了大量特征的数值信息，因此不能简单地说 GBDT 的特征交叉能力强，效果就比 FFM 好，在模型的选择和调试上，永远都是多种因素综合作用的结果。

2.6.3　GBDT+LR 组合模型开启的特征工程新趋势

GBDT+LR 组合模型对于推荐系统领域的重要性在于，它大大推进了特征工程模型化这一重要趋势。在 GBDT+LR 组合模型出现之前，特征工程的主要解决方法有两个：一是进行人工的或半人工的特征组合和特征筛选；二是通过改造目标函数，改进模型结构，增加特征交叉项的方式增强特征组合能力。但这两种方法都有弊端，第一种方法对算法工程师的经验和精力投入要求较高；第二种方法则要求从根本上改变模型结构，对模型设计能力的要求较高。

GBDT+LR 组合模型的提出，意味着特征工程可以完全交由一个独立的模型来完成，模型的输入可以是原始的特征向量，不必在特征工程上投入过多的人工筛选和模型设计的精力，实现真正的端到端（End to End）训练。

广义上讲，深度学习模型通过各类网络结构、Embedding 层等方法完成特征工程的自动化，都是 GBDT+LR 开启的特征工程模型化这一趋势的延续。

2.7 LS-PLM——阿里巴巴曾经的主流推荐模型

笔者介绍的前深度学习时代的最后一个推荐模型是阿里巴巴曾经的主流推荐模型——"大规模分段线性模型"（Large Scale Piece-wise Linear Model，以下简称 LS-PLM[8]）。选择 LS-PLM 作为本章压轴模型的原因有两个。一是其影响力大。虽然该模型在 2017 年才被阿里巴巴公之于众，但其实早在 2012 年，它就是阿里巴巴主流的推荐模型，并在深度学习模型提出之前长时间应用于阿里巴巴的各类广告场景。二是其结构特点。LS-PLM 的结构与三层神经网络极其相似，在深度学习来临的前夜，可以将它看作推荐系统领域连接两个时代的节点。

2.7.1 LS-PLM 模型的主要结构

LS-PLM，又被称为 MLR（Mixed Logistic Regression，混合逻辑回归）模型。本质上，LS-PLM 可以看作对逻辑回归的自然推广，它在逻辑回归的基础上采用分而治之的思路，先对样本进行分片，再在样本分片中应用逻辑回归进行 CTR 预估。

在逻辑回归的基础上加入聚类的思想，其灵感来自对广告推荐领域样本特点的观察。举例来说，如果 CTR 模型要预估的是女性受众点击女装广告的 CTR，那么显然，我们不希望把男性用户点击数码类产品的样本数据也考虑进来，因为这样的样本不仅与女性购买女装的广告场景毫无相关性，甚至会在模型训练过程中扰乱相关特征的权重。为了让 CTR 模型对不同用户群体、不同使用场景更有针对性，其采用的方法是先对全量样本进行聚类，再对每个分类施以逻辑回归模型进行 CTR 预估。LS-PLM 的实现思路就是由该灵感产生的。

LS-PLM 的数学形式如（式 2-23）所示，首先用聚类函数 π 对样本进行分类（这里的 π 采用了 softmax 函数对样本进行多分类），再用 LR 模型计算样本在分片中具体的 CTR，然后将二者相乘后求和。

$$f(x) = \sum_{i=1}^{m} \pi_i(x) \cdot \eta_i(x) = \sum_{i=1}^{m} \frac{e^{\mu_i \cdot x}}{\sum_{j=1}^{m} e^{\mu_j \cdot x}} \cdot \frac{1}{1 + e^{-w_i \cdot x}}$$ （式 2-23）

其中的超参数"分片数"m 可以较好地平衡模型的拟合与推广能力。当 $m=1$ 时，LS-PLM 就退化为普通的逻辑回归。m 越大，模型的拟合能力越强。与此同时，模型参数规模也随 m 的增大而线性增长，模型收敛所需的训练样本也随之增长。在实践中，阿里巴巴给出的 m 的经验值为 12。

在图 2-18 中，分别用红色和蓝色表示两类训练数据，传统 LR 模型的拟合能力不足，无法找到非线性的分类面，而 MLR 模型用 4 个分片完美地拟合出了数据中的菱形分类面。

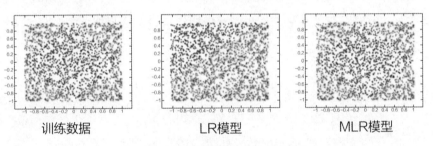

训练数据　　　　　　　　　　LR模型　　　　　　　　　　MLR模型

图 2-18　MLR 模型对训练数据的拟合

2.7.2　LS-PLM 模型的优点

LS-PLM 模型适用于工业级的推荐、广告等大规模稀疏数据的场景，主要是因为其具有以下两个优势。

（1）端到端的非线性学习能力：LS-PLM 具有样本分片的能力，因此能够挖掘出数据中蕴藏的非线性模式，省去了大量的人工样本处理和特征工程的过程，使 LS-PLM 算法可以端到端地完成训练，便于用一个全局模型对不同应用领域、业务场景进行统一建模。

（2）模型的稀疏性强：LS-PLM 在建模时引入了 L1 和 L2,1 范数，可以使最终训练出来的模型具有较高的稀疏度，使模型的部署更加轻量级。模型服务过程仅需使用权重非零特征，因此稀疏模型也使其在线推断的效率更高。

基础知识——为什么 L1 范数比 L2 范数更容易产生稀疏解

在 2.3 节的"基础知识"中定义了带有正则化项的模型损失函数如（式 2-9）所示。

当 $q=1$ 时，其正则化项就是 L1 范数正则化项；当 $q=2$ 时，其正则化项就是 L2 范数正则化项。

正则化项的形式当然不是最重要的，最重要的是要理解 L1 范数和 L2 范数的特点，为什么在 LS-PLM 模型中加入 L1 范数能够增加模型的稀疏性呢？

这里用一个二维的例子来解释为什么 L1 范数更容易产生稀疏性。L2 范数 $|w_1|^2+|w_2|^2$ 的曲线如图 2-19(a)的红色圆形，L1 范数 $|w_1|+|w_2|$ 的曲线如图 2-19(b) 红色菱形。用蓝色曲线表示不加正则化项的模型损失函数曲线。

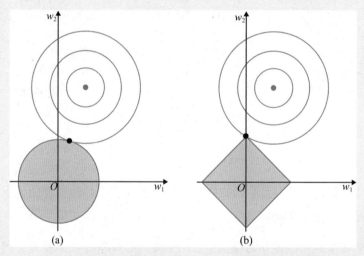

图 2-19　L1 范数和 L2 范数与损失函数"损失等高线"示意图

求解加入正则化项的损失函数最小值，就是求解红圈上某一点和蓝圈上某一点之和的最小值。这个值通常在红色曲线和蓝色曲线的相切处（如果不在相切处，那么至少有两点值相同，与极值的定义矛盾），而 L1 范数曲线更容易与蓝色曲线在顶点处相交，这就导致除了相切处的维度不为零，其他维度的权重均为 0，从而容易产生模型的稀疏解。

2.7.3 从深度学习的角度重新审视 LS-PLM 模型

在 LS-PLM 模型刚投入使用的 2012 年，距离深度学习在推荐系统领域成功应用还很遥远。但如果站在当今的时间节点上，从深度学习的角度重新审视 LS-PLM 模型，某种意义上讲，LS-PLM 模型已经有了浓厚的深度学习的"味道"。

本节尝试用深度学习的思路去解释 LS-PLM 模型，当作对深度学习部分的一次预热。

LS-PLM 可以看作一个加入了注意力（Attention）机制的三层神经网络模型，其中输入层是样本的特征向量，中间层是由 m 个神经元组成的隐层，其中 m 是分片的个数，对于一个 CTR 预估问题，LS-PLM 的最后一层自然是由单一神经元组成的输出层。

那么，注意力机制又是在哪里应用的呢？其实是在隐层和输出层之间，神经元之间的权重是由分片函数得出的注意力得分来确定的。也就是说，样本属于哪个分片的概率就是其注意力得分。

当然，上述从深度学习角度对 LS-PLM 模型的重新描述，更多是模型结构层面的理解，在具体细节上，必然同现在经典的深度学习模型有所区别。但不可否认的是，早在 2012 年，LS-PLM 模型就已经用自己的方式接近深度学习的大门了。

2.8 总结——深度学习推荐系统的前夜

在 2.1 节中，笔者曾经提到希望读者在完成本章的学习后，回到 2.1 节的模型进化关系图中，把模型的细节知识重新嵌入整个推荐模型的知识框图中。本节将对本章出现过的所有模型的特点进行总结（如表 2-4 所示），希望帮助读者再次回顾其中的关键知识。

表 2-4 传统推荐模型的特点总结

模型名称	基本原理	特　点	局限性
协同过滤	根据用户的行为历史生成用户-物品共现矩阵，利用用户相似性和物品相似性进行推荐	原理简单、直接，应用广泛	泛化能力差，处理稀疏矩阵的能力差，推荐结果的头部效应较明显

续表

模型名称	基本原理	特　点	局限性
矩阵分解	将协同过滤算法中的共现矩阵分解为用户矩阵和物品矩阵，利用用户隐向量和物品隐向量的内积进行排序并推荐	相较协同过滤，泛化能力有所加强，对稀疏矩阵的处理能力有所加强	除了用户历史行为数据，难以利用其他用户、物品特征及上下文特征
逻辑回归	将推荐问题转换成类似CTR预估的二分类问题，将用户、物品、上下文等不同特征转换成特征向量，输入逻辑回归模型得到CTR，再按照预估CTR进行排序并推荐	能够融合多种类型的不同特征	模型不具备特征组合的能力，表达能力较差
FM	在逻辑回归的基础上，在模型中加入二阶特征交叉部分，为每一维特征训练得到相应特征隐向量，通过隐向量间的内积运算得到交叉特征权重	相比逻辑回归，具备了二阶特征交叉能力，模型的表达能力增强	由于组合爆炸问题的限制，模型不易扩展到三阶特征交叉阶段
FFM	在FM模型的基础上，加入"特征域"的概念，使每个特征在与不同域的特征交叉时采用不同的隐向量	相比FM，进一步加强了特征交叉的能力	模型的训练开销达到了$O(n^2)$的量级，训练开销较大
GBDT+LR	利用GBDT进行"自动化"的特征组合，将原始特征向量转换成离散型特征向量，并输入逻辑回归模型，进行最终的CTR预估	特征工程模型化，使模型具备了更高阶特征组合的能力	GBDT无法进行完全并行的训练，更新所需的训练时长较长
LS-PLM	首先对样本进行"分片"，在每个"分片"内部构建逻辑回归模型，将每个样本的各"分片"概率与逻辑回归的得分进行加权平均，得到最终的预估值	模型结构类似三层神经网络，具备了较强的表达能力	模型结构相比深度学习模型仍比较简单，有进一步提高的空间

在对传统的推荐模型进行总结时，读者也要意识到，传统推荐模型与深度学习模型之间存在着千丝万缕的联系。正是对传统模型研究的不断积累，为深度学习模型打下了坚实的理论和实践基础。

2006年，矩阵分解的技术成功应用在推荐系统领域，其隐向量的思想与深度学习中Embedding技术的思路一脉相承；2010年，FM被提出，特征交叉的概念被引入推荐模型，其核心思想——特征交叉的思路也将在深度学习模型中被发扬光大；2012年，LS-PLM在阿里巴巴大规模应用，其结构已经非常接近三层神经网络；2014年，Facebook用GBDT自动化处理特征，揭开了特征工程模型化的篇章。这些概念都将在深度学习推荐模型中继续应用，持续发光。

另外，Alex Krizhevsky 站在 Geoffrey Hinton、Yann LeCun、Yoshua Bengio 等大师的肩膀上，于 2012 年提出了引爆整个深度学习浪潮的 AlexNet[9]，将深度学习的大幕正式拉开，其应用快速地从图像扩展到语音，再到自然语言处理领域，推荐系统领域也必然紧随其后，投入深度学习的大潮之中。

从 2016 年开始，随着 FNN、Wide&Deep、Deep Crossing 等一大批优秀的推荐模型架构的提出，深度学习模型逐渐席卷推荐和广告领域，成为新一代推荐模型当之无愧的主流。笔者将在第 3 章继续与读者探讨推荐模型的相关知识，从模型演化的角度，揭开主流深度学习推荐模型之间的关系和技术细节的面纱。

参考文献

[1]　DAVID GOLDBERG, et al. Using collaborative filtering to weave an information tapestry[J]. Communications of the ACM, 1992,35(12): 61-71.

[2]　GREG, LINDEN, SMITH BRENT, YORK JEREMY. Amazon.com Recommenders: Item-to-item collaborative filtering[J]. IEEE Internet computing 1, 2003: 76-80.

[3]　KOREN YEHUDA, BELL ROBERT, CHRIS VOLINSKY. Matrix factorization techniques for recommender systems[J]. Computer 8, 2009: 30-37.

[4]　CLINE, ALAN KAYLOR, INDERJIT S. DHILLON. Computation of the singular value decomposition[C]. 2006.

[5]　RENDLE, STEFFEN. Factorization machines[C]. 2010 IEEE International Conference on Data Mining, 2010.

[6]　JUAN, YUCHIN, et al. Field-aware factorization machines for CTR prediction[C]. Proceedings of the 10th ACM Conference on Recommender Systems, 2016.

[7]　HE XINRAN, et al. Practical lessons from predicting clicks on ads at facebook[C]. Proceedings of the Eighth International Workshop on Data Mining for Online Advertising, 2014.

[8]　KUN GAI, et al. Learning piece-wise linear models from large scale data for ad click prediction[A/OL]: arXiv preprint arXiv: 1704.05194 (2017).

[9]　KRIZHEVSKY ALEX, ILYA SUTSKEVER, GEOFFREY E. Hinton. Imagenet classification with deep convolutional neural networks[C]. Advances in neural information processing systems, 2012.

第 3 章
浪潮之巅——深度学习在推荐系统中的应用

随着微软的 Deep Crossing，谷歌的 Wide&Deep，以及 FNN、PNN 等一大批优秀的深度学习推荐模型在 2016 年被提出，推荐系统和计算广告领域全面进入深度学习时代。时至今日，深度学习推荐模型已经成为推荐和广告领域当之无愧的主流。在第 2 章中，笔者与读者探讨了传统推荐模型的结构特点及演化关系。在进入深度学习时代之后，推荐模型主要在以下两方面取得了重大进展。

（1）与传统的机器学习模型相比，深度学习模型的表达能力更强，能够挖掘出更多数据中潜藏的模式。

（2）深度学习的模型结构非常灵活，能够根据业务场景和数据特点，灵活调整模型结构，使模型与应用场景完美契合。

从技术角度讲，深度学习推荐模型大量借鉴并融合了深度学习在图像、语音及自然语言处理方向的成果，在模型结构上进行了快速的演化。

本章总结了在推荐领域影响力较大的深度学习推荐模型，构建了它们之间的演化图谱，并逐一介绍了模型的技术特点。选择模型的标准尽量遵循下面三个原则：

（1）模型在工业界和学术界影响力较大。

（2）模型已经被谷歌、阿里巴巴、微软等知名互联网公司成功应用。

（3）在深度学习推荐系统发展过程中起到重要的节点作用。

下面就请跟随笔者，进入推荐系统技术的"浪潮之巅"，一同学习深度学习在推荐系统中的应用。

3.1 深度学习推荐模型的演化关系图

图 3-1 所示为主流深度学习推荐模型的演化图谱。以多层感知机（ Multi-Layer Perceptron，MLP ）为核心，通过改变神经网络的结构，构建特点各异的深度学习推荐模型，其主要的演变方向如下。

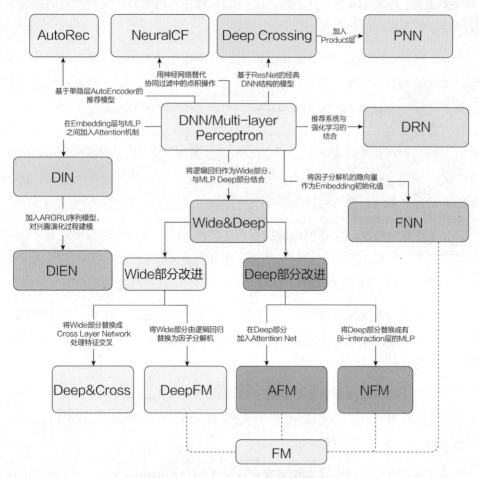

图 3-1　主流深度学习推荐模型的演化图谱

（1）改变神经网络的复杂程度：从最简单的单层神经网络模型 AutoRec（自

编码器推荐），到经典的深度神经网络结构 Deep Crossing（深度特征交叉），其主要的进化方式在于——增加了深度神经网络的层数和结构复杂度。

（2）**改变特征交叉方式**：这类模型的主要改变在于丰富了深度学习网络中特征交叉的方式。例如，改变了用户向量和物品向量互操作方式的 NeuralCF（Neural Collaborative Filtering，神经网络协同过滤），定义了多种特征向量交叉操作的 PNN（Product-based Neural Network，基于积操作的神经网络）模型。

（3）**组合模型**：这类模型主要是指 Wide&Deep 模型及其后续变种 Deep&Cross、DeepFM 等，其思路是通过组合两种不同特点、优势互补的深度学习网络，提升模型的综合能力。

（4）**FM 模型的深度学习演化版本**：传统推荐模型 FM 在深度学习时代有了诸多后续版本，其中包括 NFM（Neural Factorization Machine，神经网络因子分解机）、FNN（Factorization-machine supported Neural Network，基于因子分解机支持的神经网络）、AFM（Attention neural Factorization Machine，注意力因子分解机）等，它们对 FM 的改进方向各不相同。例如，NFM 主要使用神经网络提升 FM 二阶部分的特征交叉能力，AFM 是引入了注意力机制的 FM 模型，FNN 利用 FM 的结果进行网络初始化。

（5）**注意力机制与推荐模型的结合**：这类模型主要是将"注意力机制"应用于深度学习推荐模型中，主要包括结合了 FM 与注意力机制的 AFM 和引入了注意力机制的 CTR 预估模型 DIN（Deep Interest Network，深度兴趣网络）。

（6）**序列模型与推荐模型的结合**：这类模型的特点是使用序列模型模拟用户行为或用户兴趣的演化趋势，代表模型是 DIEN（Deep Interest Evolution Network，深度兴趣进化网络）。

（7）**强化学习与推荐模型的结合**：这类模型将强化学习应用于推荐领域，强调模型的在线学习和实时更新，其代表模型是 DRN（Deep Reinforcement Learning Network，深度强化学习网络）。

读者应该已经从以上描述中感受到深度学习模型的发展之快、思路之广。但每种模型都不是无本之木，其出现都是有迹可循的。与第 2 章的写作思路相同，接下来就请读者带着图 3-1 所示的演化图谱和疑问，一起学习每个模型的细节。

3.2　AutoRec——单隐层神经网络推荐模型

本节要介绍的模型是 2015 年由澳大利亚国立大学提出的 AutoRec [1]。它将自编码器（AutoEncoder）的思想和协同过滤结合，提出了一种单隐层神经网络推荐模型。因其简洁的网络结构和清晰易懂的模型原理，AutoRec 非常适合作为深度学习推荐模型的入门模型来学习。

3.2.1　AutoRec 模型的基本原理

AutoRec 模型是一个标准的自编码器，它的基本原理是利用协同过滤中的共现矩阵，完成物品向量或者用户向量的自编码。再利用自编码的结果得到用户对物品的预估评分，进而进行推荐排序。

基础知识——什么是自编码器

顾名思义，自编码器是指能够完成数据"自编码"的模型。无论是图像、音频，还是文本数据，都可以转换成向量的形式进行表达。假设其数据向量为 r，自编码器的作用是将向量 r 作为输入，通过自编码器后，得到的输出向量尽量接近其本身。

假设自编码器的重建函数为 $h(r; \theta)$，那么自编码器的目标函数如（式 3-1）所示。

$$\min_{\theta} \sum_{r \in S} \|r - h(r; \theta)\|_2^2 \qquad （式 3\text{-}1）$$

其中，S 是所有数据向量的集合。

在完成自编码器的训练后，就相当于在重建函数 $h(r; \theta)$ 中存储了所有数据向量的"精华"。一般来说，重建函数的参数数量远小于输入向量的维度数量，因此自编码器相当于完成了数据压缩和降维的工作。

经过自编码器生成的输出向量，由于经过了自编码器的"泛化"过程，不会完全等同于输入向量，也因此具备了一定的缺失维度的预测能力，这也是自编码器能用于推荐系统的原因。

假设有 m 个用户，n 个物品，用户会对 n 个物品中的一个或几个进行评分，未评分的物品分值可用默认值或平均分值表示，则所有 m 个用户对物品的评分可形成一个 $m \times n$ 维的评分矩阵，也就是协同过滤中的共现矩阵。

对一个物品 i 来说，所有 m 个用户对它的评分可形成一个 m 维的向量 $\boldsymbol{r}^{(i)} = (R_{1i}, ..., R_{mi})^{\mathrm{T}}$，如"基础知识——什么是自编码器"中介绍的，AutoRec 要解决的问题是构建一个重建函数 $h(\boldsymbol{r}; \theta)$，使所有该重建函数生成的评分向量与原评分向量的平方残差和最小，如（式 3-1）所示。

在得到 AutoRec 模型的重建函数后，还要经过评分预估和排序的过程才能得到最终的推荐列表。下面介绍 AutoRec 模型的两个重点内容——重建函数的模型结构和利用重建函数得到最终推荐列表的过程。

3.2.2　AutoRec 模型的结构

AutoRec 使用单隐层神经网络的结构来解决构建重建函数的问题。从模型的结构图（如图 3-2 所示）中可以看出，网络的输入层是物品的评分向量 $\boldsymbol{r}$，输出层是一个多分类层。图中蓝色的神经元代表模型的 k 维单隐层，其中 $k \ll m$。

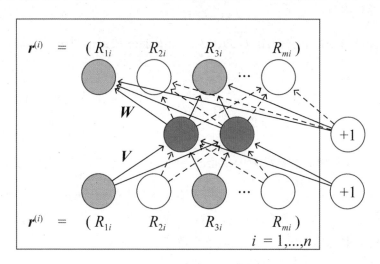

图 3-2　AutoRec 模型的结构图

图中的 V 和 W 分别代表输入层到隐层，以及隐层到输出层的参数矩阵。该模型结构代表的重建函数的具体形式如（式 3-2）所示。

$$h(r;\theta) = f(W \cdot g(Vr + \mu) + b) \qquad （式3-2）$$

其中，$f(\cdot)$, $g(\cdot)$ 分别为输出层神经元和隐层神经元的激活函数。

为防止重构函数的过拟合，在加入 L2 正则化项后，AutoRec 目标函数的具体形式如（式 3-3）所示。

$$\min_{\theta} \sum_{i=1}^{n} \left\| r^{(i)} - h(r^{(i)};\theta) \right\|_{\mathcal{O}}^2 + \frac{\lambda}{2} \cdot (\|W\|_F^2 + \|V\|_F^2) \qquad （式3-3）$$

由于 AutoRec 模型是一个非常标准的三层神经网络，模型的训练利用梯度反向传播即可完成。

基础知识——什么是神经元、神经网络和梯度反向传播

本节多次提到深度学习相关的基本概念，例如神经元、神经网络，以及神经网络的主要训练方法——梯度反向传播，在这里为读者统一介绍。

神经元（Neuron），又名感知机（Perceptron），在模型结构上与逻辑回归一致，这里以一个二维输入向量的例子对其进行进一步的解释。假设模型的输入向量是一个二维特征向量 (x_1, x_2)，则单神经元的模型结构如图 3-3 所示。

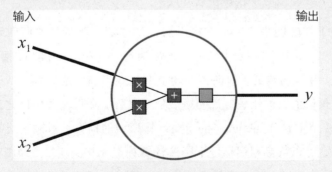

图 3-3 单神经元的模型结构

其中，蓝圈内的部分可以看作线性的加权求和，再加上一个常数偏置 b 的操作，最终得到输入如下。

$$(x_1 \cdot w_1) + (x_2 \cdot w_2) + b$$

图中的蓝圈可以看作激活函数，它的主要作用是把一个无界输入映射到一个规范的、有界的值域上。常用的激活函数除了 2.4 节介绍的 sigmoid 函数，还包括 tanh、ReLU 等。单神经元由于受到简单结构的限制，拟合能力不强，因此在解决复杂问题时，经常会用多神经元组成一个网络，使之具备拟合任意复杂函数的能力，这就是我们常说的**神经网络**。图 3-4 展示了一个由输入层、两神经元隐层和单神经元输出层组成的简单神经网络。

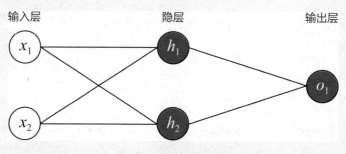

图 3-4　简单神经网络

其中，蓝色神经元的构造与上面所述的感知机的构造相同，h_1 和 h_2 神经元的输入是由 x_1 和 x_2 组成的特征向量，而神经元 o_1 的输入则是由 h_1 和 h_2 输出组成的输入向量。本例是最简单的神经网络，在深度学习的发展历程中，正是研究人员对神经元不同连接方式的探索，才衍生出各种不同特性的深度学习网络，让深度学习模型的家族树枝繁叶茂。

在清楚了神经网络的模型结构之后，重要的问题就是如何训练一个神经网络。这里需要用到神经网络的重要训练方法——**前向传播**（Forward Propagation）和**反向传播**。前向传播的目的是在当前网络参数的基础上得到模型对输入的预估值，也就是常说的模型推断过程。在得到预估值之后，就可以利用损失函数（Loss Function）的定义计算模型的损失。对输出层神经元来说（图中的 o_1），可以直接利用梯度下降法计算神经元相关权重（即图 3-5 中的权重 w_5 和 w_6）的梯度，从而进行权重更新，但对隐层神经元的相关参数（比如 w_1），应该如何利用输出层的损失进行梯度下降呢？

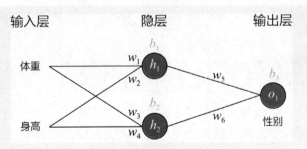

图 3-5　神经网络结构及其权重示意图

利用求导过程中的链式法则（Chain Rule），可以解决梯度反向传播的问题。如（式 3-4）所示，最终的损失函数到权重 w_1 的梯度是由损失函数到神经元 h_1 输出的偏导，以及神经元 h_1 输出到权重 w_1 的偏导相乘而来的。也就是说，最终的梯度逐层传导回来，"指导"权重 w_1 的更新。

$$\frac{\partial L_{o_1}}{\partial w_1} = \frac{\partial L_{o_1}}{\partial h_1} \cdot \frac{\partial h_1}{\partial w_1} \qquad （式 3-4）$$

在具体的计算中，需要明确最终损失函数的形式，以及每层神经元激活函数的形式，再根据具体的函数形式进行偏导的计算。

总的来说，神经元是神经网络中的基础结构，其具体实现、数学形式和训练方式与逻辑回归模型一致。神经网络是通过将多个神经元以某种方式连接起来形成的网络，神经网络的训练方法就是基于链式法则的梯度反向传播。

3.2.3　基于 AutoRec 模型的推荐过程

基于 AutoRec 模型的推荐过程并不复杂。当输入物品 i 的评分向量为 $r^{(i)}$ 时，模型的输出向量 $h(r^{(i)}; \theta)$ 就是所有用户对物品 i 的评分预测。那么，其中的第 u 维就是用户 u 对物品 i 的预测 $\hat{R}_{ui}$，如（式 3-5）所示。

$$\hat{R}_{ui} = \left(h(r^{(i)}; \hat{\theta}) \right)_u \qquad （式 3-5）$$

通过遍历输入物品向量就可以得到用户 u 对所有物品的评分预测，进而根据评分预测排序得到推荐列表。

与 2.2 节介绍的协同过滤算法一样，AutoRec 也分为基于物品的 AutoRec 和基于用户的 AutoRec。以上介绍的 AutoRec 输入向量是物品的评分向量，因此可称为 I-AutoRec（Item based AutoRec），如果换做把用户的评分向量作为输入向量，则得到 U-AutoRec（User based AutoRec）。在进行推荐列表生成的过程中，U-AutoRec 相比 I-AutoRec 的优势在于仅需输入一次目标用户的用户向量，就可以重建用户对所有物品的评分向量。也就是说，得到用户的推荐列表仅需一次模型推断过程；其劣势是用户向量的稀疏性可能会影响模型效果。

3.2.4 AutoRec 模型的特点和局限性

AutoRec 模型从神经网络的角度出发，使用一个单隐层的 AutoEncoder 泛化用户或物品评分，使模型具有一定的泛化和表达能力。由于 AutoRec 模型的结构比较简单，使其存在一定的表达能力不足的问题。

在模型结构上，AutoRec 模型和后来的词向量模型（Word2vec）完全一致，但优化目标和训练方法有所不同，在学习了 Word2vec 之后，有兴趣的读者可以比较二者的异同。

从深度学习的角度来说，AutoRec 模型的提出，拉开了使用深度学习的思想解决推荐问题的序幕，为复杂深度学习网络的构建提供了思路。

3.3 Deep Crossing 模型——经典的深度学习架构

如果说 AutoRec 模型是将深度学习的思想应用于推荐系统的初步尝试，那么微软于 2016 年提出的 Deep Crossing 模型[2]就是一次深度学习架构在推荐系统中的完整应用。虽然自 2014 年以来，就陆续有公司透露在其推荐系统中应用了深度学习模型，但直到 Deep Crossing 模型发布的当年，才有正式的论文分享了完整的深度学习推荐系统的技术细节。相比 AutoRec 模型过于简单的网络结构带来的一些表达能力不强的问题，Deep Crossing 模型完整地解决了从特征工程、稀疏向量稠密化、多层神经网络进行优化目标拟合等一系列深度学习在推荐系统中的应用问题，为后续的研究打下了良好的基础。

3.3.1 Deep Crossing 模型的应用场景

Deep Crossing模型的应用场景是微软搜索引擎Bing中的搜索广告推荐场景。

用户在搜索引擎中输入搜索词之后，搜索引擎除了会返回相关结果，还会返回与搜索词相关的广告，这也是大多数搜索引擎的主要赢利模式。尽可能地增加搜索广告的点击率，准确地预测广告点击率，并以此作为广告排序的指标之一，是非常重要的工作，也是 Deep Crossing 模型的优化目标。

针对该使用场景，微软使用的特征如表 3-1 所示，这些特征可以分为三类：一类是可以被处理成 one-hot 或者 multi-hot 向量的类别型特征，包括用户搜索词（query）、广告关键词（keyword）、广告标题（title）、落地页（landing page）、匹配类型（match type）；一类是数值型特征，微软称其为计数型（counting）特征，包括点击率、预估点击率（click prediction）；一类是需要进一步处理的特征，包括广告计划（campaign）、曝光样例（impression）、点击样例（click）等。严格地说，这些都不是独立的特征，而是一个特征的组别，需要进一步处理。例如，可以将广告计划中的预算（budget）作为数值型特征，而广告计划的 id 则可以作为类别型特征。

表 3-1   Deep Crossing 模型使用的特征

特　　征	特征含义
搜索词	用户在搜索框中输入的搜索词
广告关键词	广告主为广告添加的描述其产品的关键词
广告标题	广告标题
落地页	点击广告后的落地页面
匹配类型	广告主选择的广告–搜索词匹配类型（包括精准匹配、短语匹配、语义匹配等）
点击率	广告的历史点击率
预估点击率	另一个 CTR 模型的 CTR 预估值
广告计划	广告主创建的广告投放计划，包括预算、定向条件等
曝光样例	一个广告"曝光"的例子，该例子记录了广告在实际曝光场景中的相关信息
点击样例	一个广告"点击"的例子，该例子记录了广告在实际点击场景中的相关信息

类别型特征可以通过 one-hot 或 multi-hot 编码生成特征向量，数值型特征则可以直接拼接进特征向量中，在生成所有输入特征的向量表达后，Deep Crossing 模型利用该特征向量进行 CTR 预估。深度学习网络的特点是可以根据需求灵活地对网络结构进行调整，从而达成从原始特征向量到最终的优化目标的端到端的训练目的。下面通过剖析 Deep Crossing 模型的网络结构，探索深度学习是如何通过对特征的层层处理，最终准确地预估点击率的。

3.3.2 Deep Crossing 模型的网络结构

为完成端到端的训练，Deep Crossing 模型要在其内部网络中解决如下问题。

（1）离散类特征编码后过于稀疏，不利于直接输入神经网络进行训练，如何解决稀疏特征向量稠密化的问题。

（2）如何解决特征自动交叉组合的问题。

（3）如何在输出层中达成问题设定的优化目标。

Deep Crossing 模型分别设置了不同的神经网络层来解决上述问题。如图 3-6 所示，其网络结构主要包括 4 层——Embedding 层、Stacking 层、Multiple Residual Units 层和 Scoring 层。接下来，从下至上依次介绍各层的功能和实现。

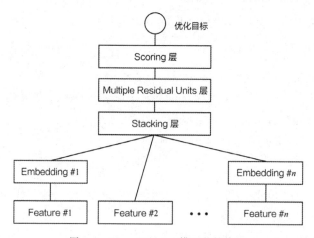

图 3-6　Deep Crossing 模型的结构图

Embedding 层：Embedding 层的作用是将稀疏的类别型特征转换成稠密的 Embedding 向量。从图 3-6 中可以看到，每一个特征（如 Feature#1，这里指的是经 one-hot 编码后的稀疏特征向量）经过 Embedding 层后，会转换成对应的 Embedding 向量（如 Embedding#1）。

Embedding 层的结构以经典的全连接层（Fully Connected Layer）结构为主，但 Embedding 技术本身作为深度学习中研究非常广泛的话题，已经衍生出了 Word2vec、Graph Embedding 等多种不同的 Embedding 方法，第 4 章将对 Embedding 的主流方法做更详尽的介绍。

一般来说，Embedding 向量的维度应远小于原始的稀疏特征向量，几十到上百维一般就能满足需求。这里补充一点，图 3-6 中的 Feature#2 实际上代表了数值型特征，可以看到，数值型特征不需要经过 Embedding 层，直接进入了 Stacking 层。

Stacking 层：Stacking 层（堆叠层）的作用比较简单，是把不同的 Embedding 特征和数值型特征拼接在一起，形成新的包含全部特征的特征向量，该层通常也被称为连接（concatenate）层。

Multiple Residual Units 层：该层的主要结构是多层感知机，相比标准的以感知机为基本单元的神经网络，Deep Crossing 模型采用了多层残差网络（Multi-Layer Residual Network）作为 MLP 的具体实现。最著名的残差网络是在 ImageNet 大赛中由微软研究员何恺明提出的 152 层残差网络[3]。在推荐模型中的应用，也是残差网络首次在图像识别领域之外的成功推广。

通过多层残差网络对特征向量各个维度进行充分的交叉组合，使模型能够抓取到更多的非线性特征和组合特征的信息，进而使深度学习模型在表达能力上较传统机器学习模型大为增强。

基础知识——什么是残差神经网络，其特点是什么

残差神经网络就是由残差单元（Residual Unit）组成的神经网络。残差单元的具体结构如图 3-7 所示。

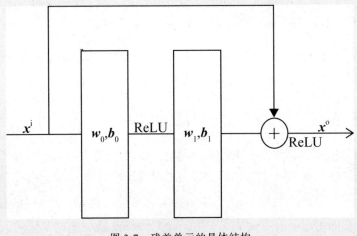

图 3-7   残差单元的具体结构

与传统的感知机不同，残差单元的特点主要有两个：

（1）残差单元中包含了一个以 ReLU 为激活函数的全连接层。

（2）输入通过一个短路（shortcut）通路直接与 ReLU 全连接层输出进行元素加（element-wise plus）操作。

在这样的结构下，残差单元其实拟合的是输出和输入之间的"残差"（x^o-x^i），这就是残差神经网络名称的由来。

残差神经网络的诞生主要是为了解决两个问题：

（1）神经网络是不是越深越好？对于传统的基于感知机的神经网络，当网络加深之后，往往存在过拟合现象，即网络越深，在测试集上的表现越差。而在残差神经网络中，由于有输入向量短路的存在，很多时候可以越过两层 ReLU 网络，减少过拟合现象的发生。

（2）当神经网络足够深时，往往存在严重的梯度消失现象。梯度消失现象是指在梯度反向传播过程中，越靠近输入端，梯度的幅度越小，参数收敛的速度越慢。为了解决这个问题，残差单元使用了 ReLU 激活函数取代原来的 sigmoid 激活函数。此外，输入向量短路相当于直接把梯度毫无变化地传递到下一层，这也使残差网络的收敛速度更快。

Scoring 层：Scoring 层作为输出层，就是为了拟合优化目标而存在的。对于 CTR 预估这类二分类问题，Scoring 层往往使用的是逻辑回归模型，而对于图像分类等多分类问题，Scoring 层往往采用 softmax 模型。

以上是 Deep Crossing 的模型结构，在此基础上采用梯度反向传播的方法进行训练，最终得到基于 Deep Crossing 的 CTR 预估模型。

3.3.3 Deep Crossing 模型对特征交叉方法的革命

从目前的时间节点上看，Deep Crossing 模型是平淡无奇的，因为它没有引入任何诸如注意力机制、序列模型等特殊的模型结构，只是采用了常规的 "Embedding+多层神经网络"的经典深度学习结构。但从历史的尺度看，Deep Crossing 模型的出现是有革命意义的。Deep Crossing 模型中没有任何人工特征工程的参与，原始特征经 Embedding 后输入神经网络层，将全部特征交叉的任务交给模型。相比之前介绍的 FM、FFM 模型只具备二阶特征交叉的能力，Deep Crossing 模型可以通过调整神经网络的深度进行特征之间的"深度交叉"，这也是 Deep Crossing 名称的由来。

3.4 NeuralCF 模型——CF 与深度学习的结合

2.2 节介绍了推荐系统的经典算法——协同过滤，2.3 节沿着协同过滤的思路，发展出了矩阵分解技术，将协同过滤中的共现矩阵分解为用户向量矩阵和物品向量矩阵。其中，用户 u 隐向量和物品 i 隐向量的内积，就是用户 u 对物品 i 评分的预测。沿着矩阵分解的技术脉络，结合深度学习知识，新加坡国立大学的研究人员于 2017 年提出了基于深度学习的协同过滤模型 NeuralCF[4]。

3.4.1 从深度学习的视角重新审视矩阵分解模型

在 3.3 节对 Deep Crossing 模型的介绍中提到，Embedding 层的主要作用是将稀疏向量转换成稠密向量。事实上，如果从深度学习的视角看待矩阵分解模型，那么矩阵分解层的用户隐向量和物品隐向量完全可以看作一种 Embedding 方法。最终的"Scoring 层"就是将用户隐向量和物品隐向量进行内积操作后得到"相似度"，这里的"相似度"就是对评分的预测。综上，利用深度学习网络图的方式来描述矩阵分解模型的架构，如图 3-8 所示。

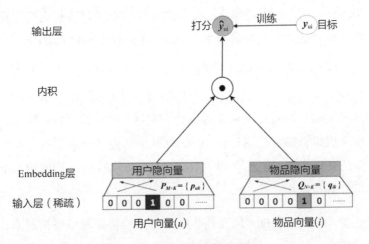

图 3-8 矩阵分解的网络化表示

在实际使用矩阵分解来训练和评估模型的过程中，往往会发现模型容易处于欠拟合的状态，究其原因是因为矩阵分解的模型结构相对比较简单，特别是"输出层"（也被称为"Scoring 层"），无法对优化目标进行有效的拟合。这就要求模型有更强的表达能力，在此动机的启发下，新加坡国立大学的研究人员提出了NeuralCF 模型。

3.4.2　NeuralCF 模型的结构

如图 3-9 所示，NeuralCF 用"多层神经网络+输出层"的结构替代了矩阵分解模型中简单的内积操作。这样做的收益是直观的，一是让用户向量和物品向量做更充分的交叉，得到更多有价值的特征组合信息；二是引入更多的非线性特征，让模型的表达能力更强。

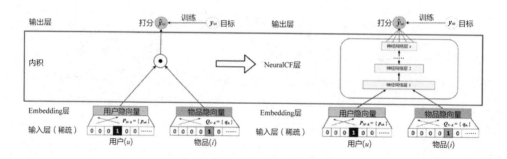

图 3-9　从传统矩阵分解到 NeuralCF

以此类推，事实上，用户和物品向量的互操作层可以被任意的互操作形式所代替，这就是所谓的"广义矩阵分解"模型（Generalized Matrix Factorization）。

原始的矩阵分解使用"内积"的方式让用户和物品向量进行交互，为了进一步让向量在各维度上进行充分交叉，可以通过"元素积"（element-wise product，长度相同的两个向量的对应维相乘得到另一向量）的方式进行互操作，再通过逻辑回归等输出层拟合最终预测目标。NeuralCF 中利用神经网络拟合互操作函数的做法是广义的互操作形式。在介绍 PNN 模型、Deep&Cross 模型的章节中，还会介绍更多可行的互操作形式。

再进一步，可以把通过不同互操作网络得到的特征向量拼接起来，交由输出层进行目标拟合。NeuralCF 的论文[4]中给出了整合两个网络的例子（如图 3-10

所示)。可以看出，NeuralCF 混合模型整合了上面提出的原始 NeuralCF 模型和以元素积为互操作的广义矩阵分解模型。这让模型具有了更强的特征组合和非线性能力。

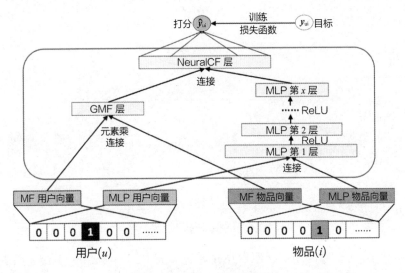

图 3-10　NeuralCF 混合模型

基础知识——什么是 softmax 函数

在对 Deep Crossing 和 NeuralCF 模型进行介绍的过程中，曾多次提及将 softmax 函数作为模型的最终输出层，解决多分类问题的目标拟合问题。那么，什么是 softmax 函数，为什么 softmax 函数能够解决多分类问题呢?

softmax 函数的数学形式定义

给定一个 n 维向量，softmax 函数将其映射为一个概率分布。标准的 softmax 函数 $\sigma: \mathbb{R}^n \to \mathbb{R}^n$ 由下面的公式定义:

$$\sigma(\boldsymbol{X})_i = \frac{\exp(x_i)}{\sum_{j=1}^{n} \exp(x_j)}, \quad 当 i = 1, \cdots, n 且 \boldsymbol{X} = [x_1, \cdots, x_n]^T \in \mathbb{R}^n$$

可以看到，softmax 函数解决了从一个原始的 n 维向量，向一个 n 维的概率分布映射的问题。那么在多分类问题中，假设分类数是 n，模型希望预测的就是某样本在 n 个分类上的概率分布。如果用深度学习模型进行建模，那么最后输出层的形式是由 n 个神经元组成的，再把 n 个神经元的输出结果作为一个

n 维向量输入最终的 softmax 函数，在最后的输出中得到最终的多分类概率分布。在一个神经网络中，softmax 输出层的结构如图 3-11 所示。

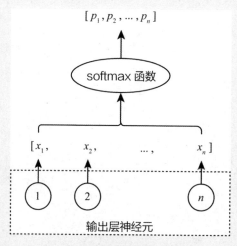

图 3-11　softmax 输出层的结构

在分类问题中，softmax 函数往往和交叉熵（cross-entropy）损失函数一起使用：

$$\text{Loss}_{\text{Cross Entropy}} = -\sum_i y_i \ln(\sigma(\boldsymbol{x})_i)$$

其中，y_i 是第 i 个分类的真实标签值，$\sigma(\boldsymbol{x})_i$ 代表 softmax 函数对第 i 个分类的预测值。因为 softmax 函数把分类输出标准化成了多个分类的概率分布，而交叉熵正好刻画了预测分类和真实结果之间的相似度，所以 softmax 函数往往与交叉熵搭配使用。在采用交叉熵作为损失函数时，整个输出层的梯度下降形式变得异常简单。

softmax 函数的导数形式为

$$\frac{\partial \sigma(\boldsymbol{x})_i}{\partial x_j} = \begin{cases} \sigma(\boldsymbol{x})_i\big(1-\sigma(\boldsymbol{x})_j\big), i = j \\ -\sigma(\boldsymbol{x})_i \cdot \sigma(\boldsymbol{x})_j, i \neq j \end{cases}$$

基于链式法则，交叉熵函数到 softmax 函数第 j 维输入 x_j 的导数形式为

$$\frac{\partial \text{Loss}}{\partial x_j} = \frac{\partial \text{Loss}}{\partial \sigma(\boldsymbol{x})} \cdot \frac{\partial \sigma(\boldsymbol{x})}{\partial x_j}$$

在多分类问题中，真实值中只有一个维度是 1，其余维度都为 0。假设第 k 维是 1，即 $y_k=1$，那么交叉熵损失函数可以简化成如下形式：

$$\text{Loss}_{\text{Cross Entropy}} = -\sum_i y_i \ln(\sigma(\boldsymbol{x})_i) = -y_k \cdot \ln(\sigma(\boldsymbol{x})_k) = -\ln(\sigma(\boldsymbol{x})_k)$$

则有

$$\frac{\partial \text{Loss}}{\partial x_j} = \frac{\partial(-\ln(\sigma(\boldsymbol{x})_k))}{\partial \sigma(\boldsymbol{x})_k} \cdot \frac{\partial \sigma(\boldsymbol{x})_k}{\partial x_j} = -\frac{1}{\sigma(\boldsymbol{x})_k} \cdot \frac{\partial \sigma(\boldsymbol{x})_k}{\partial x_j} = \begin{cases} \sigma(\boldsymbol{x})_j - 1, j = k \\ \sigma(\boldsymbol{x})_j, j \neq k \end{cases}$$

可以看出，softmax 函数和交叉熵的配合，不仅在数学含义上完美统一，而且在梯度形式上也非常简洁。基于上式的梯度形式，通过梯度反向传播的方法，即可完成整个神经网络权重的更新。

3.4.3　NeuralCF 模型的优势和局限性

NeuralCF 模型实际上提出了一个模型框架，它基于用户向量和物品向量这两个 Embedding 层，利用不同的互操作层进行特征的交叉组合，并且可以灵活地进行不同互操作层的拼接。从这里可以看出深度学习构建推荐模型的优势——利用神经网络理论上能够拟合任意函数的能力，灵活地组合不同的特征，按需增加或减少模型的复杂度。

在实践中要注意：并不是模型结构越复杂、特征越多越好。一是要防止过拟合的风险，二是往往需要更多的数据和更长的训练时间才能使复杂的模型收敛，这需要算法工程师在模型的实用性、实时性和效果之间进行权衡。

NeuralCF 模型也存在局限性。由于是基于协同过滤的思想进行构造的，所以 NeuralCF 模型并没有引入更多其他类型的特征，这在实际应用中无疑浪费了其他有价值的信息。此外，对于模型中互操作的种类并没有做进一步的探究和说明。这都需要后来者进行更深入的探索。

3.5　PNN 模型——加强特征交叉能力

3.4 节介绍的 NeuralCF 模型的主要思想是利用多层神经网络替代经典协同过滤的点积操作，加强模型的表达能力。广义上，任何向量之间的交互计算方式都可以用来替代协同过滤的内积操作，相应的模型可称为广义的矩阵分解模型。但 NeuralCF 模型只提到了用户向量和物品向量两组特征向量，如果加入多组特征向量又该如何设计特征交互的方法呢？2016 年，上海交通大学的研究人员提出的 PNN[5]模型，给出了特征交互方式的几种设计思路。

3.5.1 PNN 模型的网络架构

PNN 模型的提出同样是为了解决 CTR 预估和推荐系统的问题，因此不再赘述模型的应用场景，直接进入模型架构的部分。图 3-12 所示为模型结构图，相比 Deep Crossing 模型（如图 3-6 所示），PNN 模型在输入、Embedding 层、多层神经网络，以及最终的输出层部分并没有结构上的不同，唯一的区别在于 PNN 模型用乘积层（Product Layer）代替了 Deep Crossing 模型中的 Stacking 层。也就是说，不同特征的 Embedding 向量不再是简单的拼接，而是用 Product 操作进行两两交互，更有针对性地获取特征之间的交叉信息。

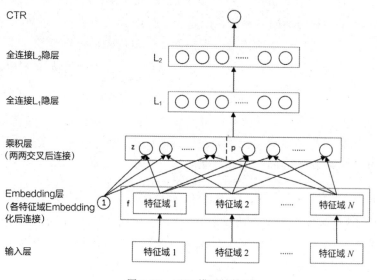

图 3-12　PNN 模型结构图

另外，相比 NeuralCF，PNN 模型的输入不仅包括用户和物品信息，还可以有更多不同形式、不同来源的特征，通过 Embedding 层的编码生成同样长度的稠密特征 Embedding 向量。针对特征的交叉方式，PNN 模型也给出了更多具体的互操作方法。

3.5.2 Product 层的多种特征交叉方式

PNN 模型对于深度学习结构的创新主要在于乘积层的引入。具体地说，PNN 模型的乘积层由线性操作部分（图 3-12 中乘积层的 z 部分，对各特征向量进行线性拼接）和乘积操作部分（图 3-12 中乘积层的 p 部分）组成。其中，乘积特征交叉部分又分为内积操作和外积操作，使用内积操作的 PNN 模型被称为 IPNN（Inner Product-based Neural Network），使用外积操作的 PNN 模型被称为 OPNN（Outer Product-based Neural Network）。

无论是内积操作还是外积操作，都是对不同的特征 Embedding 向量进行两两组合。为保证乘积操作能够顺利进行，各 Embedding 向量的维度必须相同。

内积操作就是经典的向量内积运算，假设输入特征向量分别为 f_i, f_j，特征的内积互操作 $g_{\text{inner}}(f_i, f_j)$ 的定义如（式 3-5）所示。

$$g_{\text{inner}}(f_i, f_j) = \langle f_i, f_j \rangle \qquad （式 3\text{-}5）$$

外积操作是对输入特征向量 f_i, f_j 的各维度进行两两交叉，生成特征交叉矩阵，外积互操作 $g_{\text{outer}}(f_i, f_j)$ 的定义如（式 3-6）所示。

$$g_{\text{outer}}(f_i, f_j) = f_i f_j^{\text{T}} \qquad （式 3\text{-}6）$$

外积互操作生成的是特征向量 f_i, f_j 各维度两两交叉而成的一个 $M \times M$ 的方形矩阵（其中 M 是输入向量的维度）。这样的外积操作无疑会直接将问题的复杂度从原来的 M 提升到 M^2，为了在一定程度上减小模型训练的负担，PNN 模型的论文中介绍了一种降维的方法，就是把所有两两特征 Embedding 向量外积互操作的结果叠加（Superposition），形成一个叠加外积互操作矩阵 p，具体定义如（式 3-7）所示。

$$p = \sum_{i=1}^{N} \sum_{j=1}^{N} g_{\text{outer}}(f_i, f_j) = \sum_{i=1}^{N} \sum_{j=1}^{N} f_i f_j^{\text{T}} = f_\Sigma f_\Sigma^{\text{T}}, f_\Sigma = \sum_{i=1}^{N} f_i \qquad （式 3\text{-}7）$$

从（式 3-7）的最终形式看，叠加矩阵 p 的最终形式类似于让所有特征 Embedding 向量通过一个平均池化层（Average Pooling）后，再进行外积互操作。

在实际应用中，还应对平均池化的操作谨慎对待。因为把不同特征对应维度进行平均，实际上是假设不同特征的对应维度有类似的含义。但显然，如果一个特征是"年龄"，一个特征是"地域"，那么这两个特征在经过各自的 Embedding 层后，二者的 Embedding 向量不在一个向量空间中，显然不具备任何可比性。这时，把二者平均起来，会模糊很多有价值的信息。平均池化的操作经常发生在同类 Embedding 上，例如，将用户浏览过的多个物品的 Embedding 进行平均。因此，PNN 模型的外积池化操作也需要谨慎，在训练效率和模型效果上进行权衡。

事实上，PNN 模型在经过对特征的线性和乘积操作后，并没有把结果直接送入上层的 L_1 全连接层，而是在乘积层内部又进行了局部全连接层的转换，分别将线性部分 z，乘积部分 p 映射成了 D_1 维的输入向量 l_z 和 l_p（D_1 为 L_1 隐层的神经元数量），再将 l_z 和 l_p 叠加，输入 L_1 隐层。这部分操作不具备创新性，并且可以被其他转换操作完全替代，因此不再详细介绍。

3.5.3　PNN 模型的优势和局限性

PNN 的结构特点在于强调了特征 Embedding 向量之间的交叉方式是多样化的，相比于简单的交由全连接层进行无差别化的处理，PNN 模型定义的内积和外积操作显然更有针对性地强调了不同特征之间的交互，从而让模型更容易捕获特征的交叉信息。

但 PNN 模型同样存在着一些局限性，例如在外积操作的实际应用中，为了优化训练效率进行了大量的简化操作。此外，对所有特征进行无差别的交叉，在一定程度上忽略了原始特征向量中包含的有价值信息。如何综合原始特征及交叉特征，让特征交叉的方式更加高效，后续的 Wide&Deep 模型和基于 FM 的各类深度学习模型将给出它们的解决方案。

3.6　Wide&Deep 模型——记忆能力和泛化能力的综合

本节介绍的是自提出以来就在业界发挥着巨大影响力的模型——谷歌于 2016 年提出的 Wide&Deep 模型[6]。Wide&Deep 模型的主要思路正如其名，是由单层的 Wide 部分和多层的 Deep 部分组成的混合模型。其中，Wide 部分的主要作用是让模型具有较强的"记忆能力"（memorization）；Deep 部分的主要作用是让模型具有"泛化能力"（generalization），正是这样的结构特点，使模型兼具了逻辑回归和深度神经网络的优点——能够快速处理并记忆大量历史行为特征，并且具有强大的表达能力，不仅在当时迅速成为业界争相应用的主流模型，而且衍生出了大量以 Wide&Deep 模型为基础结构的混合模型，影响力一直延续至今。

3.6.1　模型的记忆能力与泛化能力

Wide&Deep 模型的设计初衷和其最大的价值在于同时具备较强的"记忆能力"和"泛化能力"。"记忆能力"是一个新的概念，"泛化能力"虽在之前的章节中屡有提及，但从没有给出详细的解释，本节就对这两个概念进行详细的解释。

"记忆能力"可以被理解为模型直接学习并利用历史数据中物品或者特征的"共现频率"的能力。一般来说，协同过滤、逻辑回归等简单模型有较强的"记忆能力"。由于这类模型的结构简单，原始数据往往可以直接影响推荐结果，产生类似于"如果点击过 A，就推荐 B"这类规则式的推荐，这就相当于模型直接记住了历史数据的分布特点，并利用这些记忆进行推荐。

因为 Wide&Deep 是由谷歌应用商店（Google Play）推荐团队提出的，所以这里以 App 推荐的场景为例，解释什么是模型的"记忆能力"。

假设在 Google Play 推荐模型的训练过程中，设置如下组合特征：AND (user_installed_app=netflix, impression_app=pandora)（简称 netflix&pandora），它代表用户已经安装了 netflix 这款应用，而且曾在应用商店中看到过 pandora 这款应用。如果以"最终是否安装 pandora"为数据标签（label），则可以轻而易举地统计出 netflix&pandora 这个特征和安装 pandora 这个标签之间的共现频率。假设二者的共现频率高达 10%（全局的平均应用安装率为 1%），这个特征如此之强，以至于在设计模型时，希望模型一发现有这个特征，就推荐 pandora 这款应用（就像一个深刻的记忆点一样印在脑海里），这就是所谓的模型的"记忆能力"。像逻辑回归这类简单模型，如果发现这样的"强特征"，则其相应的权重就会在模型训练过程中被调整得非常大，这样就实现了对这个特征的直接记忆。相反，对于多层神经网络来说，特征会被多层处理，不断与其他特征进行交叉，因此模型对这个强特征的记忆反而没有简单模型深刻。

"泛化能力"可以被理解为模型传递特征的相关性,以及发掘稀疏甚至从未出现过的稀有特征与最终标签相关性的能力。矩阵分解比协同过滤的泛化能力强,因为矩阵分解引入了隐向量这样的结构,使得数据稀少的用户或者物品也能生成隐向量,从而获得有数据支撑的推荐得分,这就是非常典型的将全局数据传递到稀疏物品上,从而提高泛化能力的例子。再比如,深度神经网络通过特征的多次自动组合,可以深度发掘数据中潜在的模式,即使是非常稀疏的特征向量输入,也能得到较稳定平滑的推荐概率,这就是简单模型所缺乏的"泛化能力"。

3.6.2 Wide&Deep 模型的结构

既然简单模型的"记忆能力"强,深度神经网络的"泛化能力"强,那么设计 Wide&Deep 模型的直接动机就是将二者融合,具体的模型结构如图 3-13 所示。

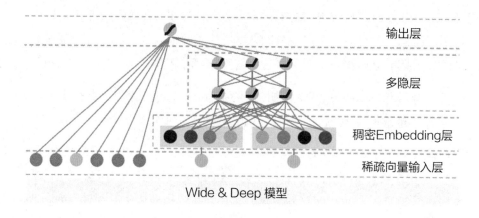

图 3-13　Wide&Deep 模型的结构图

Wide&Deep 模型把单输入层的 Wide 部分与由 Embedding 层和多隐层组成的 Deep 部分连接起来,一起输入最终的输出层。单层的 Wide 部分善于处理大量稀疏的 id 类特征;Deep 部分利用神经网络表达能力强的特点,进行深层的特征交叉,挖掘藏在特征背后的数据模式。最终,利用逻辑回归模型,输出层将 Wide 部分和 Deep 部分组合起来,形成统一的模型。

在具体的特征工程和输入层设计中，展现了 Google Play 的推荐团队对业务场景的深刻理解。从图 3-14 中可以详细地了解到 Wide&Deep 模型到底将哪些特征作为 Deep 部分的输入，将哪些特征作为 Wide 部分的输入。

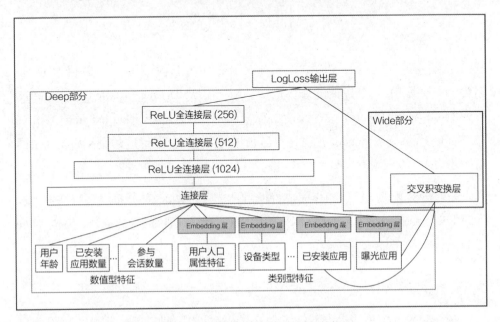

图 3-14　Wide&Deep 模型的详细结构

Deep 部分的输入是全量的特征向量，包括用户年龄（Age）、已安装应用数量（#App Installs）、设备类型（Device Class）、已安装应用（User Installed App）、曝光应用（Impression App）等特征。已安装应用、曝光应用等类别型特征，需要经过 Embedding 层输入连接层（Concatenated Embedding），拼接成 1200 维的 Embedding 向量，再依次经过 3 层 ReLU 全连接层，最终输入 LogLoss 输出层。

Wide 部分的输入仅仅是已安装应用和曝光应用两类特征，其中已安装应用代表用户的历史行为，而曝光应用代表当前的待推荐应用。选择这两类特征的原因是充分发挥 Wide 部分"记忆能力"强的优势。正如 3.6.1 节所举的"记忆能力"的例子，简单模型善于记忆用户行为特征中的信息，并根据此类信息直接影响推荐结果。

Wide 部分组合"已安装应用"和"曝光应用"两个特征的函数被称为交叉积变换（Cross Product Transformation）函数，其形式化定义如（式 3-8）所示。

$$\phi_\kappa(X) = \prod_{i=1}^{d} x_i^{c_{ki}} \quad c_{ki} \in \{0,1\} \qquad （式 3-8）$$

c_{ki} 是一个布尔变量，当第 i 个特征属于第 k 个组合特征时，c_{ki} 的值为 1，否则为 0；x_i 是第 i 个特征的值。例如，对于"AND(user_installed_app=netflix, impression_app=pandora)"这个组合特征来说，只有当"user_installed_app=netflix"和"impression_app=pandora"这两个特征同时为 1 时，其对应的交叉积变换层的结果才为 1，否则为 0。

在通过交叉积变换层操作完成特征组合之后，Wide 部分将组合特征输入最终的 LogLoss 输出层，与 Deep 部分的输出一同参与最后的目标拟合，完成 Wide 与 Deep 部分的融合。

3.6.3　Wide&Deep 模型的进化——Deep&Cross 模型

Wide&Deep 模型的提出不仅综合了"记忆能力"和"泛化能力"，而且开启了不同网络结构融合的新思路。在 Wide&Deep 模型之后，有越来越多的工作集中于分别改进 Wide&Deep 模型的 Wide 部分或是 Deep 部分。较典型的工作是 2017 年由斯坦福大学和谷歌的研究人员提出的 Deep&Cross 模型（简称 DCN）[7]。

Deep&Cross 模型的结构图如图 3-15 所示，其主要思路是使用 Cross 网络替代原来的 Wide 部分。由于 Deep 部分的设计思路并没有本质的改变，所以本节着重介绍 Cross 部分的设计思路和具体实现。

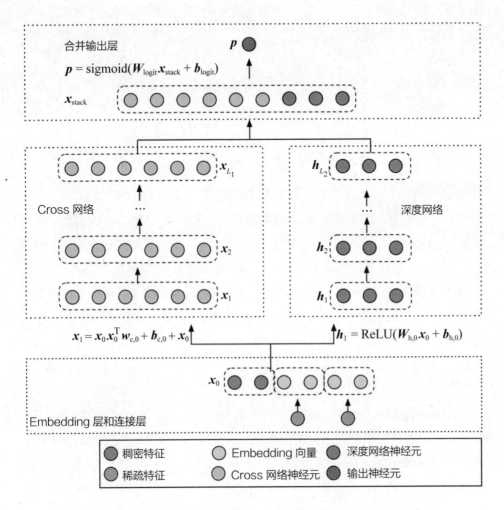

图 3-15　Deep&Cross 模型的结构图

设计 Cross 网络的目的是增加特征之间的交互力度，使用多层交叉层（Cross layer）对输入向量进行特征交叉。假设第 l 层交叉层的输出向量为 x_l，那么第 $l+1$ 层的输出向量如（式 3-9）所示。

$$x_{l+1} = x_0 x_l^T W_l + b_l + x_l \qquad （式 3-9）$$

可以看到，交叉层操作的二阶部分非常类似于 3.5 节 PNN 模型中提到的外积操作，在此基础上增加了外积操作的权重向量 w_l，以及原输入向量 x_l 和偏置向量 b_l。交叉层的操作如图 3-16 所示。

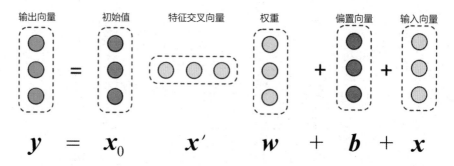

图 3-16 交叉层的操作

可以看出，交叉层在增加参数方面是比较"克制"的，每一层仅增加了一个 n 维的权重向量 w_l（n 维输入向量维度），并且在每一层均保留了输入向量，因此输出与输入之间的变化不会特别明显。由多层交叉层组成的 Cross 网络在 Wide&Deep 模型中 Wide 部分的基础上进行特征的自动化交叉，避免了更多基于业务理解的人工特征组合。同 Wide&Deep 模型一样，Deep&Cross 模型的 Deep 部分相比 Cross 部分表达能力更强，使模型具备更强的非线性学习能力。

3.6.4 Wide&Deep 模型的影响力

Wide&Deep 模型的影响力无疑是巨大的，不仅其本身成功应用于多家一线互联网公司，而且其后续的改进创新工作也延续至今。事实上，DeepFM、NFM 等模型都可以看成 Wide&Deep 模型的延伸。

Wide&Deep 模型能够取得成功的关键在于：

（1）抓住了业务问题的本质特点，能够融合传统模型记忆能力和深度学习模型泛化能力的优势。

（2）模型的结构并不复杂，比较容易在工程上实现、训练和上线，这加速了其在业界的推广应用。

也正是从 Wide&Deep 模型之后，越来越多的模型结构被加入推荐模型中，深度学习模型的结构开始朝着多样化、复杂化的方向发展。

3.7 FM 与深度学习模型的结合

2.5 节详细介绍了 FM 模型族的演化过程。在进入深度学习时代后，FM 的演化过程并没有停止，本节将介绍的 FNN、DeepFM 及 NFM 模型，使用不同的方式应用或改进了 FM 模型，并融合进深度学习模型中，持续发挥着其在特征组合上的优势。

3.7.1 FNN——用 FM 的隐向量完成 Embedding 层初始化

FNN[8]由伦敦大学学院的研究人员于 2016 年提出，其模型的结构（如图 3-17所示）初步看是一个类似 Deep Crossing 模型的经典深度神经网络，从稀疏输入向量到稠密向量的转换过程也是经典的 Embedding 层的结构。那么，FNN 模型到底在哪里与 FM 模型进行了结合呢？

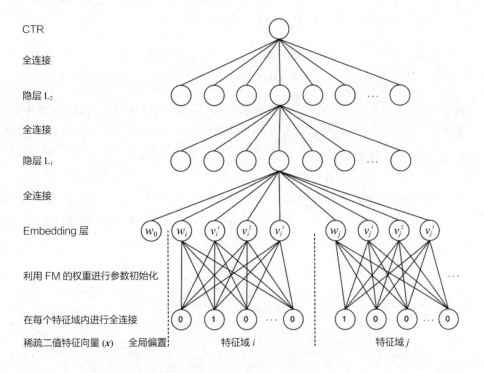

图 3-17　FNN 模型的结构图

问题的关键还在于 Embedding 层的改进。在神经网络的参数初始化过程中，往往采用随机初始化这种不包含任何先验信息的初始化方法。由于 Embedding 层的输入极端稀疏化，导致 Embedding 层的收敛速度非常缓慢。再加上 Embedding 层的参数数量往往占整个神经网络参数数量的大半以上，因此模型的收敛速度往往受限于 Embedding 层。

基础知识——为什么 Embedding 层的收敛速度往往很慢

在深度学习网络中，Embedding 层的作用是将稀疏输入向量转换成稠密向量，但 Embedding 层的存在往往会拖慢整个神经网络的收敛速度，原因有两个：

（1）Embedding 层的参数数量巨大。这里可以做一个简单的计算。假设输入层的维度是 100,000，Embedding 层输出维度是 32，上层再加 5 层 32 维的全连接层，最后输出层维度是 10，那么输入层到 Embedding 层的参数数量是 $32 \times 100,000 = 3,200,000$，其余所有层的参数总数是 $(32 \times 32) \times 4 + 32 \times 10 = 4416$。那么，Embedding 层的权重总数占比是 $3,200,000 / (3,200,000 + 4416) = 99.86\%$。

也就是说，Embedding 层的权重占了整个网络权重的绝大部分。那么，训练过程可想而知，大部分的训练时间和计算开销都被 Embedding 层占据。

（2）由于输入向量过于稀疏，在随机梯度下降的过程中，只有与非零特征相连的 Embedding 层权重会被更新（请参照随机梯度下降的参数更新公式理解），这进一步降低了 Embedding 层的收敛速度。

针对 Embedding 层收敛速度的难题，FNN 模型的解决思路是用 FM 模型训练好的各特征隐向量初始化 Embedding 层的参数，相当于在初始化神经网络参数时，已经引入了有价值的先验信息。也就是说，神经网络训练的起点更接近目标最优点，自然加速了整个神经网络的收敛过程。

这里再回顾一下 FM 的数学形式，如（式 3-10）所示。

$$y_{\text{FM}}(x) := \text{sigmoid}\left(w_0 + \sum_{i=1}^{N} w_i x_i + \sum_{i=1}^{N}\sum_{j=i+1}^{N} \langle v_i, v_j \rangle x_i x_j\right) \quad （式 3\text{-}10）$$

其中的参数主要包括常数偏置 w_0，一阶参数部分 w_i 和二阶隐向量部分 v_i。下面用图示的方法显示 FM 各参数和 FNN 中 Embedding 层各参数的对应关系（如图 3-18 所示）。

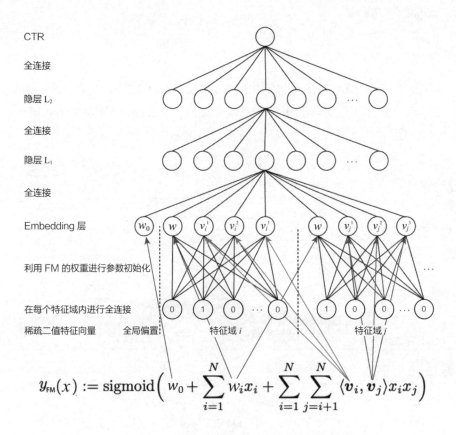

图 3-18 利用 FM 初始化 Embedding 层的过程

需要注意的是，图 3-18 中虽然把 FM 中的参数指向了 Embedding 层各神经元，但其具体意义是初始化 Embedding 神经元与输入神经元之间的连接权重。假设 FM 隐向量的维度为 m，第 i 个特征域（Field i）的第 k 维特征的隐向量是 $\boldsymbol{v}_{i,k} = (v_{i,k}^1, v_{i,k}^2, \ldots, v_{i,k}^l, \ldots, v_{i,k}^m)$，那么隐向量的第 l 维 $v_{i,k}^l$ 就会成为连接输入神经元 k 和 Embedding 神经元 l 之间连接权重的初始值。

需要说明的是，在训练 FM 的过程中，并没有对特征域进行区分，但在 FNN 模型中，特征被分成了不同特征域，因此每个特征域具有对应的 Embedding 层，并且每个特征域 Embedding 的维度都应与 FM 隐向量维度保持一致。

FNN 模型除了可以使用 FM 参数初始化 Embedding 层权重，也为另一种 Embedding 层的处理方式——Embedding 预训练提供了借鉴思路。具体内容将在第 4 章详细的介绍。

3.7.2　DeepFM——用 FM 代替 Wide 部分

FNN 把 FM 的训练结果作为初始化权重，并没有对神经网络的结构进行调整，而 2017 年由哈尔滨工业大学和华为公司联合提出的 DeepFM[9]则将 FM 的模型结构与 Wide&Deep 模型进行了整合，其模型结构图如图 3-19 所示。

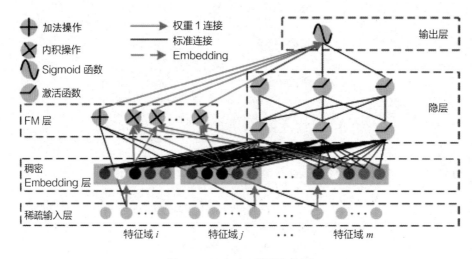

图 3-19　DeepFM 模型结构图

3.6 节曾经提到，在 Wide&Deep 模型之后，诸多模型延续了双模型组合的结构，DeepFM 就是其中之一。DeepFM 对 Wide&Deep 模型的改进之处在于，它用 FM 替换了原来的 Wide 部分，加强了浅层网络部分特征组合的能力。如图 3-19 所示，左边的 FM 部分与右边的深度神经网络部分共享相同的 Embedding 层。左侧的 FM 部分对不同的特征域的 Embedding 进行了两两交叉，也就是将 Embedding 向量当作原 FM 中的特征隐向量。最后将 FM 的输出与 Deep 部分的输出一同输入最后的输出层，参与最后的目标拟合。

与 Wide&Deep 模型相比，DeepFM 模型的改进主要是针对 Wide&Deep 模型的 Wide 部分不具备自动的特征组合能力的缺陷进行的。这里的改进动机与

Deep&Cross 模型的完全一致,唯一的不同就在于 Deep&Cross 模型利用多层 Cross 网络进行特征组合,而 DeepFM 模型利用 FM 进行特征组合。当然,具体的应用效果还需要通过实验进行比较。

3.7.3　NFM——FM 的神经网络化尝试

在 2.5 节介绍 FM 的局限性时笔者曾经谈到:无论是 FM,还是其改进模型 FFM,归根结底是一个二阶特征交叉的模型。受组合爆炸问题的困扰,FM 几乎不可能扩展到三阶以上,这就不可避免地限制了 FM 模型的表达能力。那么,有没有可能利用深度神经网络更强的表达能力改进 FM 模型呢?2017 年,新加坡国立大学的研究人员进行了这方面的尝试,提出了 NFM[10]模型。

经典 FM 的数学形式已经由(式 3-10)给出,在数学形式上,NFM 模型的主要思路是用一个表达能力更强的函数替代原 FM 中二阶隐向量内积的部分(如图 3-20 所示)。

$$\hat{y}_{\text{FM}}(x) = w_0 + \sum_{i=1}^{N} w_i\, x_i + \boxed{\sum_{i=1}^{N} \sum_{j=i+1}^{N} \boldsymbol{v}_i^{\text{T}}\, \boldsymbol{v}_j \cdot x_i x_j}$$

$$\hat{y}_{\text{NFM}}(x) = w_0 + \sum_{i=1}^{N} w_i\, x_i + \boxed{f(x)}$$

图 3-20　NFM 对 FM 二阶部分的改进

如果用传统机器学习的思路来设计 NFM 模型中的函数 $f(x)$,那么势必会通过一系列的数学推导构造一个表达能力更强的函数。但进入深度学习时代后,由于深度学习网络理论上有拟合任何复杂函数的能力,$f(x)$的构造工作可以交由某个深度学习网络来完成,并通过梯度反向传播来学习。在 NFM 模型中,用以替代 FM 二阶部分的神经网络结构如图 3-21 所示。

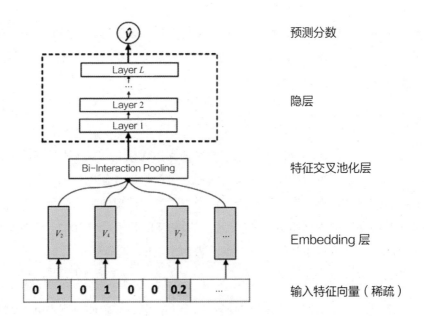

预测分数

隐层

特征交叉池化层

Embedding 层

输入特征向量（稀疏）

图 3-21　NFM 的深度网络部分模型结构图

NFM 网络架构的特点非常明显，就是在 Embedding 层和多层神经网络之间加入特征交叉池化层（Bi-Interaction Pooling Layer）。假设 V_x 是所有特征域的 Embedding 集合，那么特征交叉池化层的具体操作如（式 3-11）所示。

$$f_{\text{BI}}(V_x) = \sum_{i=1}^{n} \sum_{j=i+1}^{n} (x_i v_i) \odot (x_j\, v_j) \qquad （式 3\text{-}11）$$

其中，$\odot$ 代表两个向量的元素积操作，即两个长度相同的向量对应维相乘得到元素积向量，其中第 k 维的操作如（式 3-12）所示。

$$\left(v_i \odot v_j\right)_k = \boldsymbol{v}_{ik} \boldsymbol{v}_{jk} \qquad （式 3\text{-}12）$$

在进行两两 Embedding 向量的元素积操作后，对交叉特征向量取和，得到池化层的输出向量。再把该向量输入上层的多层全连接神经网络，进行进一步的交叉。

图 3-21 所示的 NFM 架构图省略了其一阶部分。如果把 NFM 的一阶部分视为一个线性模型，那么 NFM 的架构也可以视为 Wide&Deep 模型的进化。相比原

始的 Wide&Deep 模型，NFM 模型对其 Deep 部分加入了特征交叉池化层，加强了特征交叉。这是理解 NFM 模型的另一个角度。

3.7.4　基于 FM 的深度学习模型的优点和局限性

本节介绍了 FNN、DeepFM、NFM 三个结合 FM 思路的深度学习模型。它们的特点都是在经典多层神经网络的基础上加入有针对性的特征交叉操作，让模型具备更强的非线性表达能力。

沿着特征工程自动化的思路，深度学习模型从 PNN 一路走来，经过了 Wide&Deep、Deep&Cross、FNN、DeepFM、NFM 等模型，进行了大量的、基于不同特征互操作思路的尝试。但特征工程的思路走到这里几乎已经穷尽了可能的尝试，模型进一步提升的空间非常小，这也是这类模型的局限性所在。

从这之后，越来越多的深度学习推荐模型开始探索更多"结构"上的尝试，诸如注意力机制、序列模型、强化学习等在其他领域大放异彩的模型结构也逐渐进入推荐系统领域，并且在推荐模型的效果提升上成果显著。

3.8　注意力机制在推荐模型中的应用

"注意力机制"来源于人类最自然的选择性注意的习惯。最典型的例子是用户在浏览网页时，会选择性地注意页面的特定区域，忽视其他区域。图 3-22 是谷歌搜索引擎对大量用户进行眼球追踪实验后得出的页面注意力热度图。可以看出，用户对页面不同区域的注意力分布的区别非常大。正是基于这样的现象，在建模过程中考虑注意力机制对预测结果的影响，往往会取得不错的收益。

近年来，注意力机制广泛应用于深度学习的各个领域，无论是在自然语言处理、语音识别还是计算机视觉领域，注意力模型都取得了巨大的成功。从 2017 年开始，推荐领域也开始尝试将注意力机制引入模型之中，这其中影响力较大的工作是由浙江大学提出的 AFM[11]和由阿里巴巴提出的 DIN[12]。

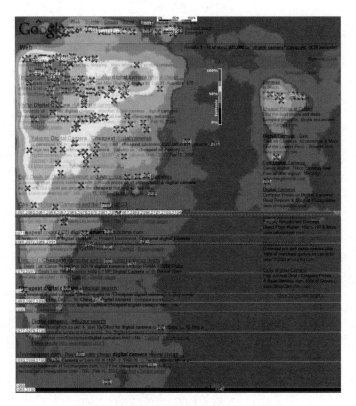

图 3-22 谷歌搜索引擎的页面注意力热度图

3.8.1 AFM——引入注意力机制的 FM

AFM 模型可以被认为是 3.7 节介绍的 NFM 模型的延续。在 NFM 模型中，不同域的特征 Embedding 向量经过特征交叉池化层的交叉，将各交叉特征向量进行"加和"，输入最后由多层神经网络组成的输出层。问题的关键在于加和池化（Sum Pooling）操作，它相当于"一视同仁"地对待所有交叉特征，不考虑不同特征对结果的影响程度，事实上消解了大量有价值的信息。

这里"注意力机制"就派上了用场，它基于假设——不同的交叉特征对于结果的影响程度不同，以更直观的业务场景为例，用户对不同交叉特征的关注程度应是不同的。举例来说，如果应用场景是预测一位男性用户是否购买一款键盘的可能性，那么"性别=男且购买历史包含鼠标"这一交叉特征，很可能比"性别=男且用户年龄=30"这一交叉特征更重要，模型投入了更多的"注意力"在前面的特征上。正因如此，将注意力机制与 NFM 模型结合就显得理所应当了。

具体地说，AFM 模型引入注意力机制是通过在特征交叉层和最终的输出层之间加入注意力网络（Attention Net）实现的。AFM 的模型结构图如图 3-23 所示，注意力网络的作用是为每一个交叉特征提供权重，也就是注意力得分。

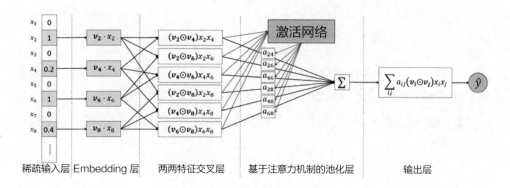

图 3-23　AFM 的模型结构图

同 NFM 一样，AFM 的特征交叉过程同样采用了元素积操作，如（式 3-13）所示。

$$f_{PI}(\varepsilon) = \left\{ (\boldsymbol{v}_i \odot \boldsymbol{v}_j) x_i x_j \right\}_{(i,j) \in \mathcal{R}_x} \qquad （式 3-13）$$

AFM 加入注意力得分后的池化过程如（式 3-14）所示。

$$f_{Att}(f_{PI}(\varepsilon)) = \sum_{(i,j) \in \mathcal{R}_x} a_{ij} (\boldsymbol{v}_i \odot \boldsymbol{v}_j) x_i x_j \qquad （式 3-14）$$

对注意力得分 a_{ij} 来说，最简单的方法就是用一个权重参数来表示，但为了防止交叉特征数据稀疏问题带来的权重参数难以收敛，AFM 模型使用了一个在两两特征交叉层（Pair-wise Interaction Layer）和池化层之间的注意力网络来生成注意力得分。

该注意力网络的结构是一个简单的单全连接层加 softmax 输出层的结构，其数学形式如（式 3-15）所示。

$$a'_{ij=}\boldsymbol{h}^{\mathrm{T}}\mathrm{ReLU}\big(\boldsymbol{W}(\boldsymbol{v}_i\odot\boldsymbol{v}_j)x_ix_j+\boldsymbol{b}\big)$$

$$a_{ij}=\frac{\exp\big(a'_{ij}\big)}{\sum_{(i,j)\in\mathcal{R}_x}\exp\big(a'_{ij}\big)} \qquad\text{(式 3-15)}$$

其中要学习的模型参数就是特征交叉层到注意力网络全连接层的权重矩阵 $\boldsymbol{W}$，偏置向量 $\boldsymbol{b}$，以及全连接层到 softmax 输出层的权重向量 $\boldsymbol{h}$。注意力网络将与整个模型一起参与梯度反向传播的学习过程，得到最终的权重参数。

AFM 是研究人员从改进模型结构的角度出发进行的一次有益尝试。它与具体的应用场景无关。但阿里巴巴在其深度学习推荐模型中引入注意力机制，则是一次基于业务观察的模型改进，下面介绍阿里巴巴在业界非常知名的推荐模型——DIN。

3.8.2　DIN——引入注意力机制的深度学习网络

相比于之前很多"学术风"的深度学习模型，阿里巴巴提出的 DIN 模型显然更具业务气息。它的应用场景是阿里巴巴的电商广告推荐，因此在计算一个用户 u 是否点击一个广告 a 时，模型的输入特征自然分为两大部分：一部分是用户 u 的特征组（如图 3-24 中的用户特征组所示），另一部分是候选广告 a 的特征组（如图 3-24 中的广告特征组所示）。无论是用户还是广告，都含有两个非常重要的特征——商品 id（good_id）和商铺 id（shop_id）。用户特征里的商品 id 是一个序列，代表用户曾经点击过的商品集合，商铺 id 同理；而广告特征里的商品 id 和商铺 id 就是广告对应的商品 id 和商铺 id（阿里巴巴平台上的广告大部分是参与推广计划的商品）。

在原来的基础模型中（图 3-24 中的 Base 模型），用户特征组中的商品序列和商铺序列经过简单的平均池化操作后就进入上层神经网络进行下一步训练，序列中的商品既没有区分重要程度，也和广告特征中的商品 id 没有关系。

然而事实上，广告特征和用户特征的关联程度是非常强的，还以 3.7 节介绍的案例来说明这个问题。假设广告中的商品是键盘，用户的点击商品序列中有几个不同的商品 id，分别是鼠标、T 恤和洗面奶。从常识出发，"鼠标"这个历史商品 id 对预测"键盘"广告的点击率的重要程度应大于后两者。从模型的角度来说，在建模过程中投给不同特征的"注意力"理应有所不同，而且"注意力得分"的计算理应与广告特征有相关性。

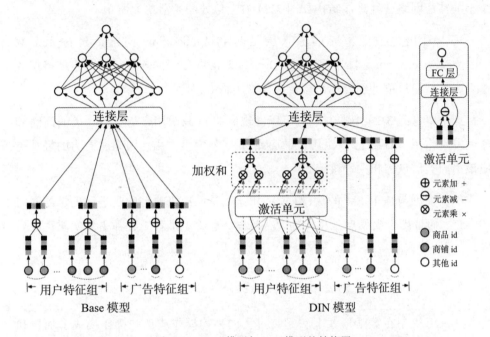

图 3-24   Base 模型与 DIN 模型的结构图

将上述"注意力"的思想反映到模型中也是直观的。利用候选商品和历史行为商品之间的相关性计算出一个权重，这个权重就代表了"注意力"的强弱，加入了注意力权重的深度学习网络就是 DIN 模型，其中注意力部分的形式化表达如（式 3-16）所示。

$$V_u = f(V_a) = \sum_{i=1}^{N} w_i \cdot V_i = \sum_{i=1}^{N} g(V_i, V_a) \cdot V_i \qquad （式 3\text{-}16）$$

其中，V_u 是用户的 Embedding 向量，V_a 是候选广告商品的 Embedding 向量，V_i 是用户 u 的第 i 次行为的 Embedding 向量。这里用户的行为就是浏览商品或店铺，因此行为的 Embedding 向量就是那次浏览的商品或店铺的 Embedding 向量。

因为加入了注意力机制，所以 V_u 从过去 V_i 的加和变成了 V_i 的加权和，V_i 的权重 w_i 就由 V_i 与 V_a 的关系决定，也就是（式 3-16）中的 $g(V_i, V_a)$，即"注意力得分"。

那么，$g(V_i, V_a)$函数到底采用什么形式比较好呢？答案是使用一个注意力激活单元（activation unit）来生成注意力得分。这个注意力激活单元本质上也是一个小的神经网络，其具体结构如图 3-24 右上角处的激活单元所示。

可以看出，激活单元的输入层是两个 Embedding 向量，经过元素减（element-wise minus）操作后，与原 Embedding 向量一同连接后形成全连接层的输入，最后通过单神经元输出层生成注意力得分。

如果留意图 3-24 中的红线，可以发现商铺 id 只跟用户历史行为中的商铺 id 序列发生作用，商品 id 只跟用户的商品 id 序列发生作用，因为注意力的轻重更应该由同类信息的相关性决定。

DIN 模型与基于 FM 的 AFM 模型相比，是一次更典型的改进深度学习网络的尝试，而且由于出发点是具体的业务场景，也给了推荐工程师更多实质性的启发。

3.8.3 注意力机制对推荐系统的启发

注意力机制在数学形式上只是将过去的平均操作或加和操作换成了加权和或者加权平均操作。这一机制对深度学习推荐系统的启发是重大的。因为"注意力得分"的引入反映了人类天生的"注意力机制"特点。对这一机制的模拟，使得推荐系统更加接近用户真实的思考过程，从而达到提升推荐效果的目的。

从"注意力机制"开始，越来越多对深度学习模型结构的改进是基于对用户行为的深刻观察而得出的。相比学术界更加关注理论上的创新，业界的推荐工程师更需要基于对业务的理解推进推荐模型的演化。

3.9 DIEN——序列模型与推荐系统的结合

阿里巴巴提出 DIN 模型之后，并没有停止其推荐模型演化的进程，而是于 2019 年正式提出了 DIN 模型的演化版本——DIEN[13]。模型的应用场景和 DIN 完全一致，本节不再赘述，其创新在于用序列模型模拟了用户兴趣的进化过程。下面对 DIEN 的主要思路和兴趣演化部分的设计进行详细介绍。

3.9.1 DIEN 的"进化"动机

无论是电商购买行为，还是视频网站的观看行为，或是新闻应用的阅读行为，特定用户的历史行为都是一个随时间排序的序列。既然是时间相关的序列，就一定存在或深或浅的前后依赖关系，这样的序列信息对于推荐过程无疑是有价值的。但本章之前介绍的所有模型，有没有利用到这层序列信息呢？答案是否定的。即使是引入了注意力机制的 AFM 或 DIN 模型，也仅是对不同行为的重要性进行打分，这样的得分是时间无关的，是序列无关的。

那么，为什么说序列信息对推荐来说是有价值的呢？一个典型的电商用户的行为现象可以说明这一点。对于一个综合电商来说，用户兴趣的迁移其实非常快，例如，上周一位用户在挑选一双篮球鞋，这位用户上周的行为序列都会集中在篮球鞋这个品类的商品上，但在他完成购买后，本周他的购物兴趣可能变成买一个机械键盘。序列信息的重要性在于：

（1）它加强了最近行为对下次行为预测的影响。在这个例子中，用户近期购买机械键盘的概率会明显高于再买一双篮球鞋或购买其他商品的概率。

（2）序列模型能够学习到购买趋势的信息。在这个例子中，序列模型能够在一定程度上建立"篮球鞋"到"机械键盘"的转移概率。如果这个转移概率在全局统计意义上是足够高的，那么在用户购买篮球鞋时，推荐机械键盘也会成为一个不错的选项。直观上，二者的用户群体很有可能是一致的。

如果放弃序列信息，则模型学习时间和趋势这类信息的能力就不会那么强，推荐模型就仍然是基于用户所有购买历史的综合推荐，而不是针对"下一次购买"推荐。显然，从业务的角度看，后者才是推荐系统正确的推荐目标。

3.9.2 DIEN 模型的架构

基于引进"序列"信息的动机，阿里巴巴对 DIN 模型进行了改进，形成了 DIEN 模型的结构。如图 3-25 所示，模型仍是输入层+Embedding 层+连接层+多层全连接神经网络+输出层的整体架构。图中彩色的"兴趣进化网络"被认为是一种用户兴趣的 Embedding 方法，它最终的输出是 $h'(T)$ 这个用户兴趣向量。DIEN 模型的创新点在于如何构建"兴趣进化网络"。

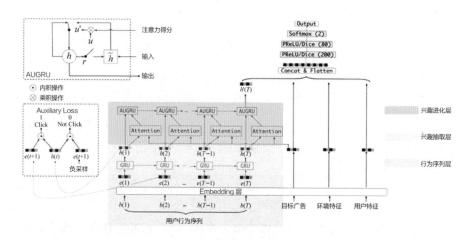

图 3-25　DIEN 模型的结构图

兴趣进化网络分为三层，从下至上依次是：

（1）**行为序列层**（Behavior Layer，浅绿色部分）：其主要作用是把原始的 id 类行为序列转换成 Embedding 行为序列。

（2）**兴趣抽取层**（Interest Extractor Layer，米黄色部分）：其主要作用是通过模拟用户兴趣迁移过程，抽取用户兴趣。

（3）**兴趣进化层**（Interest Evolving Layer，浅红色部分）：其主要作用是通过在兴趣抽取层基础上加入注意力机制，模拟与当前目标广告相关的兴趣进化过程。

在兴趣进化网络中，行为序列层的结构与普通的 Embedding 层是一致的，模拟用户兴趣进化的关键在于"兴趣抽取层"和"兴趣进化层"。

3.9.3　兴趣抽取层的结构

兴趣抽取层的基本结构是 GRU（Gated Recurrent Unit，门循环单元）网络。相比传统的序列模型 RNN（Recurrent Neural Network，循环神经网络），GRU 解决了 RNN 的梯度消失问题（Vanishing Gradients Problem）。与 LSTM（Long Short-Term Memory，长短期记忆网络）相比，GRU 的参数数量更少，训练收敛速度更快，因此成了 DIEN 序列模型的选择。

每个 GRU 单元的具体形式由系列公式（式 3-17）定义。

$$u_t = \sigma(W^u i_t + U^u h_{t-1} + b^u)$$
$$r_t = \sigma(W^r i_t + U^r h_{t-1} + b^r)$$
$$\widetilde{h_t} = \tanh(W^h i_t + r_t \circ U^h h_{t-1} + b^h)$$
$$h_t = (1 - u_t) \circ h_{t-1} + u_t \circ \widetilde{h_t}$$

（式 3-17）

其中，σ 是 Sigmoid 激活函数，$\circ$ 是元素积操作，$W^u, W^r, W^h, U^z, U^r, U^h$ 是 6 组需要学习的参数矩阵，i_t 是输入状态向量，也就是行为序列层的各行为 Embedding 向量 $e(t)$，h_t 是 GRU 网络中第 t 个隐状态向量。

经过由 GRU 组成的兴趣抽取层后，用户的行为向量 $b(t)$ 被进一步抽象化，形成了兴趣状态向量 $h(t)$。理论上，在兴趣状态向量序列的基础上，GRU 网络已经可以做出下一个兴趣状态向量的预测，但 DIEN 却进一步设置了兴趣进化层，这是为什么呢？

3.9.4　兴趣进化层的结构

DIEN 兴趣进化层相比兴趣抽取层最大的特点是加入了注意力机制。这一特点与 DIN 的一脉相承。从图 3-25 中的注意力单元的连接方式可以看出，兴趣进化层注意力得分的生成过程与 DIN 完全一致，都是当前状态向量与目标广告向量进行互作用的结果。也就是说，DIEN 在模拟兴趣进化的过程中，需要考虑与目标广告的相关性。

这也回答了 3.9.3 节的问题，在兴趣抽取层之上再加上兴趣进化层就是为了更有针对性地模拟与目标广告相关的兴趣进化路径。由于阿里巴巴这类综合电商的特点，用户非常有可能同时购买多品类商品，例如在购买"机械键盘"的同时还在查看"衣服"品类下的商品，那么这时注意力机制就显得格外重要了。当目标广告是某个电子产品时，用户购买"机械键盘"相关的兴趣演化路径显然比购买"衣服"的演化路径重要，这样的筛选功能兴趣抽取层没有。

兴趣进化层完成注意力机制的引入是通过 AUGRU（GRU with Attentional Update gate，基于注意力更新门的 GRU）结构，AUGRU 在原 GRU 的更新门（update gate）的结构上加入了注意力得分，具体形式如（式 3-18）所示。

$$\tilde{\boldsymbol{u}}_t' = a_t \cdot \boldsymbol{u}_t'$$
$$\boldsymbol{h}_t' = (1 - \tilde{\boldsymbol{u}}_t') \circ \boldsymbol{h}_{t-1}' + \tilde{\boldsymbol{u}}_t' \circ \tilde{\boldsymbol{h}}_t'$$

（式 3-18）

结合（式 3-17），可以看出 AUGRU 在原始的 $\boldsymbol{u}_t'$［原始更新门向量，如（式 3-17）中的 $\boldsymbol{u}_t$］基础上加入了注意力得分 a_t，注意力得分的生成方式与 DIN 模型中注意力激活单元的基本一致。

3.9.5 序列模型对推荐系统的启发

本节介绍了阿里巴巴融合了序列模型的推荐模型 DIEN。由于序列模型具备强大的时间序列的表达能力，使其非常适合预估用户经过一系列行为后的下一次动作。

事实上，不仅阿里巴巴在电商模型上成功运用了序列模型，YouTube、Netflix 等视频流媒体公司也已经成功的在其视频推荐模型中应用了序列模型，用于预测用户的下次观看行为（next watch）。

但在工程实现上需要注意：序列模型比较高的训练复杂度，以及在线上推断过程中的串行推断，使其在模型服务过程中延迟较大，这无疑增大了其上线的难度，需要在工程上着重优化。关于序列模型工程化的经验，将在第 8 章介绍。

3.10 强化学习与推荐系统的结合

强化学习（Reinforcement Learning）是近年来机器学习领域非常热门的研究话题，它的研究起源于机器人领域，针对智能体（Agent）在不断变化的环境（Environment）中决策和学习的过程进行建模。在智能体的学习过程中，会完成收集外部反馈（Reward），改变自身状态（State），再根据自身状态对下一步的行动（Action）进行决策，在行动之后持续收集反馈的循环，简称"行动-反馈-状态更新"的循环。

"智能体"的概念非常容易让人联想到机器人，整个强化学习的过程可以放到机器人学习人类动作的场景下理解。如果把推荐系统也当作一个智能体，把整个推荐系统学习更新的过程当作智能体"行动-反馈-状态更新"的循环，就能理解将强化学习的诸多理念应用于推荐系统领域并不是一件困难的事情。

2018 年，由宾夕法尼亚州立大学和微软亚洲研究院的学者提出的推荐领域的强化学习模型 DRN[14]，就是一次将强化学习应用于新闻推荐系统的尝试。

3.10.1 深度强化学习推荐系统框架

深度强化学习推荐系统框架是基于强化学习的经典过程提出的，读者可以借推荐系统的具体场景进一步熟悉强化学习中的智能体、环境、状态、行动、反馈等概念。如图 3-26 所示，框架图非常清晰地展示了深度强化学习推荐系统框架的各个组成部分，以及整个强化学习的迭代过程。具体地讲，其中各要素在推荐系统场景下的具体解释如下。

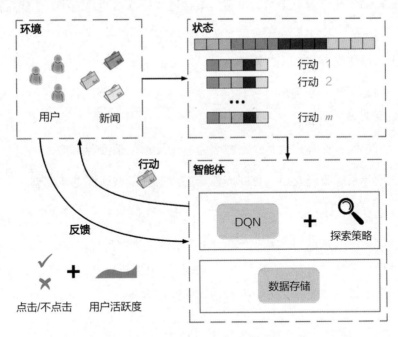

图 3-26　深度强化学习推荐系统框架

智能体：推荐系统本身，它包括基于深度学习的推荐模型、探索（explore）策略，以及相关的数据存储（memory）。

环境：由新闻网站或 App、用户组成的整个推荐系统外部环境。在环境中，用户接收推荐的结果并做出相应反馈。

行动：对一个新闻推荐系统来说，"行动"指的就是推荐系统进行新闻排序后推送给用户的动作。

反馈：用户收到推荐结果后，进行正向的或负向的反馈。例如，点击行为被认为是一个典型的正反馈，曝光未点击则是负反馈的信号。此外，用户的活跃程度，用户打开应用的间隔时间也被认为是有价值的反馈信号。

状态：状态指的是对环境及自身当前所处具体情况的刻画。在新闻推荐场景中，状态可以被看作已收到所有行动和反馈，以及用户和新闻的所有相关信息的特征向量表示。站在传统机器学习的角度，"状态"可以被看作已收到的、可用于训练的所有数据的集合。

在这样的强化学习框架下，模型的学习过程可以不断地迭代，迭代过程主要有如下几步：

（1）初始化推荐系统（智能体）。

（2）推荐系统基于当前已收集的数据（状态）进行新闻排序（行动），并推送到网站或 App（环境）中。

（3）用户收到推荐列表，点击或者忽略（反馈）某推荐结果。

（4）推荐系统收到反馈，更新当前状态或通过模型训练更新模型。

（5）重复第 2 步。

读者可能已经意识到，强化学习相比传统深度模型的优势就在于强化学习模型能够进行"在线学习"，不断利用新学到的知识更新自己，及时做出调整和反馈。这也正是将强化学习应用于推荐系统的收益所在。

3.10.2　深度强化学习推荐模型

智能体部分是强化学习框架的核心，对推荐系统这一智能体来说，推荐模型是推荐系统的"大脑"。在 DRN 框架中，扮演"大脑"角色的是 Deep Q-Network（深度 Q 网络，简称 DQN），其中 Q 是 Quality 的简称，指通过对行动进行质量评估，得到行动的效用得分，以此进行行动决策。

DQN 的网络结构如图 3-27 所示，在特征工程中套用强化学习状态向量和行动向量的概念，把用户特征（user features）和环境特征（context features）归为状态向量，因为它们与具体的行动无关；把用户-新闻交叉特征和新闻特征归为行动特征，因为其与推荐新闻这一行动相关。

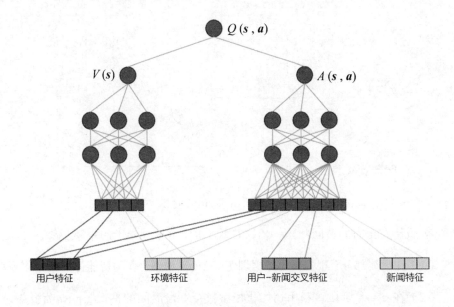

图 3-27　DQN 的模型结构图

用户特征和环境特征经过左侧多层神经网络的拟合生成价值（value）得分 $V(s)$，利用状态向量和行动向量生成优势（advantage）得分 $A(s,a)$，最后把两部分得分综合起来，得到最终的质量得分 $Q(s,a)$。

价值得分和优势得分都是强化学习中的概念，在理解 DQN 时，读者不必过多纠结这些名词，只要清楚 DQN 的结构即可。事实上，任何深度学习模型都可以作为智能体的推荐模型，并没有特殊的建模方面的限制。

3.10.3　DRN 的学习过程

DRN 的学习过程是整个强化学习推荐系统框架的重点，正是由于可以在线更新，才使得强化学习模型相比其他"静态"深度学习模型有了更多实时性上的优势。图 3-28 以时间轴的形式形象地描绘了 DRN 的学习过程。

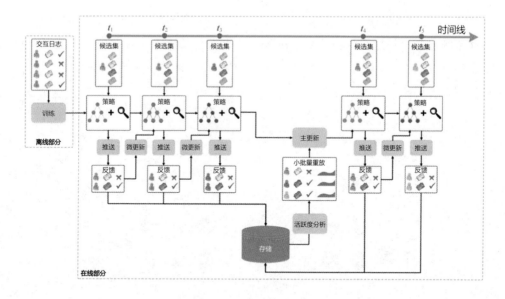

图 3-28 DRN 的学习过程

按照从左至右的时间顺序，依次描绘 DRN 学习过程中的重要步骤。

（1）在离线部分，根据历史数据训练好 DQN 模型，作为智能体的初始化模型。

（2）在 $t_1 \rightarrow t_2$ 阶段，利用初始化模型进行一段时间的推送（push）服务，积累反馈（feedback）数据。

（3）在 t_2 时间点，利用 $t_1 \rightarrow t_2$ 阶段积累的用户点击数据，进行模型微更新（minor update）。

（4）在 t_4 时间点，利用 $t_1 \rightarrow t_4$ 阶段的用户点击数据及用户活跃度数据进行模型的主更新（major update）。

（5）重复第 2~4 步。

在第 4 步中出现的模型主更新操作可以理解为利用历史数据的重新训练，用训练好的模型替代现有模型。那么在第 3 步中提到的模型微调怎么操作呢？这就牵扯到 DRN 使用的一种新的在线训练方法——竞争梯度下降算法（Dueling Bandit Gradient Descent Algorithm）。

3.10.4　DRN 的在线学习方法——竞争梯度下降算法

DRN 的在线学习方法——竞争梯度下降算法的流程如图 3-29 所示。

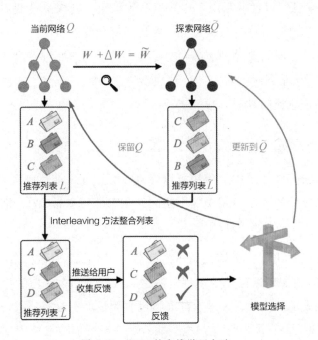

图 3-29　DRN 的在线学习方法

其主要步骤如下：

（1）对于已经训练好的当前网络 Q，对其模型参数 W 添加一个较小的随机扰动ΔW，得到新的模型参数$\tilde{W}$，这里称$\tilde{W}$对应的网络为探索网络$\tilde{Q}$。

（2）对于当前网络 Q 和探索网络$\tilde{Q}$，分别生成推荐列表 L 和$\tilde{L}$，用 Interleaving（7.5 节将详细介绍）将两个推荐列表组合成一个推荐列表后推送给用户。

（3）实时收集用户反馈。如果探索网络$\tilde{Q}$生成内容的效果好于当前网络 Q，则用探索网络代替当前网络，进入下一轮迭代；反之则保留当前网络。

在第 1 步中，由当前网络 Q 生成探索网络$\tilde{Q}$，产生随机扰动的公式如（式3-19）所示。

$$\Delta W = \alpha \cdot \text{rand}(-1,1) \cdot W \qquad\qquad （式 3\text{-}19）$$

其中，α是探索因子，决定探索力度的大小。rand(−1,1)是一个[−1,1]之间的随机数。

DRN 的在线学习过程利用了"探索"的思想，其调整模型的粒度可以精细到每次获得反馈之后，这一点很像随机梯度下降的思路，虽然一次样本的结果可能产生随机扰动，但只要总的下降趋势是正确的，就能通过海量的尝试最终达到最优点。DRN 正是通过这种方式，让模型时刻与最"新鲜"的数据保持同步，将最新的反馈信息实时地融入模型中。

3.10.5 强化学习对推荐系统的启发

强化学习在推荐系统中的应用可以说又一次扩展了推荐模型的建模思路。它与之前提到的其他深度学习模型的不同之处在于变静态为动态，把模型学习的实时性提到了一个空前重要的位置。

它也给我们提出了一个值得思考的问题——到底是应该打造一个重量级的、"完美"的，但训练延迟很大的模型；还是应该打造一个轻巧的、简单的，但能够实时训练的模型。当然，工程上的事情没有假设，更没有猜想，只通过实际效果说话，"重量"与"实时"之间也绝非对立关系，但在最终决定一个技术方案之前，这样的思考是非常必要的，也是值得花时间去验证的。

3.11 总结——推荐系统的深度学习时代

本章梳理了主流的深度学习推荐模型的相关知识，与章首的深度学习模型进化图呼应。本节对深度学习推荐模型的关键知识进行总结（如表 3-2 所示）。

表 3-2 深度学习推荐模型的关键知识

模型名称	基本原理	特　点	局限性
AutoRec	基于自编码器，对用户或者物品进行编码，利用自编码器的泛化能力进行推荐	单隐层神经网络结构简单，可实现快速训练和部署	表达能力较差
Deep Crossing	利用"Embedding 层+多隐层+输出层"的经典深度学习框架，预完成特征的自动深度交叉	经典的深度学习推荐模型框架	利用全连接隐层进行特征交叉，针对性不强

续表

模型名称	基本原理	特　　点	局限性
NeuralCF	将传统的矩阵分解中用户向量和物品向量的点积操作，换成由神经网络代替的互操作	表达能力加强版的矩阵分解模型	只使用了用户和物品的 id 特征，没有加入更多其他特征
PNN	针对不同特征域之间的交叉操作，定义"内积""外积"等多种积操作	在经典深度学习框架上模型对提高特征交叉能力	"外积"操作进行了近似化，一定程度上影响了其表达能力
Wide&Deep	利用 Wide 部分加强模型的"记忆能力"，利用 Deep 部分加强模型的"泛化能力"	开创了组合模型的构造方法，对深度学习推荐模型的后续发展产生重大影响	Wide 部分需要人工进行特征组合的筛选
Deep&Cross	用 Cross 网络替代 Wide&Deep 模型中的 Wide 部分	解决了 Wide&Deep 模型人工组合特征的问题	Cross 网络的复杂度较高
FNN	利用 FM 的参数来初始化深度神经网络的 Embedding 层参数	利用 FM 初始化参数，加快整个网络的收敛速度	模型的主结构比较简单，没有针对性的特征交叉层
DeepFM	在 Wide&Deep 模型的基础上，用 FM 替代原来的线性 Wide 部分	加强了 Wide 部分的特征交叉能力	与经典的 Wide&Deep 模型相比，结构差别不明显
NFM	用神经网络代替 FM 中二阶隐向量交叉的操作	相比 FM，NFM 的表达能力和特征交叉能力更强	与 PNN 模型的结构非常相似
AFM	在 FM 的基础上，在二阶隐向量交叉的基础上对每个交叉结果加入了注意力得分，并使用注意力网络学习注意力得分	不同交叉特征的重要性不同	注意力网络的训练过程比较复杂
DIN	在传统深度学习推荐模型的基础上引入注意力机制，并利用用户行为历史物品和目标广告物品的相关性计算注意力得分	根据目标广告物品的不同，进行更有针对性的推荐	并没有充分利用除"历史行为"以外的其他特征
DIEN	将序列模型与深度学习推荐模型结合，使用序列模型模拟用户的兴趣进化过程	序列模型增强了系统对用户兴趣变迁的表达能力，使推荐系统开始考虑时间相关的行为序列中包含的有价值信息	序列模型的训练复杂，线上服务的延迟较长，需要进行工程上的优化
DRN	将强化学习的思路应用于推荐系统，进行推荐模型的线上实时学习和更新	模型对数据实时性的利用能力大大加强	线上部分较复杂，工程实现难度较大

面对如此多可选的深度学习推荐模型，读者不迷失其中的前提是熟悉每个模型之间的关系及其适用场景。需要明确的是，在深度学习时代，没有一个特定的模型能够胜任所有业务场景，从表 3-2 中也能看出每种模型的特点各不相同。

正因如此，本章并没有列出任何模型的性能测试，因为不同数据集、不同应用场景、不同评估方法和评估指标，不可能形成权威的测试结果。在实际的应用过程中，还需要推荐工程师针对自己的业务数据，经过充分的调参、对比，选择最适合的深度学习推荐模型。

深度学习推荐模型从没有停下它前进的脚步。从阿里巴巴的多模态、多目标的深度学习模型，到 YouTube 基于 session 的推荐系统，再到 Airbnb 使用 Embedding 技术构建的搜索推荐模型，深度学习推荐模型不仅进化速度越来越快，而且应用场景也越来越广。在之后的章节中，笔者会从不同的角度出发，介绍深度学习模型在推荐系统中的应用，也希望读者能够在本章的知识架构之上，跟踪最新的深度学习推荐模型进展。

参考文献

[1] SUVASH SEDHAIN, et al. Autorec: Autoencoders meet collaborative filtering[C]. Proceedings of the 24th International Conference on World Wide Web, 2015.

[2] YING SHAN, et al. Deep crossing: Web-scale modeling without manually crafted combinatorial features[C]. Proceedings of the 22nd ACM SIGKDD international conference on knowledge discovery and data mining, 2016.

[3] HE KAIMING, et al. Deep residual learning for image recognition[C]. Proceedings of the IEEE conference on computer vision and pattern recognition. 2016.

[4] HE XIANGNAN, et al. Neural collaborative filtering. Proceedings of the 26th international conference on world wide web[C]. International World Wide Web Conferences Steering Committee, 2017.

[5] QU YANRU, et al. Product-based neural networks for user response prediction[C]. 2016 IEEE 16th International Conference on Data Mining (ICDM), 2016.

[6] CHENG HENG-TZE, et al. Wide & deep learning for recommender systems[C]. Proceedings of the 1st workshop on deep learning for recommender systems., 2016.

[7] WANG RUOXI, et al. Deep & cross network for ad click predictions[C]. Proceedings of the ADKDD'17, 2017.

[8] ZHANG WEINAN, DU TIANMING, WANG JUN. Deep learning over multi-field categorical data. European conference on information retrieval. Springer, 2016.

[9] GUO HUIFENG, et al. DeepFM: a factorization-machine based neural network for CTR prediction[A/OL]: arXiv preprint arXiv:1703.04247 (2017).

[10] HE XIANGNAN, CHUA TAT-SENG. Neural factorization machines for sparse predictive analytics[C]. Proceedings of the 40th International ACM SIGIR conference on Research and Development in Information Retrieval, 2017.

[11] XIAO JUN, et al. Attentional factorization machines: Learning the weight of feature interactions via attention networks[A/OL]: arXiv preprint arXiv: 1708.04617(2017).

[12] ZHOU GUORUI, et al. Deep interest network for click-through rate prediction[C]. Proceedings of the 24th ACM SIGKDD International Conference on Knowledge Discovery & Data Mining, 2018.

[13] ZHOU GUORUI, et al. Deep interest evolution network for click-through rate prediction[J]. Proceedings of the AAAI Conference on Artificial Intelligence. Vol. 33. 2019.

[14] ZHENG GUANJIE, et al. DRN: A deep reinforcement learning framework for news Recommender[C]. Proceedings of the 2018 World Wide Web Conference. International World Wide Web Conferences Steering Committee, 2018.

第 4 章
Embedding 技术在推荐系统中的应用

Embedding，中文直译为"嵌入"，常被翻译为"向量化"或者"向量映射"。在整个深度学习框架中，特别是以推荐、广告、搜索为核心的互联网领域，Embedding 技术的应用非常广泛，将其称为深度学习的"基础核心操作"也不为过。

之前的章节曾多次提及 Embedding 操作，它的主要作用是将稀疏向量转换成稠密向量，便于上层深度神经网络处理。事实上，Embedding 技术的作用远不止于此，它的应用场景非常多元化，而且实现方法也各不相同。

在学术界，Embedding 本身作为深度学习研究领域的热门方向，经历了从处理序列样本，到处理图样本，再到处理异构的多特征样本的快速进化过程。在工业界，Embedding 技术凭借其综合信息的能力强、易于上线部署的特点，几乎成了应用最广泛的深度学习技术。本章对 Embedding 技术的介绍集中在以下几个方面。

（1）介绍 Embedding 的基础知识。

（2）介绍 Embedding 从经典的 Word2vec，到热门的 Graph Embedding（图嵌入），再到多特征融合 Embedding 技术的演化过程。

（3）介绍 Embedding 技术在推荐系统中的具体应用及线上部署和快速服务的方法。

4.1 什么是 Embedding

形式上讲, Embedding 就是用一个低维稠密的向量"表示"一个对象(object), 这里所说的对象可以是一个词、一个商品, 也可以是一部电影, 等等。其中"表示"这个词的含义需要进一步解释。笔者的理解是"表示"意味着 Embedding 向量能够表达相应对象的某些特征, 同时向量之间的距离反映了对象之间的相似性。

4.1.1 词向量的例子

Embedding 方法的流行始于自然语言处理领域对于词向量生成问题的研究。这里以词向量为例进一步解释 Embedding 的含义。

图 4-1(a)所示为使用 Word2vec 方法编码的几个单词（带有性别特征）的 Embedding 向量在 Embedding 空间内的位置, 可以看出从 Embedding(king)到 Embedding(queen), 从 Embedding(man)到 Embedding(woman)的距离向量几乎一致, 这表明词 Embedding 向量之间的运算甚至能够包含词之间的语义关系信息。同样, 图 4-1(b)所示的词性例子中也反映出词向量的这一特点, Embedding (walking)到 Embedding(walked)和 Embedding(swimming)到 Embedding(swam)的距离向量一致, 这表明 walking-walked 和 swimming-swam 的词性关系是一致的。

在有大量语料输入的前提下, Embedding 技术甚至可以挖掘出一些通用知识, 如图 4-1(c)所示, Embedding(Madrid)-Embedding(Spain)≈Embedding(Beijing)-Embedding(China), 这表明 Embedding 之间的运算操作可以挖掘出"首都-国家"这类通用的关系知识。

通过上面的例子可以知道, 在词向量空间内, 甚至在完全不知道一个词的向量的情况下, 仅靠语义关系加词向量运算就可以推断出这个词的词向量。Embedding 就是这样从另外一个空间表达物品, 同时揭示物品之间的潜在关系的, 某种意义上讲, Embedding 方法甚至具备了本体论哲学层面上的意义。

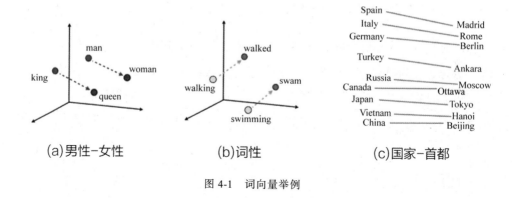

图 4-1　词向量举例

4.1.2　Embedding 技术在其他领域的扩展

既然 Embedding 能够对"词"进行向量化，那么其他应用领域的物品也可以通过某种方式生成其向量化表示。

例如，如果对电影进行 Embedding，那么 Embedding(复仇者联盟)和 Embedding(钢铁侠)在 Embedding 向量空间内两点之间的距离就应该很近，而 Embedding(复仇者联盟)和 Embedding(乱世佳人)的距离会相对远。

同理，如果在电商领域对商品进行 Embedding，那么 Embedding(键盘)和 Embedding(鼠标)的向量距离应该比较近，而 Embedding(键盘)和 Embedding(帽子)的距离会相对远。

与词向量使用大量文本语料进行训练不同，不同领域的训练样本肯定是不同的，比如视频推荐往往使用用户的观看序列进行电影的 Embedding 化，而电商平台则会使用用户的购买历史作为训练样本。

4.1.3　Embedding 技术对于深度学习推荐系统的重要性

回到深度学习推荐系统上，为什么说 Embedding 技术对于深度学习如此重要，甚至可以说是深度学习的"基础核心操作"呢？原因主要有以下三个：

（1）推荐场景中大量使用 one-hot 编码对类别、id 型特征进行编码，导致样本特征向量极度稀疏，而深度学习的结构特点使其不利于稀疏特征向量的处理，因此几乎所有深度学习推荐模型都会由 Embedding 层负责将高维稀疏特征向量转换成低维稠密特征向量。因此，掌握各类 Embedding 技术是构建深度学习推荐模型的基础性操作。

（2）Embedding 本身就是极其重要的特征向量。相比 MF 等传统方法产生的特征向量，Embedding 的表达能力更强，特别是 Graph Embedding 技术被提出后，Embedding 几乎可以引入任何信息进行编码，使其本身就包含大量有价值的信息。在此基础上，Embedding 向量往往会与其他推荐系统特征连接后一同输入后续深度学习网络进行训练。

（3）Embedding 对物品、用户相似度的计算是常用的推荐系统召回层技术。在局部敏感哈希（Locality-Sensitive Hashing）等快速最近邻搜索技术应用于推荐系统后，Embedding 更适用于对海量备选物品进行快速"初筛"，过滤出几百到几千量级的物品交由深度学习网络进行"精排"。

所以说，Embedding 技术在深度学习推荐系统中占有极其重要的位置，熟悉并掌握各类流行的 Embedding 方法是构建一个成功的深度学习推荐系统的有力武器。

4.2　Word2vec——经典的 Embedding 方法

提起 Embedding，就不得不提 Word2vec，它不仅让词向量在自然语言处理领域再度流行，更为关键的是，自 2013 年谷歌提出 Word2vec 以来[1][2]，Embedding 技术从自然语言处理领域推广到广告、搜索、图像、推荐等深度学习应用领域，成了深度学习知识框架中不可或缺的技术点。作为经典的 Embedding 方法，熟悉 Word2vec 对于理解之后所有的 Embedding 相关技术和概念至关重要。

4.2.1　什么是 Word2vec

Word2vec 是"word to vector"的简称，顾名思义，Word2vec 是一个生成对"词"的向量表达的模型。

为了训练 Word2vec 模型，需要准备由一组句子组成的语料库。假设其中一个长度为 T 的句子为 $w_1, w_2, \ldots, w_T$，假定每个词都跟其相邻的词的关系最密切，即每个词都是由相邻的词决定的（图 4-2 中 CBOW 模型的主要原理），或者每个词都决定了相邻的词（图 4-2 中 Skip-gram 模型的主要原理）。如图 4-2 所示，CBOW 模型的输入是 ω_t 周边的词，预测的输出是 ω_t，而 Skip-gram 则相反。经验上讲，Skip-gram 的效果较好。本节以 Skip-gram 为框架讲解 Word2vec 模型的细节。

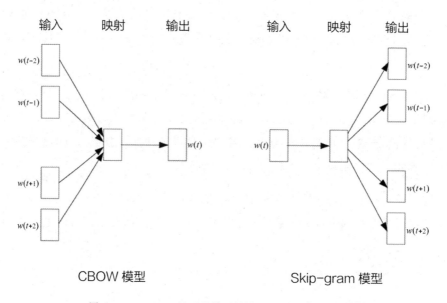

图 4-2　Word2vec 的两种模型结构 CBOW 和 Skip-gram

4.2.2　Word2vec 模型的训练过程

为了基于语料库生成模型的训练样本，选取一个长度为 $2c+1$（目标词前后各选 c 个词）的滑动窗口，从语料库中抽取一个句子，将滑动窗口由左至右滑动，每移动一次，窗口中的词组就形成了一个训练样本。

有了训练样本，就可以着手定义优化目标了。既然每个词 w_t 都决定了相邻词 w_{t+j}，基于极大似然估计的方法，希望所有样本的条件概率 $p(w_{t+j}|w_t)$ 之积最大，这里使用对数概率。因此，Word2vec 的目标函数如（式 4-1）所示。

$$\frac{1}{T}\sum_{t=1}^{T}\sum_{-c\leqslant j\leqslant c,j\neq 0}\log p\left(w_{t+j}|w_t\right)\qquad（式 4\text{-}1）$$

接下来的核心问题是如何定义 $p(w_{t+j}|w_t)$，作为一个多分类问题，最直接的方

法是使用 softmax 函数。Word2vec 的 "愿景" 是希望用一个向量 v_w 表示词 w，用词之间的内积距离 $v_i^T v_j$ 表示语义的接近程度，那么条件概率 $p(w_{t+j}|w_t)$ 的定义就可以很直观地给出，如（式 4-2）所示，其中 w_O 代表 w_{t+j}，被称为输出词；w_I 代表 w_t，被称为输入词。

$$p(w_O|w_I) = \frac{\exp\left(V_{w_O}'^T V_{w_I}\right)}{\sum_{w=1}^{W} \exp\left(V_w'^T V_{w_I}\right)} \qquad （式 4-2）$$

看到上面的条件概率公式，很多读者可能会习惯性地忽略这样一个事实，在 Word2vec 中是用 w_t 预测 w_{t+j}，但其实二者的向量表达并不在一个向量空间内。就像上面的条件概率公式那样，V_{w_O} 和 V_{w_I} 分别是词 w 的输出向量表达和输入向量表达。**那什么是输入向量表达和输出向量表达呢？这里用 Word2vec 的神经网络结构图（如图 4-3 所示）来做进一步说明。**

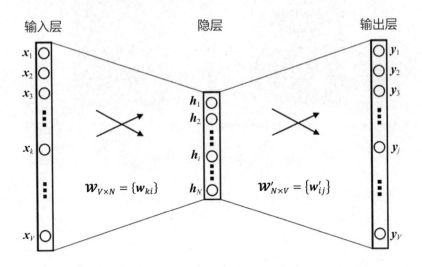

图 4-3　Word2vec 的神经网络结构图

根据条件概率 $p(w_{t+j}|w_t)$ 的定义，可以把两个向量的乘积再套上一个 softmax 的形式，转换成图 4-3 所示的神经网络结构。用神经网络表示 Word2vec 的模型架构后，在训练过程中就可以通过梯度下降的方式求解模型参数。那么，输入向量表达就是输入层（input layer）到隐层（hidden layer）的权重矩阵 $\boldsymbol{W}_{V \times N}$，而输出向量表达就是隐层到输出层（output layer）的权重矩阵 $\boldsymbol{W}'_{N \times V}$。

在获得输入向量矩阵 $\boldsymbol{W}_{V \times N}$ 后，其中每一行对应的权重向量就是通常意义上的"词向量"。于是这个权重矩阵自然转换成了 Word2vec 的查找表（lookup table）（如图 4-4 所示）。例如，输入向量是 10000 个词组成的 one-hot 向量，隐层维度是 300 维，那么输入层到隐层的权重矩阵为 10000×300 维。在转换为词向量查找表后，每行的权重即成了对应词的 Embedding 向量。

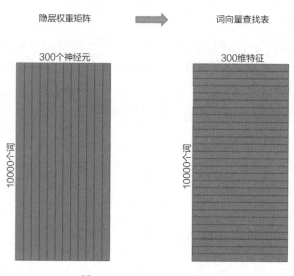

图 4-4　Word2vec 的查找表

4.2.3　Word2vec 的"负采样"训练方法

虽然 4.2.2 节给出了 Word2vec 的模型结构和训练方法，但事实上，完全遵循原始的 Word2vec 多分类结构的训练方法并不可行。假设语料库中的词的数量为 10000，就意味着输出层神经元有 10000 个，在每次迭代更新隐层到输出层神经元的权重时，都需要计算所有字典中的所有 10000 个词的预测误差（prediction error）[3]，在实际训练过程中几乎无法承受这样巨大的计算量。

为了减轻 Word2vec 的训练负担，往往采用负采样（Negative Sampling）的方法进行训练。相比原来需要计算所有字典中所有词的预测误差，负采样方法只需要对采样出的几个负样本计算预测误差。在此情况下，Word2vec 模型的优化目标从一个多分类问题退化成了一个近似二分类问题[4]，如（式 4-3）所示。

$$E = -\log\sigma(\boldsymbol{v'_{w_o}}^{\mathrm{T}}\boldsymbol{h}) - \sum_{w_j \in W_{\text{neg}}} \log\sigma\left(-\boldsymbol{v'_{w_j}}^{\mathrm{T}}\boldsymbol{h}\right) \qquad (\text{式 4-3})$$

其中$\boldsymbol{v'_{w_o}}$是输出词向量（即正样本），$\boldsymbol{h}$是隐层向量，W_{neg}是负样本集合，$\boldsymbol{v'_{w_j}}$是负样本词向量。由于负样本集合的大小非常有限（在实际应用中通常小于 10），在每轮梯度下降的迭代中，计算复杂度至少可以缩小为原来的 1/1000（假设词表大小为 10000）。

实际上，加快 Word2vec 训练速度的方法还有 Hierarchical softmax（层级 softmax），但实现较为复杂，且最终效果没有明显优于负采样方法，因此较少采用，感兴趣的读者可以阅读参考文献[3]，其中包含了详细的 Hierarchical softmax 的推导过程。

4.2.4　Word2vec 对 Embedding 技术的奠基性意义

Word2vec 是由谷歌于 2013 年正式提出的，其实它并不完全由谷歌原创，对词向量的研究可以追溯到 2003 年[5]，甚至更早。但正是谷歌对 Word2vec 的成功应用，让词向量的技术得以在业界迅速推广，使 Embedding 这一研究话题成为热点。毫不夸张地说，Word2vec 对深度学习时代 Embedding 方向的研究具有奠基性的意义。

从另一个角度看，在 Word2vec 的研究中提出的模型结构、目标函数、负采样方法及负采样中的目标函数，在后续的研究中被重复使用并被屡次优化。掌握 Word2vec 中的每一个细节成了研究 Embedding 的基础。从这个意义上讲，熟练掌握本节内容非常重要。

4.3　Item2vec——Word2vec 在推荐系统领域的推广

在 Word2vec 诞生之后，Embedding 的思想迅速从自然语言处理领域扩散到几乎所有机器学习领域，推荐系统也不例外。既然 Word2vec 可以对词"序列"中的词进行 Embedding，那么对于用户购买"序列"中的一个商品，用户观看"序列"中的一个电影，也应该存在相应的 Embedding 方法，这就是 Item2vec[6]方法的基本思想。

4.3.1 Item2vec 的基本原理

2.3 节的"矩阵分解"部分曾介绍过，通过矩阵分解产生了用户隐向量和物品隐向量，如果从 Embedding 的角度看待矩阵分解模型，则用户隐向量和物品隐向量就是一种用户 Embedding 向量和物品 Embedding 向量。由于 Word2vec 的流行，越来越多的 Embedding 方法可以被直接用于物品 Embedding 向量的生成，而用户 Embedding 向量则更多通过行为历史中的物品 Embedding 平均或者聚类得到。利用用户向量和物品向量的相似性，可以直接在推荐系统的召回层快速得到候选集合，或在排序层直接用于最终推荐列表的排序。正是基于这样的技术背景，微软于 2016 年提出了计算物品 Embedding 向量的方法 Item2vec。

相比 Word2vec 利用"词序列"生成词 Embedding。Item2vec 利用的"物品序列"是由特定用户的浏览、购买等行为产生的历史行为记录序列。

假设 Word2vec 中一个长度为 T 的句子为 $w_1, w_2, ..., w_T$，则其优化目标如（式 4-1）所示；假设 Item2vec 中一个长度为 K 的用户历史记录为 $\omega_1, \omega_2, ..., \omega_K$，类比 Word2vec，Item2vec 的优化目标如（式 4-4）所示。

$$\frac{1}{K}\sum_{i=1}^{K}\sum_{j\neq i}^{K}\log p(w_j|w_i) \qquad （式 4\text{-}4）$$

通过观察（式 4-1）和（式 4-4）的区别会发现，Item2vec 与 Word2vec 唯一的不同在于，Item2vec 摒弃了时间窗口的概念，认为序列中任意两个物品都相关，因此在 Item2vec 的目标函数中可以看到，其是两两物品的对数概率的和，而不仅是时间窗口内物品的对数概率之和。

在优化目标定义好之后，Item2vec 剩余的训练过程和最终物品 Embedding 的产生过程都与 Word2vec 完全一致，最终物品向量的查找表就是 Word2vec 中词向量的查找表，读者可以参考 4.2 节 Word2vec 的相关内容来回顾具体的技术细节。

4.3.2 "广义"的 Item2vec

事实上，Embedding 对物品进行向量化的方法远不止 Item2vec。广义上讲，任何能够生成物品向量的方法都可以称为 Item2vec。典型的例子是曾在百度、Facebook 等公司成功应用的双塔模型（如图 4-5 所示）。

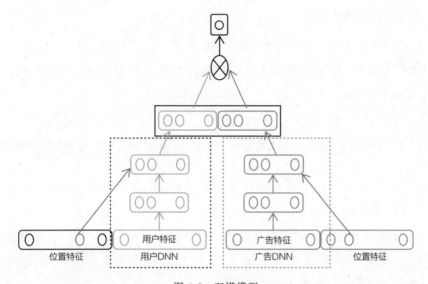

图 4-5 双塔模型

在广告场景下的双塔模型中，广告侧的模型结构实现的其实就是对物品进行 Embedding 的过程。该模型被称为"双塔模型"，因此以下将广告侧的模型结构称为"物品塔"。那么，"物品塔"起到的作用本质上是接收物品相关的特征向量。经过物品塔内的多层神经网络结构，最终生成一个多维的稠密向量。从 Embedding 的角度看，这个稠密向量其实就是物品的 Embedding 向量，只不过 Embedding 模型从 Word2vec 变成了更为复杂灵活的"物品塔"模型，输入特征由用户行为序列生成的 one-hot 特征向量，变成了可包含更多信息的、全面的物品特征向量。二者的最终目的都是把物品的原始特征转变为稠密的物品 Embedding 向量表达，因此不管其中的模型结构如何，都可以把这类模型称为"广义"上的 Item2vec 类模型。

4.3.3 Item2vec 方法的特点和局限性

Item2vec 作为 Word2vec 模型的推广，理论上可以利用任何序列型数据生成物品的 Embedding 向量，这大大拓展了 Word2vec 的应用场景。广义上的 Item2vec 模型其实是物品向量化方法的统称，它可以利用不同的深度学习网络结构对物品特征进行 Embedding 化。

Item2vec 方法也有其局限性，因为只能利用序列型数据，所以 Item2vec 在处理互联网场景下大量的网络化数据时往往显得捉襟见肘，这就是 Graph Embedding 技术出现的动因。

4.4 Graph Embedding——引入更多结构信息的图嵌入技术

Word2vec 和由其衍生出的 Item2vec 是 Embedding 技术的基础性方法，但二者都是建立在"序列"样本（比如句子、用户行为序列）的基础上的。在互联网场景下，数据对象之间更多呈现的是图结构。典型的场景是由用户行为数据生成的物品关系图（如图 4-6(a)(b)所示），以及由属性和实体组成的知识图谱（Knowledge Graph）（如图 4-6(c)所示）。

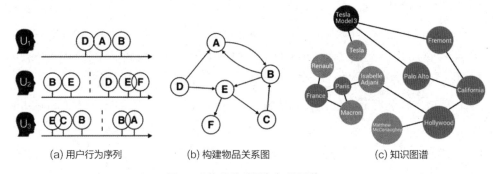

(a) 用户行为序列　　(b) 构建物品关系图　　(c) 知识图谱

图 4-6　物品关系图与知识图谱

在面对图结构时，传统的序列 Embedding 方法就显得力不从心了。在这样的背景下，Graph Embedding 成了新的研究方向，并逐渐在深度学习推荐系统领域流行起来。

Graph Embedding 是一种对图结构中的节点进行 Embedding 编码的方法。最终生成的节点 Embedding 向量一般包含图的结构信息及附近节点的局部相似性信息。不同 Graph Embedding 方法的原理不尽相同，对于图信息的保留方式也有所区别，下面就介绍几种主流的 Graph Embedding 方法和它们之间的区别与联系。

4.4.1 DeepWalk——基础的 Graph Embedding 方法

早期，影响力较大的 Graph Embedding 方法是于 2014 年提出的 DeepWalk[7]，它的主要思想是在由物品组成的图结构上进行随机游走，产生大量物品序列，然后将这些物品序列作为训练样本输入 Word2vec 进行训练，得到物品的 Embedding。因此，DeepWalk 可以被看作连接序列 Embedding 和 Graph Embedding 的过渡方法。

论文 *Billion-scale Commodity Embedding for E-commerce Recommender in Alibaba* 用图示的方法（如图 4-7 所示）展现了 DeepWalk 的算法流程。

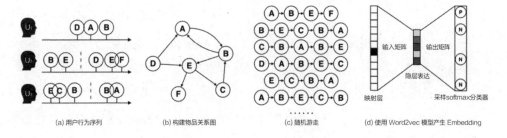

图 4-7　DeepWalk 的算法流程

（1）图 4-7(a)是原始的用户行为序列。

（2）图 4-7(b)基于这些用户行为序列构建了物品关系图。可以看出，物品 A 和 B 之间的边产生的原因是用户 U_1 先后购买了物品 A 和物品 B。如果后续产生了多条相同的有向边，则有向边的权重被加强。在将所有用户行为序列都转换成物品关系图中的边之后，全局的物品关系图就建立起来了。

（3）图 4-7(c)采用随机游走的方式随机选择起始点，重新产生物品序列。

（4）将这些物品序列输入图 4-7(d)所示的 Word2vec 模型中，生成最终的物品 Embedding 向量。

在上述 DeepWalk 的算法流程中，唯一需要形式化定义的是随机游走的跳转概率，也就是到达节点 v_i 后，下一步遍历 v_i 的邻接点 v_j 的概率。如果物品关系图是有向有权图，那么从节点 v_i 跳转到节点 v_j 的概率定义如（式 4-5）所示。

$$P(v_j|v_i) = \begin{cases} \dfrac{M_{ij}}{\sum_{j \in N_+(v_i)} M_{ij}}, & v_j \in N_+(v_i) \\ 0, & e_{ij} \notin \varepsilon \end{cases} \qquad （式 4\text{-}5）$$

其中 ε 是物品关系图中所有边的集合，$N_+(v_i)$ 是节点 v_i 所有的出边集合，M_{ij} 是节点 v_i 到节点 v_j 边的权重，即 DeepWalk 的跳转概率就是跳转边的权重占所有相关出边权重之和的比例。

如果物品关系图是无向无权图，那么跳转概率将是（式 4-5）的一个特例，即权重 M_{ij} 将为常数 1，且 $N_+(v_i)$ 应是节点 v_i 所有 "边" 的集合，而不是所有 "出边" 的集合。

4.4.2 Node2vec——同质性和结构性的权衡

2016 年，斯坦福大学的研究人员在 DeepWalk 的基础上更进一步，提出了 Node2vec 模型[8]，它通过调整随机游走权重的方法使 Graph Embedding 的结果更倾向于体现网络的同质性（homophily）或结构性（structural equivalence）。

具体地讲，网络的 "同质性" 指的是距离相近节点的 Embedding 应尽量近似，如图 4-8 所示，节点 u 与其相连的节点 s_1、s_2、s_3、s_4 的 Embedding 表达应该是接近的，这就是网络 "同质性" 的体现。

"结构性" 指的是结构上相似的节点的 Embedding 应尽量近似，图 4-8 中节点 U 和节点 s_6 都是各自局域网络的中心节点，结构上相似，其 Embedding 的表达也应该近似，这是 "结构性" 的体现。

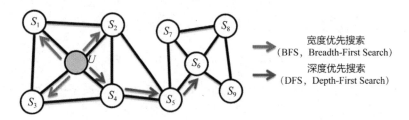

图 4-8　网络的宽度优先搜索和深度优先搜索示意图

为了使 Graph Embedding 的结果能够表达网络的"结构性"，在随机游走的过程中，需要让游走的过程更倾向于 BFS，因为 BFS 会更多地在当前节点的邻域中游走遍历，相当于对当前节点周边的网络结构进行一次"微观扫描"。当前节点是"局部中心节点"，还是"边缘节点"，或是"连接性节点"，其生成的序列包含的节点数量和顺序必然是不同的，从而让最终的 Embedding 抓取到更多结构性信息。

另外，为了表达"同质性"，需要让随机游走的过程更倾向于 DFS，因为 DFS 更有可能通过多次跳转，游走到远方的节点上，但无论怎样，DFS 的游走更大概率会在一个大的集团内部进行，这就使得一个集团或者社区内部的节点的 Embedding 更为相似，从而更多地表达网络的"同质性"。

那么在 Node2vec 算法中，是怎样控制 BFS 和 DFS 的倾向性的呢？主要是通过节点间的跳转概率。图 4-9 所示为 Node2vec 算法从节点 t 跳转到节点 v，再从节点 v 跳转到周围各点的跳转概率。

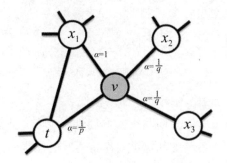

图 4-9　Node2vec 的跳转概率

从节点 v 跳转到下一个节点 x 的概率 $\pi_{vx} = \alpha_{pq}(t,x) \cdot \omega_{vx}$，其中 ω_{vx} 是边 vx 的权重，$\alpha_{pq}(t,x)$ 的定义如（式 4-6）所示。

$$\alpha_{pq}(t,x) = \begin{cases} \dfrac{1}{p}, & \text{如果} d_{tx} = 0 \\ 1, & \text{如果} d_{tx} = 1 \\ \dfrac{1}{q}, & \text{如果} d_{tx} = 2 \end{cases} \qquad （\text{式 4-6}）$$

其中，d_{tx} 指节点 t 到节点 x 的距离，参数 p 和 q 共同控制着随机游走的倾向性。参数 p 被称为返回参数（return parameter），p 越小，随机游走回节点 t 的可能性越大，Node2vec 就更注重表达网络的结构性。参数 q 被称为进出参数（in-out parameter），q 越小，随机游走到远方节点的可能性越大，Node2vec 就更注重表达网络的同质性；反之，则当前节点更可能在附近节点游走。

Node2vec 这种灵活表达同质性和结构性的特点也得到了实验的证实，通过调整参数 p 和 q 产生了不同的 Embedding 结果。图 4-10(a)就是 Node2vec 更注重同质性的体现，可以看到距离相近的节点颜色更为接近，图 4-10(b)则更注重体现结构性，其中结构特点相近的节点的颜色更为接近。

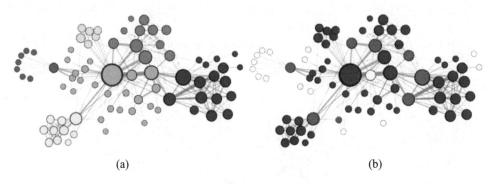

(a)   (b)

图 4-10　Node2vec 实验结果

Node2vec 所体现的网络的同质性和结构性在推荐系统中可以被很直观的解释。同质性相同的物品很可能是同品类、同属性，或者经常被一同购买的商品，而结构性相同的物品则是各品类的爆款、各品类的最佳凑单商品等拥有类似趋势或者结构性属性的商品。毫无疑问，二者在推荐系统中都是非常重要的特征表达。由于 Node2vec 的这种灵活性，以及发掘不同图特征的能力，甚至可以把不同 Node2vec 生成的偏向"结构性"的 Embedding 结果和偏向"同质性"的 Embedding 结果共同输入后续的深度学习网络，以保留物品的不同图特征信息。

4.4.3　EGES——阿里巴巴的综合性 Graph Embedding 方法

2018 年，阿里巴巴公布了其在淘宝应用的 Embedding 方法 EGES（Enhanced Graph Embedding with Side Information）[9]，其基本思想是在 DeepWalk 生成的 Graph Embedding 基础上引入补充信息。

单纯使用用户行为生成的物品相关图，固然可以生成物品的 Embedding，但是如果遇到新加入的物品，或者没有过多互动信息的"长尾"物品，则推荐系统将出现严重的冷启动问题。为了使"冷启动"的商品获得"合理"的初始 Embedding，阿里巴巴团队通过引入更多补充信息（side information）来丰富 Embedding 信息的来源，从而使没有历史行为记录的商品获得较合理的初始 Embedding。

生成 Graph Embedding 的第一步是生成物品关系图，通过用户行为序列可以生成物品关系图，也可以利用"相同属性""相同类别"等信息建立物品之间的边，生成基于内容的知识图谱。而基于知识图谱生成的物品向量可以被称为补充信息 Embedding 向量。当然，根据补充信息类别的不同，可以有多个补充信息 Embedding 向量。

如何融合一个物品的多个 Embedding 向量，使之形成物品最后的 Embedding 呢？最简单的方法是在深度神经网络中加入平均池化层，将不同 Embedding 平均起来。为了防止简单的平均池化导致有效 Embedding 信息的丢失，阿里巴巴在此基础上进行了加强，对每个 Embedding 加上了权重（类似于 DIN 模型的注意力机制），如图 4-11 所示，对每类特征对应的 Embedding 向量，分别赋予权重 $a_0, a_1, \ldots, a_n$。图中的隐层表达（Hidden Representation 层）就是对不同 Embedding 进行加权平均操作的层，将加权平均后的 Embedding 向量输入 softmax 层，通过梯度反向传播，求得每个 Embedding 的权重 $a_i(i=0\ldots n)$。

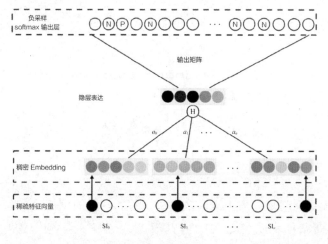

图 4-11　EGES 模型

在实际的模型中，阿里巴巴采用了 e^{a_j} 而不是 a_j 作为相应 Embedding 的权重，笔者认为主要原因有二：一是避免权重为 0；二是因为 e^{a_j} 在梯度下降过程中有良好的数学性质。

EGES 并没有过于复杂的理论创新，但给出了一个工程上的融合多种 Embedding 的方法，降低了某类信息缺失造成的冷启动问题，是实用性极强的 Embedding 方法。

时至今日，Graph Embedding 仍然是工业界和学术界研究和实践的热点，除了本节介绍的 DeepWalk、Node2vec、EGES 等主流方法，LINE[10]、SDNE[11]等方法也是重要的 Graph Embedding 模型，感兴趣的读者可以通过阅读参考文献进一步学习。

4.5　Embedding 与深度学习推荐系统的结合

笔者已经介绍了 Embedding 的原理和发展过程，但在推荐系统实践过程中，Embedding 需要与深度学习网络的其他部分协同完成整个推荐过程。作为深度学习推荐系统不可分割的一部分，Embedding 技术主要应用在如下三个方向。

（1）在深度学习网络中作为 Embedding 层，完成从高维稀疏特征向量到低维稠密特征向量的转换。

（2）作为预训练的 Embedding 特征向量，与其他特征向量连接后，一同输入深度学习网络进行训练。

（3）通过计算用户和物品的 Embedding 相似度，Embedding 可以直接作为推荐系统的召回层或者召回策略之一。

下面介绍 Embedding 与深度学习推荐系统结合的具体方法。

4.5.1　深度学习网络中的 Embedding 层

高维稀疏特征向量天然不适合多层复杂神经网络的训练，因此如果使用深度学习模型处理高维稀疏特征向量，几乎都会在输入层到全连接层之间加入 Embedding 层，完成高维稀疏特征向量到低维稠密特征向量的转换，这一点在第

3 章介绍的几乎所有深度学习推荐模型中都有所体现。图 4-12 中用红框圈出了
Deep Crossing、FNN、Wide&Deep 三个典型深度学习模型的 Embedding 层。

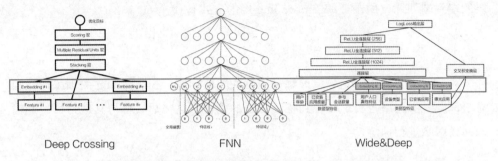

图 4-12　Deep Crossing、FNN、Wide&Deep 模型的 Embedding 层

可以清楚地看到，三个模型的 Embedding 层接收的都是类别型特征的 one-hot
向量，转换的目标是低维的 Embedding 向量。所以在结构上，深度神经网络中的
Embedding 层是一个高维向量向低维向量的直接映射（如图 4-13 所示）。

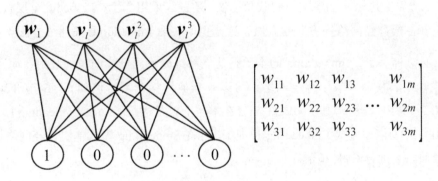

图 4-13　Embedding 层的图示和矩阵表达

用矩阵的形式表达 Embedding 层，本质上是求解一个 m（输入高维稀疏向量
的维度）$\times n$（输出稠密向量的维度）维的权重矩阵的过程。如果输入向量是 one-hot
特征向量，则权重矩阵中的列向量为相应维度 one-hot 特征的 Embedding 向量。

将 Embedding 层与整个深度学习网络整合后一同进行训练是理论上最优的
选择，因为上层梯度可以直接反向传播到输入层，模型整体是自洽的。但这样做
的缺点是显而易见的，Embedding 层输入向量的维度往往很大，导致整个
Embedding 层的参数数量巨大，因此 Embedding 层的加入会拖慢整个神经网络的

收敛速度（3.7 节的基础知识中曾详细论证过这一点）。

正因如此，很多工程上要求快速更新的深度学习推荐系统放弃了 Embedding 层的端到端训练，用预训练 Embedding 层的方式替代。

4.5.2　Embedding 的预训练方法

为了解决"Embedding 层训练开销巨大"的问题，Embedding 的训练往往独立于深度学习网络进行。在得到稀疏特征的稠密表达之后，再与其他特征一起输入神经网络进行训练。

典型的采用 Embedding 预训练方法的模型是 3.7 节介绍的 FNN 模型。它将 FM 模型训练得到的各特征隐向量作为 Embedding 层的初始化权重，从而加快了整个网络的收敛速度。

在 FNN 模型的原始实现中，整个梯度下降过程还是会更新 Embedding 的权重，如果希望进一步加快网络的收敛速度，还可以采用"固定 Embedding 层权重，仅更新上层神经网络权重"的方法，这是更彻底的 Embedding 预训练方法。

再延伸一下，Embedding 的本质是建立高维向量到低维向量的映射，而"映射"的方法并不局限于神经网络，可以是任何异构模型。例如，2.6 节介绍的 GBDT+LR 组合模型，其中 GBDT 部分在本质上就是进行了一次 Embedding 操作，利用 GBDT 模型完成 Embedding 预训练，再将 Embedding 输入单层神经网络（即逻辑回归）进行 CTR 预估。

2015 年以来，随着 Graph Embedding 技术的发展，Embedding 本身的表达能力进一步增强，而且能够将各类补充信息全部融入 Embedding 中，使 Embedding 成为非常有价值的推荐系统特征。通常，Graph Embedding 的训练过程只能独立于推荐模型进行，这使得 Embedding 预训练成为在深度学习推荐系统领域更受青睐的 Embedding 训练方法。

诚然，将 Embedding 过程与深度神经网络的训练过程割裂会损失一定的信息，但训练过程的独立也带来了训练灵活性的提升。举例来说，物品或用户的 Embedding 是比较稳定的（因为用户的兴趣、物品的属性不可能在几天内发生巨大的变化），Embedding 的训练频率其实不需要很高，甚至可以降低到周的级别，但上层神经网络为了尽快抓住最新的数据整体趋势信息，往往需要高频训练甚至实时训练。使用不同的训练频率更新 Embedding 模型和神经网络模型，是训练开销和模型效果二者之间权衡后的最优方案。

4.5.3　Embedding 作为推荐系统召回层的方法

Embedding 自身表达能力的增强使得直接利用 Embedding 生成推荐列表成了可行的选择。因此，利用 Embedding 向量的相似性，将 Embedding 作为推荐系统召回层的方案逐渐被推广开来。其中，YouTube 推荐系统召回层（如图 4-14 所示）的解决方案是典型的利用 Embedding 进行候选物品召回的做法。

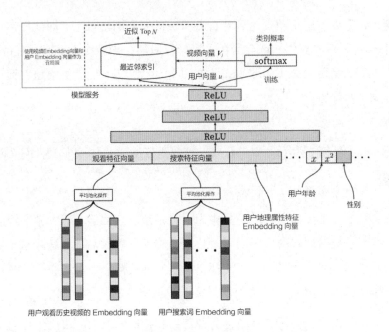

图 4-14　YouTube 推荐系统召回层模型的结构图

图 4-14 是 YouTube 推荐系统召回层模型的结构图。其中模型的输入层特征全部都是用户相关特征，从左至右依次是用户观看历史视频的 Embedding 向量、用户搜索词 Embedding 向量、用户地理属性特征 Embedding 向量、用户（样本）年龄、性别相关特征。

模型的输出层是 softmax 层，该模型本质上是一个多分类模型，预测目标是用户观看了哪个视频，因此 softmax 层的输入是经过三层 ReLU 全连接层生成的用户 Embedding，输出向量是用户观看每一个视频的概率分布。由于输出向量的每一维对应了一个视频，该维对应的 softmax 层列向量就是物品 Embedding。通过模型的离线训练，可以最终得到每个用户的 Embedding 和物品 Embedding。

在模型部署过程中，没有必要部署整个深度神经网络来完成从原始特征向量到最终输出的预测过程，只需要将用户 Embedding 和物品 Embedding 存储到线上内存数据库，通过内积运算再排序的方法就可以得到物品的排序，再通过取序列中 Top N 的物品即可得到召回的候选集合，这就是利用 Embedding 作为召回层的过程。

但是，在整体候选集动辄达到几百万量级的互联网场景下，即使是遍历内积运算这种 $O(n)$ 级别的操作，也会消耗大量计算时间，导致线上推断过程的延迟。那么工程上有没有针对相似 Embedding 的快速索引方法，能够更快地召回候选集合呢？答案 4.6 节揭晓。

4.6　局部敏感哈希——让 Embedding 插上翅膀的快速搜索方法

Embedding 最重要的用法之一是作为推荐系统的召回层，解决相似物品的召回问题。推荐系统召回层的主要功能是快速地将待推荐物品的候选集从十万、百万量级的规模减小到几千甚至几百量级的规模，避免将全部候选物品直接输入深度学习模型造成的计算资源浪费和预测延迟问题。

Embedding 技术凭借其能够综合多种信息和特征的能力，相比传统的基于规则的召回方法，更适于解决推荐系统的召回问题。在实际工程中，能否应用 Embedding 的关键就在于能否使用 Embedding 技术"快速"处理几十万甚至上百万候选集，避免增大整个推荐系统的响应延迟。

4.6.1　"快速" Embedding 最近邻搜索

传统的 Embedding 相似度的计算方法是 Embedding 向量间的内积运算，这就意味着为了筛选某个用户的候选物品，需要对候选集合中的所有物品进行遍历。

在 k 维的 Embedding 空间中，物品总数为 n，那么遍历计算用户和物品向量相似度的时间复杂度是 $O(kn)$。在物品总数 n 动辄达到几百万量级的推荐系统中，这样的时间复杂度是承受不了的，会导致线上模型服务过程的巨大延迟。

换一个角度思考这个问题。由于用户和物品的 Embedding 同处于一个向量空间内，所以召回与用户向量最相似的物品 Embedding 向量的过程其实是一个在向量空间内搜索最近邻的过程。如果能够找到高维空间快速搜索最近邻点的方法，那么相似 Embedding 的快速搜索问题就迎刃而解了。

通过建立 kd（k-dimension）树索引结构进行最近邻搜索是常用的快速最近邻搜索方法，时间复杂度可以降低到 $O(\log_2 n)$。一方面，kd 树的结构较复杂，而且在进行最近邻搜索时往往还要进行回溯，确保最近邻的结果，导致搜索过程较复杂；另一方面，$O(\log_2 n)$ 的时间复杂度并不是完全理想的状态。那么，有没有时间复杂度更低，操作更简便的方法呢？下面就介绍在推荐系统工程实践上主流的快速 Embedding 向量最近邻搜索方法——局部敏感哈希（Locality Sensitive Hashing，LSH）[12]。

4.6.2 局部敏感哈希的基本原理

局部敏感哈希的基本思想是让相邻的点落入同一个"桶"，这样在进行最近邻搜索时，仅需要在一个桶内，或相邻的几个桶内的元素中进行搜索即可。如果保持每个桶中的元素个数在一个常数附近，就可以把最近邻搜索的时间复杂度降低到常数级别。那么，如何构建局部敏感哈希中的"桶"呢？下面先以基于欧式距离的最近邻搜索为例，解释构建局部敏感哈希"桶"的过程。

首先要明确一个概念，如果将高维空间中的点向低维空间进行映射，其欧式相对距离还能否保持？如图 4-15 所示，中间的彩色点处在二维空间中，当把二维空间中的点通过不同角度映射到 a、b、c 三个一维空间时，可以看到原本相近的点，在一维空间中都保持着相近的距离；而原本远离的绿色点和红色点在一维空间 a 中处于相近的位置，却在空间 b 中处于远离的位置，因此可以得出一个定性的结论：

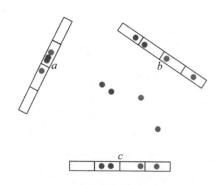

图 4-15　高维空间点向低维空间映射

在欧式空间中，将高维空间的点映射到低维空间，原本相近的点在低维空间中肯定依然相近，但原本远离的点则有一定概率变成相近的点。

利用低维空间可以保留高维空间相近距离关系的性质，就可以构造局部敏感哈希"桶"。

对于 Embedding 向量来说，也可以用内积操作构建局部敏感哈希桶。假设 v 是高维空间中的 k 维 Embedding 向量，x 是随机生成的 k 维映射向量。如（式 4-7）所示，内积操作可将 v 映射到一维空间，成为一个数值。

$$h(v) = v \cdot x \qquad （式 4\text{-}7）$$

由上文得出的结论可知，即使一维空间也会部分保存高维空间的近似距离信息。因此，可以使用（式 4-8）所示的哈希函数 $h(v)$ 进行分桶：

$$h^{x,b}(v) = \left\lfloor \frac{v \cdot x + b}{w} \right\rfloor \qquad （式 4\text{-}8）$$

其中，$\lfloor \ \rfloor$ 是向下取整操作，w 是分桶宽度，b 是 0 到 w 间的一个均匀分布随机变量，避免分桶边界固化。

映射操作损失了部分距离信息，如果仅采用一个哈希函数进行分桶，则必然存在相近点误判的情况。有效的解决方法是采用 m 个哈希函数同时进行分桶。同时掉进 m 个哈希函数的同一个桶的两点，是相似点的概率将大大增加。通过分桶找到相邻点的候选集合后，就可以在有限的候选集合中通过遍历找到目标点真正的 K 近邻。

4.6.3 局部敏感哈希多桶策略

采用多个哈希函数进行分桶,存在一个待解决的问题:到底是通过"与"(And)操作还是"或"(Or)操作生成最终的候选集。如果通过"与"操作("点 A 和点 B 在哈希函数 1 的同一桶中"并且"点 A 和点 B 在哈希函数 2 的同一桶中")生成候选集,那么候选集中近邻点的准确率将提高,候选集的规模减小使需要遍历计算的量降低,减少了整体的计算开销,但有可能会漏掉一些近邻点(比如分桶边界附近的点);如果通过"或"操作("点 A 和点 B 在哈希函数 1 的同一桶中"或者"点 A 和点 B 在哈希函数 2 的同一桶中")生成候选集,那么候选集中近邻点的召回率提高,但候选集的规模变大,计算开销升高。到底使用几个哈希函数,是用"与"操作还是"或"操作来生成近邻点的候选集,需要在准确率和召回率之间权衡,才能得出结论。

以上是欧式空间中内积操作的局部敏感哈希使用方法,如果将余弦相似度作为距离标准,应该采用什么方式进行分桶呢?

余弦相似度衡量的是两个向量间夹角的大小,夹角小的向量即为"近邻",因此可以使用固定间隔的超平面将向量空间分割成不同哈希桶。同样,可以通过选择不同组的超平面提高局部敏感哈希方法的准确率或召回率。当然,距离的定义方法远不止"欧式距离"和"余弦相似度"两种,还包括"曼哈顿距离""切比雪夫距离""汉明距离"等,局部敏感哈希的方法也随距离定义的不同有所不同。但局部敏感哈希通过分桶方式保留部分距离信息,大规模降低近邻点候选集的本质思想是通用的。

4.7 总结——深度学习推荐系统的核心操作

本章介绍了深度学习的核心操作——Embedding 技术。从最开始的 Word2vec,到应用于推荐系统的 Item2vec,再到融合更多结构信息和补充信息的 Graph Embedding,Embedding 在推荐系统中的应用越来越深入,应用的方式也越来越多样化。在局部敏感哈希应用于相似 Embedding 搜索后,Embedding 技术无论在理论方面,还是在工程实践方面都日趋成熟。表 4-1 总结了本章涉及的 Embedding 方法和相关技术的基本原理与要点。

表 4-1 Embedding 相关技术总结

Embedding 方法	基本原理	特 点	局限性
Word2vec	利用句子中词的相关性建模,利用单隐层神经网络获得词的 Embedding 向量	经典 Embedding 方法	仅能针对词序列样本进行训练
Item2vec	把 Word2vec 的思想扩展到任何序列数据上	将 Word2vec 应用于推荐领域	仅能针对序列样本进行训练
DeepWalk	在图结构上进行随机游走,生成序列样本后,利用 Word2vec 的思想建模	易用的 Graph Embedding 方法	随机游走进行抽样的针对性不强
Node2vec	在 DeepWalk 的基础上,通过调整随机游走权重的方法使 Graph Embedding 的结果在网络的同质性和结构性之间进行权衡	可以有针对性地挖掘不同的网络特征	需要较多的人工调参工作
EGES	将不同信息对应的 Embedding 加权融合后生成最终的 Embedding 向量	融合多种补充信息,解决 Embedding 的冷启动问题	没有较大的学术创新,更多是从工程角度解决多 Embedding 融合问题
局部敏感哈希	利用局部敏感哈希的原理进行快速的 Embedding 向量最近邻搜索	解决利用 Embedding 作为推荐系统召回层的快速计算问题	存在小概率的最近邻遗漏的可能,需要进行较多的人工调参

从第 2 章、第 3 章介绍主流推荐模型的进化过程,到本章重点介绍深度学习推荐模型相关的 Embedding 技术,至此完成了本书对推荐模型部分相关知识的介绍。

推荐模型是驱动推荐系统达成推荐效果的引擎,也是所有推荐系统团队投入精力最多的部分。读者也一定能够在之前的学习中感受到推荐模型在学术界和业界的发展进化速度之快。我们要清楚的是,对于一个成熟的推荐系统,除了推荐模型,还要考虑召回策略、冷启动、探索与利用、模型评估、线上服务等诸多方面的问题。

在接下来的章节中,我们将从更多角度审视推荐系统,介绍推荐系统不同模块的前沿技术。它们与推荐模型相辅相成,共同构成深度学习推荐系统的主体框架,完成整个系统的推荐任务。

参考文献

[1]   MIKOLOV TOMAS, et al. Distributed representations of words and phrases and their compositionality[C]. Advances in neural information processing systems. 2013.

[2]   MIKOLOV TOMAS, et al. Efficient estimation of word representations in vector space[A/OL]: arXiv preprint arXiv:1301.3781 (2013).

[3]   RONG XIN, Word2vec parameter learning explained[A/OL]: arXiv preprint arXiv:1411.2738 (2014).

[4]   GOLDBERG YOAV, OMER LEVY. Word2vec Explained: deriving Mikolov et al.'s negative-sampling word-embedding method[A/OL]: arXiv preprint arXiv: 1402.3722 (2014).

[5]   BENGIO YOSHUA, et al. A neural probabilistic language model[J]. Journal of machine learning research 3, 2003: 1137-1155.

[6]   BARKAN OREN, NOAM KOENIGSTEIN. Item2vec: neural item embedding for collaborative filtering[C]. 2016 IEEE 26th International Workshop on Machine Learning for Signal Processing (MLSP), 2016.

[7]   PEROZZI BRYAN, RAMI Al-RFOU, STEVEN SKIENA. Deepwalk: Online learning of social representations[C]. Proceedings of the 20th ACM SIGKDD international conference on Knowledge discovery and data mining, 2014.

[8]   GROVER, ADITYA, JURE LESKOVEC. node2vec: Scalable feature learning for networks[C]. Proceedings of the 22nd ACM SIGKDD international conference on Knowledge discovery and data mining, 2016.

[9]   WANG JIZHE, et al. Billion-scale commodity embedding for e-commerce Recommender in alibaba[C]. Proceedings of the 24th ACM SIGKDD International Conference on Knowledge Discovery & Data Mining, 2018.

[10]   TANG JIAN, et al. Line: Large-scale information network embedding[C]. Proceedings of the 24th international conference on world wide web. International World Wide Web Conferences Steering Committee, 2015.

[11]   WANG DAIXIN, CUI PENG, ZHU WENWU. Structural deep network embedding[C]. Proceedings of the 22nd ACM SIGKDD international conference on Knowledge discovery and data mining, 2016.

[12]   SLANEY MALCOLM, MICHAEL CASEY. Locality-sensitive hashing for finding nearest neighbors [lecture notes]. IEEE Signal processing magazine 25.2, 2008: 128-131.

第 5 章
多角度审视推荐系统

在构建推荐系统的过程中，推荐模型的作用是重要的，但这绝不意味着推荐模型就是推荐系统的全部。事实上，推荐系统需要解决的问题是综合性的，任何一个技术细节的缺失都会影响最终的推荐效果。这就要求推荐工程师从不同的维度审视推荐系统，不仅抓住问题的核心，更要从整体上思考推荐问题。

本章从 7 个不同的角度切入推荐系统，希望能够较为全面地覆盖推荐系统相关知识，具体包括以下内容：

（1）推荐系统如何选取和处理特征？

（2）推荐系统召回层的主要策略有哪些？

（3）推荐系统实时性的重要性体现在哪儿？有哪些提高实时性的方法？

（4）如何根据具体场景构建推荐模型的优化目标？

（5）如何基于用户动机改进模型结构？

（6）推荐系统冷启动问题的解决方法有哪些？

（7）什么是"探索与利用"问题？有哪些主流的解决方法？

以上 7 个问题之间没有必然的逻辑关系，但它们都是推荐系统中除推荐模型外不可或缺的组成部分。只有理解它们，才能构建出功能全面、整体架构成熟的推荐系统。

5.1　推荐系统的特征工程

本节从特征工程的角度审视推荐系统。"Garbage in garbage out（垃圾进，垃圾出）"是算法工程师经常提到的一句话。机器学习模型的能力边界在于对数据的拟合和泛化，那么数据及表达数据的特征本身就决定了机器学习模型效果的上限。因此，特征工程对推荐系统效果提升的作用是无法替代的。为了构建一个"好"的特征工程，需要依次解决三个问题：

（1）构建特征工程应该遵循的基本原则是什么？

（2）有哪些常用的特征类别？

（3）如何在原始特征的基础上进行特征处理，生成可供推荐系统训练和推断用的特征向量？

5.1.1　构建推荐系统特征工程的原则

在推荐系统中，**特征的本质其实是对某个行为过程相关信息的抽象表达**。推荐过程中某个行为必须转换成某种数学形式才能被机器学习模型所学习，因此为了完成这种转换，就必须将这些行为过程中的信息以特征的形式抽取出来，用多个维度上的特征表达这一行为。

从具体的行为转化成抽象的特征，这一过程必然涉及信息的损失。一是因为具体的推荐行为和场景中包含大量原始的场景、图片和状态信息，保存所有信息的存储空间过大，无法在现实中满足；二是因为具体的推荐场景中包含大量冗余的、无用的信息，都考虑进来甚至会损害模型的泛化能力。搞清楚这两点后，就可以顺理成章地提出构建**推荐系统特征工程的原则**：

尽可能地让特征工程抽取出的一组特征能够保留推荐环境及用户行为过程中的所有有用信息，尽量摒弃冗余信息。

举例来说，在一个电影推荐的场景下，应该如何抽取特征才能代表"用户点击某个电影"这一行为呢？

为了回答这个问题，读者需要把自己置身于场景中，想象自己选择点击某个电影的过程受什么因素影响？笔者从自己的角度出发，按照重要性的高低列出了 6 个要素：

（1）自己对电影类型的兴趣偏好。

（2）该影片是否是流行的大片。

（3）该影片中是否有自己喜欢的演员和导演。

（4）电影的海报是否有吸引力。

（5）自己是否看过该影片。

（6）自己当时的心情。

秉着"**保留行为过程中的所有有用信息**"的原则，从电影推荐场景中抽取特征时，应该让特征能够尽量保留上述 6 个要素的信息。因此，要素、有用信息和数据抽取出的特征的对应关系如表 5-1 所示。

表 5-1 要素、有用信息和数据抽取出的特征的对应关系

要　　素	有用信息和数据	特　　征
自己对电影类型的兴趣偏好	历史观看影片序列	影片 id 序列特征，或进一步抽取出兴趣 Embedding 特征
该影片是否是流行的大片	影片的流行分数	流行度特征
是否有自己喜欢的演员和导演	影片的元数据，即相关信息	元数据标签类特征
电影的海报是否有吸引力	影片海报的图像	图像内容类特征
自己是否看过该影片	用户观看历史	是否观看的布尔型特征
自己当时的心情	无法抽取	无

值得注意的是，在抽取特征的过程中，必然存在着信息的损失，例如，"自己当时的心情"这个要素被无奈地舍弃了。再比如，用用户观看历史推断用户的"兴趣偏好"也一定会存在信息丢失的情况。因此，在已有的、可获得的数据基础上，"尽量"保留有用信息是一个现实的工程上的原则。

5.1.2　推荐系统中的常用特征

在推荐系统特征工程原则的基础上，本节列出在推荐系统中常用的特征类别，供读者在构建自己的特征工程时参考。

1. 用户行为数据

用户行为数据是推荐系统最常用，也是最关键的数据。用户的潜在兴趣、用户对物品的真实评价均包含在用户的行为历史中。用户行为在推荐系统中一般分为显性反馈行为（explicit feedback）和隐性反馈行为（implicit feedback）两种，在不同的业务场景中，则以不同的形式体现。表 5-2 所示为不同业务场景下用户行为数据的例子。

表 5-2　不同业务场景下用户行为数据的例子

业务场景	显性反馈行为	隐性反馈行为
电子商务网站	对商品的评分	点击、加入购物车、购买等
视频网站	对视频的评分、点赞等	点击、播放、播放时长等
新闻类网站	赞、踩等行为	点击、评论等
音乐网站	对歌曲、歌手、专辑的评分	点击、播放、收藏等

对用户行为数据的使用往往涉及对业务的理解，不同的行为在抽取特征时的权重不同，而且一些跟业务特点强相关的用户行为需要推荐工程师通过自己的观察才能发现。

在当前的推荐系统特征工程中，隐性反馈行为越来越重要，主要原因是显性反馈行为的收集难度过大，数据量小。在深度学习模型对数据量的要求越来越大的背景下，仅用显性反馈的数据不足以支持推荐系统训练过程的最终收敛。因此，能够反映用户行为特点的隐性反馈是目前特征挖掘的重点。

在具体的用户行为类特征的处理上，往往有两种方式：一种是将代表用户行为的物品 id 序列转换成 multi-hot 向量，将其作为特征向量；另一种是预先训练好物品的 Embedding（可参考第 4 章介绍的 Embedding 方法），再通过平均或者类似于 DIN 模型（可参考 3.8 节）注意力机制的方法生成历史行为 Embedding 向量，将其作为特征向量。

2. 用户关系数据

互联网本质上就是人与人、人与信息之间的连接。如果说用户行为数据是人与物之间的"连接"日志，那么用户关系数据就是人与人之间连接的记录。在互联网时代，人们最常说的一句话就是"物以类聚，人以群分"。用户关系数据毫无疑问是值得推荐系统利用的有价值信息。

用户关系数据也可以分为"显性"和"隐性"两种，或者称为"强关系"和"弱关系"。如图 5-1 所示，用户与用户之间可以通过"关注""好友关系"等连接建立"强关系"，也可以通过"互相点赞""同处一个社区"，甚至"同看一部电影"建立"弱关系"。

图 5-1 社交网络关系的多样性

在推荐系统中，利用用户关系数据的方式不尽相同，可以将用户关系作为召回层的一种物品召回方式；也可以通过用户关系建立关系图，使用 Graph Embedding 的方法生成用户和物品的 Embedding；还可以直接利用关系数据，通过"好友"的特征为用户添加新的属性特征；甚至可以利用用户关系数据直接建立社会化推荐系统。

3. 属性、标签类数据

这里把属性类和标签类数据归为一组进行讨论，因为本质上它们都是直接描述用户或者物品的特征。属性和标签的主体可以是用户，也可以是物品。它们的来源非常多样化，大体上包含表 5-3 中的几类。

表 5-3 属性、标签类数据的分类和来源

主　体	类　别	来　源
用户	人口属性数据（性别、年龄、住址等）	用户注册信息、第三方 DMP（Data Management Platform，数据管理平台）
	用户兴趣标签	用户选择

续表

主　体	类　别	来　源
物品	物品标签	用户或者系统管理员添加
	物品属性（例如，商品的类别、价格；电影的分类、年代、演员、导演等信息）	后台录入、第三方数据库

用户属性、物品属性、标签类数据是最重要的描述型特征。成熟的公司往往会建立一套用户和物品的标签体系，由专门的团队负责维护，典型的例子就是电商公司的商品分类体系；也可以有一些社交化的方法由用户添加。图 5-2 所示为豆瓣的"添加收藏"页面，在添加收藏的过程中，用户需要为收藏对象打上对应的标签，这是一种常见的社交化标签添加方法。

在推荐系统中使用属性、标签类数据，一般是通过 multi-hot 编码的方式将其转换成特征向量，一些重要的属性标签类特征也可以先转换成 Embedding，再输入推荐模型。

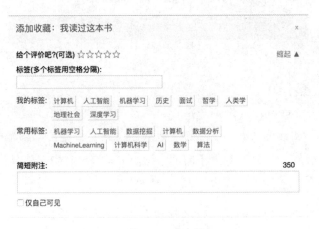

图 5-2　豆瓣的"添加收藏"页面

4．内容类数据

内容类数据可以看作属性标签型特征的延伸，它们同样是描述物品或用户的数据，但相比标签类特征，内容类数据往往是大段的描述型文字、图片，甚至视频。

一般来说，内容类数据无法直接转换成推荐系统可以"消化"的特征，需要通过自然语言处理、计算机视觉等技术手段提取关键内容特征，再输入推荐系统。例如，在图片类、视频类或是带有图片的信息流推荐场景中，往往会利用计算机视觉模型进行目标检测，抽取图片特征（如图 5-3 所示），再把这些特征（要素）转换成标签类数据，供推荐系统使用。

图 5-3　利用计算机视觉模型进行目标检测，抽取图片特征

5．上下文信息

上下文信息（context）是描述推荐行为产生的场景的信息。最常用的上下文信息是"时间"和通过 GPS 获得的"地点"信息。根据推荐场景的不同，上下文信息的范围极广，包含但不限于时间、地点、季节、月份、是否节假日、天气、空气质量、社会大事件等信息。

引入上下文信息的目的是尽可能地保存推荐行为发生场景的信息。典型的例子是：在视频推荐场景中，用户倾向于在傍晚看轻松浪漫题材的电影，在深夜看悬疑惊悚题材的电影。如果不引入上下文特征，则推荐系统无法捕捉到与这些场景相关的有价值的信息。

6．统计类特征

统计类特征是指通过统计方法计算出的特征，例如历史 CTR、历史 CVR、物品热门程度、物品流行程度等。统计类特征一般是连续型特征，仅需经过标准化归一化等处理就可以直接输入推荐系统进行训练。

统计类特征本质上是一些粗粒度的预测指标。例如在 CTR 预估问题中，完全可以将某物品的历史平均 CTR 当作最简易的预测模型，但该模型的预测能力很弱，因此历史平均 CTR 往往仅被当作复杂 CTR 模型的特征之一。统计类特征往往与最后的预测目标有较强的相关性，因此是绝不应被忽视的重要特征类别。

7．组合类特征

组合类特征是指将不同特征进行组合后生成的新特征。最常见的是"年龄+性别"组成的人口属性分段特征（segment）。在早期的推荐系统中，推荐模型（比如逻辑回归）往往不具备特征组合的能力。但是随着更多深度学习推荐系统的提出，组合类特征不一定通过人工组合、人工筛选的方法选出，还可以交给模型进行自动处理。

5.1.3　常用的特征处理方法

对推荐系统来说，模型的输入往往是由数字组成的特征向量。5.1.2 节提到的诸多特征类别中，有"年龄""播放时长""历史 CTR"这些可以由数字表达的特征，它们可以非常自然地成为特征向量中的一个维度。对于更多的特征来说，例如用户的性别、用户的观看历史，它们是如何转变成数值型特征向量的呢？本节将从连续型（continuous）特征和类别型（categorical）特征两个角度介绍常用的特征处理方法。

1．连续型特征

连续型特征的典型例子是上文提到的用户年龄、统计类特征、物品的发布时间、影片的播放时长等数值型的特征。对于这类特征的处理，最常用的处理手段包括归一化、离散化、加非线性函数等方法。

归一化的主要目的是统一各特征的量纲，将连续特征归一到[0,1]区间。也可以做 0 均值归一化，即将原始数据集归一化为均值为 0、方差为 1 的数据集。

离散化是通过确定分位数的形式将原来的连续值进行分桶，最终形成离散值的过程。离散化的主要目的是防止连续值带来的过拟合现象及特征值分布不均匀的情况。经过离散化处理的连续型特征和经过 one-hot 处理的类别型特征一样，都是以特征向量的形式输入推荐模型中的。

加非线性函数的处理方法，是直接把原来的特征通过非线性函数做变换，然后把原来的特征及变换后的特征一起加入模型进行训练的过程。常用的非线性函数包括 $x^a, \log_a(x), \log(\frac{x}{1-x})$。

加非线性函数的目的是更好地捕获特征与优化目标之间的非线性关系，增强这个模型的非线性表达能力。

2. 类别型特征

类别型特征的典型例子是用户的历史行为数据、属性标签类数据等。它的原始表现形式往往是一个类别或者一个 id。这类特征最常用的处理方法是使用 one-hot 编码将其转换成一个数值向量，2.5 节的"基础知识"部分已经详细介绍了 one-hot 编码的具体过程，在 one-hot 编码的基础上，面对同一个特征域非唯一的类别选择，还可以采用 multi-hot 编码。

基础知识——什么是 multi-hot 编码

对历史行为序列类、标签特征等数据来说，用户往往会与多个物品产生交互行为，或者被打上多个同类别标签，这时最常用的特征向量生成方式就是把其转换成 multi-hot 编码。

举例来说，某电商网站共有 10000 种商品，用户购买过其中的 10 种，那么用户的历史行为数据就可以转换成一个 10000 维的数值向量，其中仅有 10 个已购买商品对应的维度是 1，其余维度均为 0，这就是 multi-hot 编码。

对类别特征进行 one-hot 或 multi-hot 编码的主要问题是特征向量维度过大，特征过于稀疏，容易造成模型欠拟合，模型的权重参数的数量过多，导致模型收敛过慢。因此，在 Embedding 技术成熟之后，被广泛应用在类别特征的处理上，先将类别型特征编码成稠密 Embedding 向量，再与其他特征组合，形成最终的输入特征向量。

5.1.4　特征工程与业务理解

本节介绍了推荐系统特征工程的特征类别和主要处理方法。在深度学习时代，推荐模型本身承担了很多特征筛选和组合的工作，算法工程师不需要像之前那样花费大量精力在特征工程上。但是，深度学习模型强大的特征处理能力并不意味着我们可以摒弃对业务数据的理解，甚至可以说，在推荐模型和特征工程趋于一体化的今天，特征工程本身就是深度学习模型的一部分。

举例来说，在 Wide&Deep 模型中，到底把哪些特征"喂"给 Wide 部分来加强记忆能力，需要算法工程师对业务场景有深刻的理解；在 DIEN 模型中，对用户行为序列的特征抽取更是与模型结构进行了深度的耦合，利用复杂的序列模型结构对用户行为序列进行 Embedding 化。

从这个意义上讲，传统的人工特征组合、过滤的工作已经不存在了，取而代之的是将特征工程与模型结构统一思考、整体建模的深度学习模式。不变的是，只有深入了解业务的运行模式，了解用户在业务场景下的思考方式和行为动机，才能精确地抽取出最有价值的特征，构建成功的深度学习模型。

5.2　推荐系统召回层的主要策略

在 1.2 节的推荐系统技术架构图中，清晰地描述了推荐模型部分的两个主要阶段——召回阶段和排序阶段。其中召回阶段负责将海量的候选集快速缩小为几百到几千的规模；而排序阶段则负责对缩小后的候选集进行精准排序。第 2 章和第 3 章的推荐模型主要应用于推荐系统的排序阶段，本节将着重介绍召回层的主要策略。

5.2.1　召回层和排序层的功能特点

推荐系统的模型部分将推荐过程分成召回层和排序层的主要原因是基于工程上的考虑。在排序阶段，一般会使用复杂模型，利用多特征进行精准排序，而在这一过程中，如果直接对百万量级的候选集进行逐一推断，则计算资源和延迟都是在线服务过程无法忍受的。因此加入召回过程，利用少量的特征和简单的模型或规则进行候选集的快速筛选（如图 5-4 所示），减少精准排序阶段的时间开销。

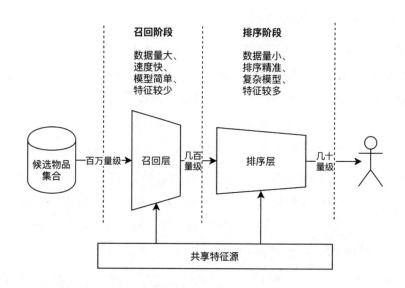

图 5-4　推荐系统的两个阶段

结合召回层、排序层的设计初衷和图 5-4 所示的系统结构，可以总结出召回层和排序层的如下特点：

- **召回层**：待计算的候选集合大、速度快、模型简单、特征较少，尽量让用户感兴趣的物品在这个阶段能够被快速召回，即保证相关物品的召回率。
- **排序层**：首要目标是得到精准的排序结果。需处理的物品数量少，可利用较多特征，使用比较复杂的模型。

在设计召回层时，"计算速度"和"召回率"其实是矛盾的两个指标，为提高"计算速度"，需要使召回策略尽量简单；而为了提高"召回率"，要求召回策略能够尽量选出排序模型需要的候选集，这又要求召回策略不能过于简单，导致召回物品无法满足排序模型的要求。

在权衡计算速度和召回率后，目前工业界主流的召回方法是采用多个简单策略叠加的"多路召回策略"。

5.2.2　多路召回策略

所谓"多路召回策略"，就是指采用不同的策略、特征或简单模型，分别召回一部分候选集，然后把候选集混合在一起供后续排序模型使用的策略。

可以明显地看出，"多路召回策略"是在"计算速度"和"召回率"之间进行权衡的结果。其中，各简单策略保证候选集的快速召回，从不同角度设计的策略保证召回率接近理想的状态，不至于损害排序效果。

图 5-5 以某信息流应用为例，展示了其常用的多路召回策略，包括"热门新闻""兴趣标签""协同过滤""最近流行""朋友喜欢"等多种召回方法。其中，既包括一些计算效率高的简单模型（如协同过滤）；也包括一些基于单一特征的召回方法（如兴趣标签），还包括一些预处理好的召回策略（如热门新闻、最近流行等）。

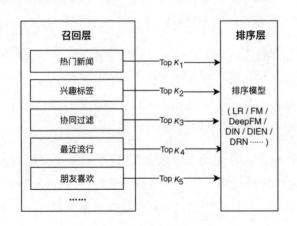

图 5-5　常见的多路召回策略

事实上，召回策略的选择与业务强相关。对视频推荐来说，召回策略可以是"热门视频""导演召回""演员召回""最近上映""流行趋势""类型召回"等。

每一路召回策略会拉回 K 个候选物品，对于不同的召回策略，K 值可以选择不同的大小。这里的 K 值是超参数，一般需要通过离线评估加线上 A/B 测试的方式确定合理的取值范围。

虽然多路召回是实用的工程方法，但从策略选择到候选集大小参数的调整都需要人工参与，策略之间的信息也是割裂的，无法综合考虑不同策略对一个物品的影响。那么，是否存在一个综合性强且计算速度也能满足需求的召回方法呢？

基于 Embedding 的召回方法给出了可行的方案。

5.2.3　基于 Embedding 的召回方法

4.5 节曾详细介绍了 YouTube 推荐系统中利用深度学习网络生成的 Embedding 作为召回层的方法。再加上可以使用局部敏感哈希进行快速的 Embedding 最近邻计算，基于 Embedding 的召回方法在效果和速度上均不逊色于多路召回。

事实上，多路召回中使用"兴趣标签""热门度""流行趋势""物品属性"等信息都可以作为 Embedding 召回方法中的附加信息（side information）融合进最终的 Embedding 向量中（典型的例子是 4.4 节介绍的 EGES Embedding 方法）。就相当于在利用 Embedding 召回的过程中，考虑到了多路召回的多种策略。

Embedding 召回的另一个优势在于评分的连续性。多路召回中不同召回策略产生的相似度、热度等分值不具备可比性，无法据此决定每个召回策略放回候选集的大小。Embedding 召回可以把 Embedding 间的相似度作为唯一的判断标准，因此可以随意限定召回的候选集大小。

生成 Embedding 的方法也绝不是唯一的，除了第 4 章介绍的 Item2vec、Graph Embedding 等方法，矩阵分解、因子分解机等简单模型也完全可以得出用户和物品的 Embedding 向量。在实际应用中可以根据效果确定最优的召回层 Embedding 的生成方法。

5.3　推荐系统的实时性

周星驰的电影《功夫》里有一句著名的台词"天下武功，无坚不摧，唯快不破"。如果说推荐模型的架构是那把"无坚不摧"的"玄铁重剑"，那么推荐系统的实时性就是"唯快不破"的"柳叶飞刀"。本节就从推荐系统"实时性"的角度谈一谈影响推荐系统实时性的重要性体现在哪里，以及如何提高推荐系统的实时性。

5.3.1 为什么说推荐系统的实时性是重要的

在解决怎样提高推荐系统实时性这个问题之前，我们先思考"推荐系统的实时性是不是一个重要的影响推荐效果的因素"。为了证明推荐系统实时性和推荐效果之间的关系，Facebook 曾利用"GBDT+LR"模型进行过实时性的实验（如图 5-6 所示），笔者以此数据为例，说明实时性的重要性。

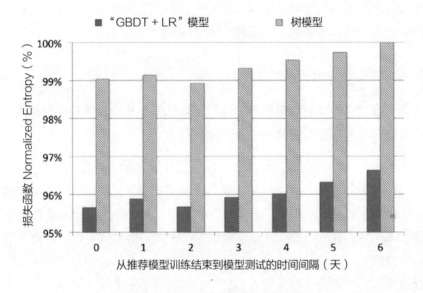

图 5-6　Facebook 的模型实时性实验

图 5-6 中横轴代表从推荐模型训练结束到模型测试的时间间隔（天数），纵轴是损失函数 Normalized Entropy（归一化交叉熵）的相对值。从图中可以看出，无论是"GBDT+LR"模型，还是单纯的树模型，损失函数的值都跟模型更新延迟有正相关的关系，也就意味着模型更新的间隔时间越长，推荐系统的效果越差；反过来说，模型更新得越频繁，实时性越好，损失越小，效果越好。

从用户体验的角度讲，在用户使用个性化新闻应用时，用户的期望是更快地找到与自己兴趣相符的文章；在使用短视频服务时，期望更快地"刷"到自己感兴趣的内容；在线购物时，也期望更快地找到自己喜欢的商品。只要推荐系统能感知用户反馈、实时地满足用户的期望目标，就能提高推荐的效果，这就是推荐系统"实时性"作用的直观体现。

从机器学习的角度讲，推荐系统实时性的重要之处体现在以下两个方面：

（1）推荐系统的更新速度越快，代表用户最近习惯和爱好的特征更新越快，越能为用户进行更有时效性的推荐。

（2）推荐系统更新得越快，模型越容易发现最新流行的数据模式（data pattern），越能让模型快速抓住最新的流行趋势。

这两方面的原因直接对应着推荐系统实时性的两大要素：一是推荐系统"**特征**"的实时性；二是推荐系统"**模型**"的实时性。

5.3.2　推荐系统"特征"的实时性

推荐系统特征的实时性指的是"实时"地收集和更新推荐模型的输入特征，使推荐系统总能使用最新的特征进行预测和推荐。

举例来说，在一个短视频应用中，某用户完整地看完了一个长度为 10 分钟的"羽毛球教学"视频。毫无疑问，该用户对"羽毛球"这个主题是感兴趣的。系统希望立刻为用户继续推荐"羽毛球"相关的视频。但是由于系统特征的实时性不强，用户的观看历史无法实时反馈给推荐系统，导致推荐系统得知该用户看过"羽毛球教学"这个视频已经是半个小时之后了，此时用户已经离开该应用，无法继续推荐。这就是一个因推荐系统实时性差导致推荐失败的例子。

诚然，在用户下次打开该应用时，推荐系统可以利用上次的用户历史继续推荐"羽毛球"相关的视频，但毫无疑问，该推荐系统丧失了最可能增加用户黏性和留存度的时机。

为了说明增强"特征"实时性的具体方法，笔者在推荐系统的数据流架构图之上（如图 5-7 所示），来说明影响"特征"实时性的三个主要阶段。

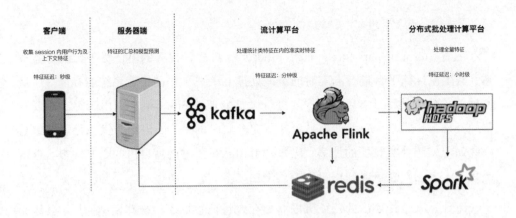

图 5-7　推荐系统的数据流架构图

1. 客户端实时特征

客户端是最接近用户的环节，也是能够实时收集用户会话内行为及所有上下文特征的地方。在经典的推荐系统中，利用客户端收集时间、地点、推荐场景等上下文特征，然后让这些特征随 http 请求一起到达服务器端是常用的请求推荐结果的方式。但容易被忽视的一点是客户端还是能够实时收集 session（会话）内用户行为的地方。

拿新闻类应用来说，用户在一次会话中（假设会话时长 3 分钟）分别点击并阅读了三篇文章。这三篇文章对推荐系统来说是至关重要的，因为它们代表了该用户的即时兴趣。如果能根据用户的即时兴趣实时地改变推荐结果，那对新闻应用来说将是很好的用户体验。

如果采用传统的流计算平台（图 5-7 中的 Flink），甚至批处理计算平台（图 5-7 中的 Spark），则由于延迟问题，系统可能无法在 3 分钟之内就把 session 内部的行为历史存储到特征数据库（如 Redis）中，这就导致用户的推荐结果不会马上受到 session 内部行为的影响，无法做到推荐结果的实时更新。

如果客户端能够缓存 session 内部的行为，将其作为与上下文特征同样的实时特征传给推荐服务器，那么推荐模型就能够实时地得到 session 内部的行为特征，进行实时的推荐。这就是利用客户端实时特征进行实时推荐的优势所在。

2. 流计算平台的准实时特征处理

随着 Storm、Spark Streaming、Flink 等一批非常优秀的流计算平台的日益成熟，利用流计算平台进行准实时的特征处理几乎成了当前推荐系统的标配。所谓流计算平台，是将日志以流的形式进行微批处理（mini batch）。由于每次需要等待并处理一小批日志，流计算平台并非完全实时的平台，但它的优势是能够进行一些简单的统计类特征的计算，比如一个物品在该时间窗口内的曝光次数，点击次数、一个用户在该时间窗口内的点击话题分布，等等。

流计算平台计算出的特征可以立刻存入特征数据库供推荐模型使用。虽然无法实时地根据用户行为改变用户结果，但分钟级别的延迟基本可以保证推荐系统能够准实时地引入用户的近期行为。

3. 分布式批处理平台的全量特征处理

随着数据最终到达以 HDFS 为主的分布式存储系统，Spark 等分布式批处理计算平台终于能够进行全量特征的计算和抽取了。在这个阶段着重进行的还有多个数据源的数据联结（join）及延迟信号的合并等操作。

用户的曝光、点击、转化数据往往是在不同时间到达 HDFS 的，有些游戏类应用的转化数据延迟甚至高达几个小时，因此只有在全量数据批处理这一阶段才能进行全部特征及相应标签的抽取和合并。也只有在全量特征准备好之后，才能够进行更高阶的特征组合的工作。这往往是无法在客户端和流计算平台上进行的。

分布式批处理平台的计算结果的主要用途是：

（1）模型训练和离线评估。

（2）特征保存入特征数据库，供之后的线上推荐模型使用。

数据从产生到完全进入 HDFS，再加上 Spark 的计算延迟，这一过程的总延迟往往达到小时级别，已经无法进行所谓的"实时"推荐，因此更多的是保证推荐系统特征的全面性，以便在用户下次登录时进行更准确的推荐。

5.3.3 推荐系统"模型"的实时性

与"特征"的实时性相比，推荐系统"模型"的实时性往往是从更全局的角度考虑问题。特征的实时性力图用更准确的特征描述用户、物品和相关场景，从而让推荐系统给出更符合当时场景的推荐结果。而模型的实时性则是希望更快地抓住全局层面的新数据模式，发现新的趋势和相关性。

以某电商网站"双 11"的大量促销活动为例，特征的实时性会根据用户最近的行为更快地发现用户可能感兴趣的商品，但绝对不会发现一个刚刚流行起来的爆款商品、一个刚刚开始的促销活动，以及与该用户相似的人群最新的偏好。要发现这类全局性的数据变化，需要实时地更新推荐模型。

模型的实时性是与模型的训练方式紧密相关的，如图 5-8 所示，**模型的实时性由弱到强的训练方式分别是全量更新、增量更新和在线学习（Online Learning）。**

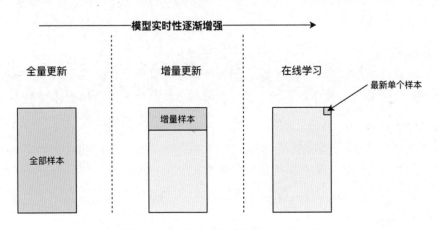

图 5-8　模型的实时性与训练方式的关系

1. 全量更新

"全量更新"是指模型利用某时间段内的所有训练样本进行训练。全量更新是最常用的模型训练方式，但它需要等待所有训练数据都"落盘"（记录在 HDFS 等大数据存储系统中）才可进行，并且训练全量样本的时间往往较长，因此全量更新也是实时性最差的模型更新方式。与之相比，"增量更新"的训练方式可以有效提高训练效率。

2. 增量更新

增量更新仅将新加入的样本"喂"给模型进行增量训练。从技术上讲，深度学习模型往往采用随机梯度下降（SGD）法及其变种进行学习，模型对增量样本的学习相当于在原有样本的基础上继续输入增量样本进行梯度下降。增量更新的缺点是：增量更新的模型往往无法找到全局最优点，因此在实际的推荐系统中，经常采用增量更新与全局更新相结合的方式，在进行了几轮增量更新后，在业务量较小的时间窗口进行全局更新，纠正模型在增量更新过程中积累的误差。

3. 在线学习

在线学习是进行模型实时更新的主要方法，也就是在获得一个新的样本的同时更新模型。与增量更新一样，在线学习在技术上也通过 SGD 的训练方式实现，但由于需要在线上环境进行模型的训练和大量模型相关参数的更新和存储，工程上的要求相对比较高。

在线学习的另一个附带问题是模型的稀疏性不强，例如，在一个输入特征向量达到几百万维的模型中，如果模型的稀疏性好，就可以在模型效果不受影响的前提下，仅让极小一部分特征对应的权重非零，从而让上线的模型体积很小（因为可以摒弃所有权重为 0 的特征），这有利于加快整个模型服务的过程。但如果使用 SGD 的方式进行模型更新，相比 batch 的方式，容易产生大量小权重的特征，这就增大了模型体积，从而增大模型部署和更新的难度。为了在在线学习过程中兼顾训练效果和模型稀疏性，有大量相关的研究，最著名的包括微软的 FOBOS[1]、谷歌的 FTRL[2]等。

在线学习的另一个方向是将强化学习与推荐系统结合，在 3.10 节介绍的强化学习推荐模型 DRN 中，应用了一种竞争梯度下降算法，它通过"随机探索新的深度学习模型参数，并根据实时效果反馈进行参数调整"的方法进行在线学习，这是在强化学习框架下提高模型实时性的有效尝试。

4. 局部更新

提高模型实时性的另一个改进方向是进行模型的局部更新，大致的思路是降低训练效率低的部分的更新频率，提高训练效率高的部分的更新频率。这种方式的代表是 Facebook 的"GBDT+LR"模型。

2.6 节已经介绍过"GBDT+LR"的模型结构，模型利用 GBDT 进行自动化的特征工程，利用 LR 拟合优化目标。GBDT 是串行的，需要依次训练每一棵树，因此训练效率低，更新的周期长，如果每次都同时训练"GBDT+LR"整个模型，那么 GBDT 的低效问题将拖慢 LR 的更新速度。为了兼顾 GBDT 的特征处理能力和 LR 快速拟合优化目标的能力，Facebook 采取的部署方法是每天训练一次 GBDT 模型，固定 GBDT 模型后，实时训练 LR 模型以快速捕捉数据整体的变化。通过模型的局部更新，做到 GBDT 和 LR 能力的权衡。

"模型局部更新"的做法较多应用在"Embedding 层+神经网络"的深度学习模型中，Embedding 层参数由于占据了深度学习模型参数的大部分，其训练过程会拖慢模型整体的收敛速度，因此业界往往采用 Embedding 层单独预训练和 Embedding 层以上的模型部分高频更新的混合策略，这也是"模型局部更新"思想的又一次应用。

5. 客户端模型实时更新

在本节介绍"特征"实时性的部分，提到了客户端"实时特征"的方法。既然客户端是最接近用户的部分，实时性最强，那么能否在客户端就根据当前用户的行为历史更新模型呢？

客户端模型实时更新在推荐系统业界仍处于探索阶段。对于一些计算机视觉类的模型，可以通过模型压缩的方式生成轻量级模型，部署于客户端，但对于推荐模型这类"重量级"的模型，往往需要依赖服务器端较强大的计算资源和丰富的特征数据进行模型服务。但客户端往往可以保存和更新模型一部分的参数和特征，比如当前用户的 Embedding 向量。

这里的逻辑和动机是，在深度学习推荐系统中，模型往往要接受用户 Embedding 和物品 Embedding 两个关键的特征向量。对于物品 Embedding 的更新，一般需要全局的数据，因此只能在服务器端进行更新；而对用户 Embedding 来说，则更多依赖用户自身的数据。那么把用户 Embedding 的更新过程移植到客户端来做，能实时地把用户最近的行为数据反映到用户的 Embedding 中来，从而可以在客户端通过实时改变用户 Embedding 的方式完成推荐结果的实时更新。

这里用一个最简单的例子来说明该过程。如果用户 Embedding 是由用户点击过的物品 Embedding 进行平均得到的，那么最先得到用户最新点击物品信息的客户端，就可以根据用户点击物品的 Embedding 实时更新用户 Embedding，并保存该 Embedding。在下次推荐时，将更新后的用户 Embedding 传给服务器，服务器端可根据最新的用户 Embedding 返回实时推荐内容。

5.3.4 用"木桶理论"看待推荐系统的迭代升级

本节介绍了提高推荐系统的"特征"实时性和"模型"实时性的主要方法。由于影响推荐系统实时性的原因是多方面的，在实际的改进过程中，"抓住一点，重点提升"是工程师应该采取的策略。而准确地找到这个关键点的过程就要求我们以"木桶理论"看待这个问题，找到拖慢推荐系统实时性的最短的那块木板，替换或者改进它，让"推荐系统"这个木桶能够盛下更多的"水"。

从更高的角度看待整个推荐系统的迭代升级问题，"木桶理论"也同样适用。推荐系统的模型部分和工程部分总是迭代进行、交替优化的。当通过改进模型增加推荐效果的尝试受阻或者成本较高时，可以将优化的方向聚焦在工程部分，从而达到花较少的精力，达成更显著效果的目的。

5.4 如何合理设定推荐系统中的优化目标

某知名互联网人物说过："不要用战术上的勤奋掩盖战略上的懒惰"。这句话同样适用于技术的创新和应用。**如果一项技术本身是新颖的、先进的，但应用的方向与实际需求的方向有偏差，那这项技术的成果不可能是显著的**。在推荐系统中，如果你的推荐模型的优化目标是不准确的，即使模型的评估指标做得再好，也肯定与实际所希望达到的目标南辕北辙。所以，不要犯战略性的失误、合理设定推荐系统的优化目标是每位推荐工程师在构建推荐系统之前应该着重思考的问题。

设定一个"合理"的推荐系统优化目标，首先需要确立一个"合理"的原则。对一家商业公司而言，在绝大多数情况下，推荐系统的目标都是完成某个商业目标，所以根据公司的商业目标来制定推荐系统的优化目标理应作为"合理"的战略性目标。下面通过 YouTube 和阿里巴巴推荐系统的例子进一步说明这一点。

5.4.1 YouTube 以观看时长为优化目标的合理性

1.1 节中，笔者就以 YouTube 推荐系统[3]为例，强调了推荐系统在实现公司商业目标增长过程中扮演的关键角色。

YouTube 的主要商业模式是免费视频带来的广告收入，它的视频广告会阶段性地出现在视频播放之前和视频播放的过程中，因此 YouTube 的广告收入是与用户观看时长成正比的。为了完成公司的商业目标，YouTube 推荐系统的优化目标并不是点击率、播放率等通常意义上的 CTR 预估类的优化目标，而是用户的播放时长。

不可否认的是，点击率等指标与用户播放时长有相关性，但二者之间仍存在一些"优化动机"上的差异。如果以点击率为优化目标，那么推荐系统会倾向于推荐"标题党""预览图劲爆"的短视频，而如果以播放时长为优化目标，那么推荐系统应将视频的长短、视频的质量等特征考虑进来，此时推荐一个高质量的"电影"或"连续剧"就是更好的选择。推荐目标的差异会导致推荐系统倾向性的不同，进而影响到能否完成"增加用户播放时长"这一商业目标。

在 YouTube 的推荐系统排序模型（如图 5-9 所示）中，引入播放时长作为优化目标的方式非常巧妙。YouTube 排序模型原本是把推荐问题当作分类问题对待的，即预测用户是否点击某个视频。

既然是分类问题，理论上应很难预测播放时长（预测播放时长应该是回归模型做的事情）。但 YouTube 巧妙地把播放时长转换成正样本的权重，输出层利用加权逻辑回归（Weighted Logistic）进行训练，预测过程中利用e^{Wx+b}算式计算样本的概率（Odds），这一概率就是模型对播放时长的预测（这里的论证并不严谨，在 8.3 节中还会进一步讨论 YouTube 排序模型的推断过程）。

YouTube 对于播放时长的预测符合其广告赢利模式和商业利益，从中也可以看出制定一个合理的优化目标对于实现推荐系统的商业目标是必要且关键的。

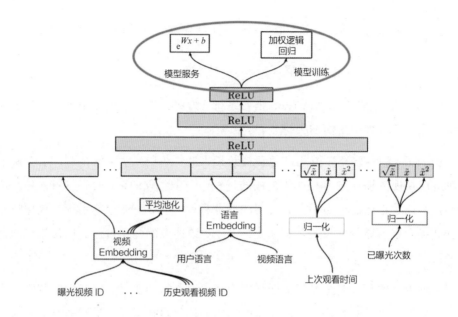

图 5-9 YouTube 推荐模型的输出层

相比视频类公司，对阿里巴巴等电商类公司来说，自然不存在播放时长这样的指标，那么阿里巴巴在设计其推荐系统优化目标时，考虑的关键因素有哪些呢？

5.4.2 模型优化和应用场景的统一性

优化目标的制定还应该考虑的要素是模型优化场景和应用场景的统一性，在这一点上，阿里巴巴的多目标优化模型给出了一个很好的例子。

在天猫、淘宝等电商类网站上做推荐，用户从登录到购买的过程可以抽象成两步：

（1）产品曝光，用户浏览商品详情页。

（2）用户产生购买行为。

与 YouTube 等视频网站不同，对电商类网站而言，公司的商业目标是通过推荐使用户产生更多的购买行为。按照"优化目标应与公司商业目标一致"的原则，电商类推荐模型应该是一个 CVR 预估模型。

由于购买转化行为是在第二步产生的，因此在训练 CVR 模型时，直观的做法是采用点击数据+转化数据（图 5-10 中灰色和深灰色区域数据）训练 CVR 模型。在使用 CVR 模型时，因为用户登录后直接看到的并不是具体的商品详情页，而是首页或者列表页，因此 CVR 模型需要在产品曝光的场景（图 5-10 中最外层圈内的数据）下进行预估。这就导致了训练场景与预估场景不一致的问题。模型在不同的场景下肯定会产生有偏的预估结果，进而导致应用效果的损失。

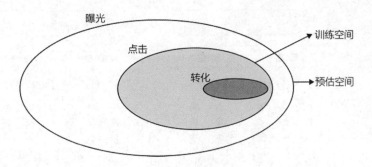

图 5-10　训练空间和预估空间的不一致

这里当然可以换个思路解决问题，即针对第一步的场景，构建 CTR 预估模型；再针对第二步的场景，构建 CVR 预估模型，针对不同的应用场景应用不同的预估模型，这也是电商或广告类公司经常采用的做法。但这个方案的尴尬之处在于 CTR 模型与最终优化目标的脱节，因为整个问题最终的优化目标是"购买转化"，并不是"点击"，在第一步过程中仅考虑点击数据，显然并不是全局最优化转化率的方案。

为了达到同时优化 CTR 和 CVR 模型的目的，阿里巴巴提出了多目标优化模型 ESMM（Entire Space Multi-task Model）[4]。ESMM 可以被当作一个同时模拟"曝光到点击"和"点击到转化"两个阶段的模型。

从模型结构（如图 5-11）上看，底层的 Embedding 层是 CVR 部分和 CTR 部分共享的，共享 Embedding 层的目的主要是解决 CVR 任务正样本稀疏的问题，利用 CTR 的数据生成更准确的用户和物品的特征表达。

中间层是 CVR 部分和 CTR 部分各自利用完全隔离的神经网络拟合自己的优化目标——pCVR（post-click CVR，点击后转化率）和 pCTR（post-view Click-through Rate，曝光后点击率）。最终，将 pCVR 和 pCTR 相乘得到 pCTCVR。

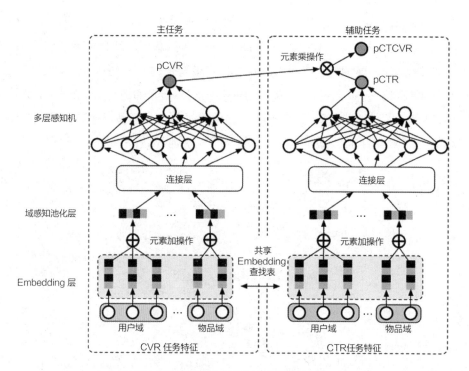

图 5-11　阿里巴巴的多目标优化模型 ESMM

pCVR、pCTR 和 pCTCVR 的关系如（式 5-1）所示。

$$\underbrace{p(y = 1, z = 1|x)}_{\text{pCTCVR}} = \underbrace{p(y = 1|x)}_{\text{pCTR}} \times \underbrace{p(z = 1|y = 1, x)}_{\text{pCVR}}$$ （式 5-1）

pCTCVR 指曝光后点击转化序列的概率。

ESMM 同时将 pCVR、pCTR 和 pCTCVR 融合进一个统一的模型，因此模型可以一次性得出所有三个优化目标的值，在模型应用的过程中，也可以根据合适的应用场景选择与之相对应的目标进行预测。正因如此，阿里巴巴通过构建 ESMM 这一多目标优化模型同时解决了"训练空间和预测空间不一致"及"同时利用点击和转化数据进行全局优化"两个关键的问题。

无论是 YouTube，还是阿里巴巴，虽然他们的推荐系统的模型结构截然不同，但在设计推荐系统优化目标时，他们都充分考虑了真正的商业目标和应用场景，力图在训练模型的阶段"仿真"预测阶段的场景和目标，这是读者在设计自己的推荐系统时首先要遵循的原则。

5.4.3　优化目标是和其他团队的接口性工作

针对"优化目标"这个话题，笔者想强调的第三点不是技术型问题，而是团队合作的问题。构建成功的推荐系统是一个复杂的系统性问题，不是技术团队能够独立完成的，而是需要产品团队、运营团队、内容编辑团队等协调一致，才能够共同达成推荐系统的商业目标。

在协调的过程中，技术团队抱怨产品团队频繁修改需求，产品团队抱怨技术团队没有充分理解他们的设计意图，二者之间往往有结构性的矛盾。如果找一个最可能的切入点，最大限度地解耦产品团队和技术团队的工作，那么最合适的点就是推荐系统优化目标的设计。

只有设定好合适的优化目标，技术团队才能够专心于模型的改进和结构的调整，避免把过于复杂晦涩的推荐系统技术细节暴露给外界。而产品团队也只有设定好合理的优化目标，才能让推荐系统服务于公司的整体商业利益和产品整体的设计目标。诚然，这个过程少不了各团队之间的矛盾、妥协与权衡，但只有在动手解决问题之前协商好优化目标，才能在今后的工作中最大限度地避免战略性的错误和推诿返工，尽可能最大化公司的商业利益和各团队的工作效率。

5.5　推荐系统中比模型结构更重要的是什么

本书之前的章节更多从技术的角度介绍了推荐系统的主要模型结构，以及Embedding 等深度学习推荐系统的主要技术点。本节希望与读者讨论的内容是：除了推荐模型结构等技术要点，有没有其他更重要的影响推荐系统效果的要素？

5.5.1　有解决推荐问题的"银弹"吗

笔者在与业界同行交流的过程中，经常会被问及"哪种推荐模型的效果更好"的问题。诚然，推荐系统的模型结构对于最终的效果来说是重要的，但真的存在一种模型结构是解决推荐问题的"银弹"吗？

要回答这个问题，可以先分析一个模型——阿里巴巴 2019 年提出的推荐模型 DIEN。3.9 节曾详细介绍过 DIEN 模型，本节做简要回顾。DIEN 模型的整体结构是一个加入了 GRU 序列模型，并通过序列模型模拟用户兴趣进化过程。其中兴趣进化部分首先基于行为层的用户行为序列完成从物品 id 到物品 Embedding 的转化，兴趣抽取层利用 GRU 序列模型模拟用户兴趣进化过程并抽取出兴趣 Embedding 向量，兴趣进化层利用结合了注意力机制的 AUGRU 序列模型模拟与目标广告相关的兴趣进化过程。

模型提出以来，由于阿里巴巴在业界巨大的影响力，很多从业者认为找到了解决推荐问题的"银弹"，但在实际应用的过程中，又遇到了很多问题，在遇到问题后，又习惯于从模型自身上找原因，例如，"是不是 Embedding 层的维度不够""是不是应该再增加兴趣演化层的状态数量"，等等。

笔者想强调的是，所有提出类似问题的同行都默认了一个前提假设，就是在阿里巴巴的推荐场景下能够提高效果的 DIEN 模型，在其他应用场景下应该同样有效。然而，这个假设真的合理吗？DIEN 模型是推荐系统领域的"银弹"吗？

答案是否定的。

做一个简单的分析，既然 DIEN 的要点是模拟并表达用户兴趣进化的过程，那么模型应用的前提必然是应用场景中存在着"兴趣进化"的过程。阿里巴巴的场景非常好理解，用户的购买兴趣在不同时间点有变化。比如用户在购买了笔记本电脑后会有一定概率购买其周边产品；用户在购买了某些类型的服装后会有一定概率选择与其搭配的其他服装，这些都是兴趣进化的直观例子。

DIEN 能够在阿里巴巴的应用场景有效的另一个原因是用户的兴趣进化路径能够被整个数据流近乎完整的保留。作为中国最大的电商集团，阿里巴巴各产品线组成的产品矩阵几乎能够完整地抓住用户购买兴趣迁移的过程。当然，用户有可能去京东、拼多多等电商平台购物，从而打断在阿里巴巴购物的兴趣进化过程，但从统计意义上讲，大量用户的兴趣进化过程还是可以被阿里巴巴的数据体系捕获的。

所以，DIEN 模型有效的前提是应用场景满足两个条件：

（1）应用场景存在"兴趣的进化"。

（2）用户兴趣的进化过程能够被数据完整捕获。

如果二者中有一个条件不成立，那么 DIEN 模型就很可能不会带来较大的收益。

以笔者比较熟悉的视频流媒体推荐系统为例，在一个综合的流媒体平台（比如智能电视）上，用户既可以选择自己的频道和内容，也可以选择观看 Netflix、YouTube，或者其他流媒体频道的内容（图 5-12 所示为流媒体平台不同的频道列表）。一旦用户进入 Netflix 或者其他第三方应用，我们就无法得到应用中的具体数据。在这样的场景下，系统仅能获取用户一部分的观看、点击数据，抽取出用户的兴趣点都是不容易的，谈何构建用户的整个兴趣进化路径呢？即使勉强构建出兴趣进化路径，也是不完整、甚至错误的路径。

图 5-12　流媒体平台的不同频道

基于这样的数据特点，DIEN 还适合成为推荐模型的主要架构吗？答案是否定的。DIEN 模型并不能反映业务数据的特点和用户动机，如果在此场景下仍把模型效果不佳的主要原因归咎于参数没调好、数据量不够大，无疑有舍本逐末的嫌疑。相比这些技术原因，理解自己的用户场景，熟悉自己的数据特点才是最重要的。

到这里也基本可以给出题目中问题的答案了——在构建推荐模型的过程中，从应用场景出发，基于用户行为和数据的特点，提出合理的改进模型的动机才是最重要的。

换句话说，推荐模型的结构不是构建一个好的推荐系统的"银弹"，真正的"银弹"是你对用户行为和应用场景的观察，基于这些观察，改进出最能表达这些观察的模型结构。下面用三个例子对这句话做进一步的解释。

5.5.2 Netflix 对用户行为的观察

Netflix 是美国最大的流媒体公司，其推荐系统会根据用户的喜好生成影片的推荐列表。除了影片的排序，最能影响点击率的要素其实是影片的海报预览图。举例来说，一位喜欢马特·达蒙（美国著名男影星）的用户，当看到影片的海报上有马特·达蒙的头像时，点击该影片的概率会大幅增加。Netflix 的数据科学家在通过 A/B 测试验证这一点后，着手开始对影片预览图的生成进行优化（如图 5-13 所示）[5]，以提高推荐结果整体的点击率。

图 5-13　Netflix 不同预览图的模板

在具体的优化过程中，模型会根据不同用户的喜好，使用不同的影片预览图模板，填充以不同的前景、背景、文字等。通过使用简单的线性"探索与利用"（Exploration&Exploitation）模型验证哪种组合才是最适合某类用户的个性化海报。

在这个问题中，Netflix 并没有使用复杂的模型，但 CTR 提升的效果是 10% 量级的，远远超过改进推荐模型结构带来的收益。这才是从用户和场景出发解决问题。这也符合 5.3 节提出的"木桶理论"的思想，对推荐系统效果的改进，最有效的方法不是执着地改进那块已经很长的木板，而是发现那块最短的木板，提高整体的效果。

5.5.3 观察用户行为，在模型中加入有价值的用户信息

再举一个例子，图 5-14 是美国最大的 Smart TV（智能电视）平台 Roku 的主页，每一行是一个类型的影片。但对一个新用户来说，系统非常缺少关于他的点击和播放样本。那么对 Roku 的工程师来说，能否找到其他有价值的信息来解决数据稀疏问题呢？

图 5-14　捕捉包含关键信息的用户行为

这就要求我们回到产品中，从用户的角度理解这个问题，发现有价值的信号。针对该用户界面来说，如果用户对某个类型的影片感兴趣，则必然会向右滑动鼠标或者遥控器（如图 5-14 中红色箭头所指），浏览这个类型下其他影片，这个滑动的动作很好地反映了用户对某类型影片的兴趣。

引入这个动作，无疑对构建用户兴趣向量，解决数据稀疏问题，进而提高推荐系统的效果有正向的作用。广义上讲，引入新的有价值信息相当于为推荐系统增加新的"水源"，而改进模型结构则是对已有"水源"的进一步挖掘。通常，新水源带来的收益更高，开拓难度却小于对已有水源的持续挖掘。

5.5.4 DIN 模型的改进动机

回到阿里巴巴的推荐模型。3.8 节曾详细介绍过 DIEN 模型的前身是 DIN，其基本思想是将注意力机制跟深度神经网络结合起来（如图 3-24 所示）。

简单回顾 DIN 的原理，DIN 在经典的深度 CTR 模型的基础上，在构建特征向量的过程中，对每一类特征加入一个激活单元，这个激活单元的作用类似一个开关，控制了这类特征是否放入特征向量及放入时权重的大小。那这个开关由谁控制呢？它是由被预测广告物品跟这类特征的关系决定的。也就是说，在预测用户 u 是否喜欢物品 i 这件事上，DIN 只把跟物品 i 有关的特征考虑进来，其他特征的门会被关上，完全不考虑或者权重很小。

那么，阿里巴巴的工程师能够提出将注意力机制应用于深度神经网络的想法是单纯的技术考虑吗？

笔者曾与 DIN 论文的作者进行过交流，发现他们的出发点同样是用户的行为特点。天猫、淘宝作为综合性的电商网站，只有收集与候选物品相关的用户历史行为记录才是有价值的。基于这个出发点，引入相关物品的开关和权重结构，最终发现注意力机制恰巧是能够解释这个动机的最合适的技术结构。反过来，如果单纯从技术角度出发，为了验证注意力机制是否有效而应用注意力机制，则有"本末倒置"的嫌疑，因为这不是业界解决问题的常规思路，而是试探性的技术验证过程，这种纯"猜测"型的验证无疑会大幅增加工作量。

5.5.5　算法工程师不能只是一个"炼金术士"

很多算法工程师把自己的工作戏称为"调参师""炼金术士"，在深度学习的场景下，超参数的选择当然是不可或缺的工作。但如果算法工程师仅专注于是否在网络中加 dropout，要不要更改激活函数（activation function），需不需要增加正则化项，以及修改网络深度和宽度，是不可能做出真正符合应用场景的针对性改进的。

很多业内同仁都说做推荐系统就是"揣摩人心"，这句话笔者并不完全赞同，但这在一定程度上反映了本节的主题——从用户的角度思考问题，构建模型。

如果阅读本书的你已经有了几年工作经验，对机器学习的相关技术已经驾轻就熟，反而应该从技术中跳出来，站在用户的角度，深度体验他们的想法，发现他们想法中的偏好和习惯，再用机器学习工具去验证它、模拟它，会得到意想不到的效果。

5.6　冷启动的解决办法

冷启动问题是推荐系统必须面对的问题。任何推荐系统都要经历数据从无到有、从简单到丰富的过程。那么，在缺乏有价值数据的时候，如何进行有效的推荐被称为"冷启动问题"。

具体地讲，冷启动问题根据数据匮乏情况的不同，主要分为三类：

（1）**用户冷启动**，新用户注册后，没有历史行为数据时的个性化推荐。

（2）**物品冷启动**，系统加入新物品后（新的影片、新的商品等），在该商品还没有交互记录时，如何将该物品推荐给用户。

（3）**系统冷启动**，在推荐系统运行之初，缺乏所有相关历史数据时的推荐。

针对不同应用场景，解决冷启动问题需要比较专业的洞察，根据领域专家意见制定合理的冷启动策略。总体上讲，可以把主流的冷启动策略归为以下三类：

（1）基于规则的冷启动过程。

（2）丰富冷启动过程中可获得的用户和物品特征。

（3）利用主动学习、迁移学习和"探索与利用"机制。

5.6.1　基于规则的冷启动过程

在冷启动过程中，由于数据的缺乏，个性化推荐引擎无法有效工作，自然可以让系统回退到"前推荐系统"时代，采用基于规则的推荐方法。例如，在用户冷启动场景下，可以使用"热门排行榜""最近流行趋势""最高评分"等榜单作为默认的推荐列表。事实上，大多数音乐、视频等应用都是采用这类方法作为冷启动的默认规则。

更进一步，可以参考专家意见建立一些个性化物品列表，根据用户有限的信息，例如注册时填写的年龄、性别、基于 IP 推断出的地址等信息做粗粒度的规则推荐。例如，利用点击率等目标构建一个用户属性的决策树，在每个决策树的叶节点建立冷启动榜单，在新用户完成注册后，根据用户有限的注册信息，寻找决策树上对应的叶节点榜单，完成用户冷启动过程。

在物品冷启动场景下，可以根据一些规则找到该物品的相似物品，利用相似物品的推荐逻辑完成物品的冷启动过程。当然，寻找相似物品的过程是与业务强相关的。本节以 Airbnb 为例说明该过程。

Airbnb 是全球最大的短租房中介平台。在新上线短租房时，Airbnb 会根据该房屋的属性对该短租房指定一个"聚类"，位于同样"聚类"中的房屋会有类似的推荐规则。那么，为冷启动短租房指定"聚类"所依靠的规则有如下三条：

（1）同样的价格范围。

（2）相似的房屋属性（面积、房间数等）。

（3）距目标房源的距离在 10 公里以内。

找到最符合上述规则的 3 个相似短租房，根据这 3 个已有短租房的聚类定位冷启动短租房的聚类。

通过 Airbnb 的例子可以知道，基于规则的冷启动方法更多依赖的是领域专家对业务的洞察。在制定冷启动规则时，需要充分了解公司的业务特点，充分利用已有数据，才能让冷启动规则合理且高效。

5.6.2 丰富冷启动过程中可获得的用户和物品特征

基于规则的冷启动过程在大多数情况下是有效的，是非常实用的冷启动方法。但该过程与推荐系统的"主模型"是割裂的。有没有可能通过改进推荐模型达到冷启动的目的呢？当然是有的，改进的主要方法就是在模型中加入更多用户或物品的属性特征，而非历史数据特征。

在历史数据特征缺失的情况下，推荐系统仍然可以凭借用户和物品的属性特征完成较粗粒度的推荐。这类属性特征主要包括以下几类：

（1）**用户的注册信息**。包括基本的人口属性信息（年龄、性别、学历、职业等）和通过 IP 地址、GPS 信息等推断出的地理信息。

（2）**第三方 DMP（Data Management Platform，数据管理平台）提供的用户信息**。国外的 BlueKai、Nielsen，国内的 Talking Data 等公司都提供匹配率非常高的数据服务，可以极大地丰富用户的属性特征。这些第三方数据管理平台不仅可以提供基本的人口属性特征，通过与大量应用、网站的数据交换，甚至可以提供脱敏的用户兴趣、收入水平、广告倾向等一系列的高阶特征。

（3）**物品的内容特征**。在推荐系统中引入物品的内容相关特征是有效地解决"物品冷启动"的方法。物品的内容特征可以包括物品的分类、标签、描述文字等。具体到不同的业务领域，还可以有更丰富的领域相关内容特征。例如，在视频推荐领域，视频的内容特征可包括，该视频的演员、年代、风格，等等。

（4）**引导用户输入的冷启动特征**。有些应用会在用户第一次登录时引导用户输入一些冷启动特征。例如，一些音乐类应用会引导用户选择"音乐风格"；一些视频类应用会引导用户选择几部喜欢的电影。这些都是通过引导页面来完成丰富冷启动特征的工作。

5.6.3　利用主动学习、迁移学习和"探索与利用"机制

除了规则推荐、特征工程，还有诸多能够帮助我们完成"系统冷启动"的机器学习利器，主要包括主动学习、迁移学习、"探索与利用"机制。它们解决冷启动问题的机制各不相同，以下简述它们解决问题的主要思路。

1．主动学习

主动学习[6]是相比"被动学习"而言的（如图 5-15 所示）。被动学习是在已有的数据集上建模，学习过程中不对数据集进行更改，也不会加入新的数据，学习的过程是"被动的"。而主动学习不仅利用已有的数据集进行建模，而且可以"主动"发现哪些数据是最急需的，主动向外界发出询问，获得反馈，从而加速整个学习的过程，生成更全面的模型。

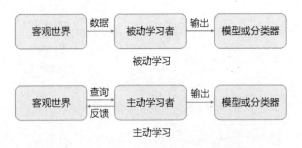

图 5-15　被动学习和主动学习的流程图

代码 5-1 用伪码的方式形式化地定义了最典型的主动学习流程。在每个迭代过程中，系统会对每个潜在"查询"进行评估，看哪个查询能使加入该查询后的模型损失最小，就把该查询发送给外界，得到反馈后更新模型 M。

代码 5-1　主动学习伪码流程

```
for j = 1,2,…,totalIterations do
    foreach q_j in potentialQueries do
        Evaluate Loss(q_j)
    end foreach
    Ask query q_j for which Loss(q_j) is the lowest
    Update model M with query q_j and response (q_j,y_j)
end for
return model M
```

其中，$Loss(q_j)$代表 $E(Loss(M'))$，M'是在模型 M 中加入查询 q_j 后生成的新模型，$Loss(q_j)$的含义是新模型 M'损失的期望。

那么，主动学习模型是如何在推荐系统冷启动过程中发挥作用的呢？这里举一个实例加以说明。如图 5-16 所示，横轴和纵轴分别代表两个特征维度，图中的点代表一个物品（这里以视频推荐中的影片为例），点的深浅代表用户对该影片实际打分的高低。那么，图 5-16 就代表了一个冷启动的场景，即用户没对任何影片进行打分，系统应该如何进行推荐呢？

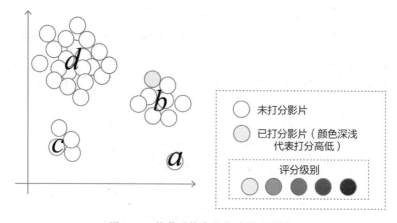

图 5-16　推荐系统中的主动学习示例

主动学习的学习目标是尽可能快速地定位所有物品可能的打分。可以看到，所有影片聚成了 a、b、c、d 4 类，聚类的大小不一。那么，以主动学习的思路，应该在下一次的推荐中选择哪部影片呢？

答案是应该选择最大聚类 d 的中心节点作为推荐影片，因为通过主动问询用户对 d 中心节点的打分，可以得到用户对最大聚类 d 的反馈，使推荐系统的收益最大。严格地讲，应定义推荐系统的损失函数，从而精确地评估推荐不同影片获得的损失下降收益。这里仅以此例帮助读者领会主动学习的原理。

主动学习的原理与强化学习一脉相承，回顾 3.10 节的强化学习框架不难发现，主动学习的过程完全遵循"行动–反馈–状态更新"的强化学习循环。它的学习目的就是在一次又一次的循环迭代中，让推荐系统尽量快速地度过冷启动状态，为用户提供更个性化的推荐结果。

2. 迁移学习

顾名思义，迁移学习是在某领域知识不足的情况下，迁移其他领域的数据或知识，用于本领域的学习。那么，迁移学习解决冷启动问题的原理就不难理解了，冷启动问题本质上是某领域的数据或知识不足导致的，如果能够将其他领域的知识用于当前领域的推荐，那么冷启动问题自然迎刃而解。

迁移学习的思路在推荐系统领域非常常见。在 5.4 节介绍的 ESMM 模型中，阿里巴巴利用 CTR 数据生成了用户和物品的 Embedding，然后共享给 CVR 模型，这本身就是迁移学习的思路。这就使得 CVR 模型在没有转化数据时能够用 CTR 模型的"知识"完成冷启动过程。

其他比较实用的迁移学习的方法是在领域 A 和领域 B 的模型结构和特征工程相同的前提下，若领域 A 的模型已经得到充分的训练，则可以直接将领域 A 模型的参数作为领域 B 模型参数的初始值。随着领域 B 数据的不断积累，增量更新模型 B。这样做的目的是在领域 B 数据不足的情况下，也能获得个性化的、较合理的初始推荐。该方法的局限性是要求领域 A 和领域 B 所用的特征必须基本一致。

迁移学习在推荐系统中的应用也是近年来的热门研究话题，由于篇幅原因这里不展开讲解，感兴趣的读者可以以此为引子，阅读相关学术文章。

3. "探索与利用"机制

"探索与利用"机制是解决冷启动问题的另一个有效思路。简单地讲，探索与利用是在"探索新数据"和"利用旧数据"之间进行平衡，使系统既能利用旧数据进行推荐，达到推荐系统的商业目标，又能高效地探索冷启动的物品是否是"优质"物品，使冷启动物品获得曝光的倾向，快速收集冷启动数据。

这里以最经典的探索与利用方法 UCB（Upper Confidence Bound，置信区间上界）[7]讲解探索与利用的原理。

（式 5-2）是用 UCB 方法计算每个物品的得分的公式。其中 $\overline{x}_j$ 为观测到的第 j 个物品的平均回报（这里的平均回报可以是点击率、转化率、播放率等），n_j 为目前为止向用户曝光第 j 个物品的次数，n 为到目前为止曝光所有物品的次数之和。

$$\mathrm{UCB}(j) = \overline{x}_j + \sqrt{\frac{2\ln n}{n_j}} \qquad （式 5\text{-}2）$$

通过简单计算可知，当物品的平均回报高时，UCB 的得分会高；同时，当物品的曝光次数低时，UCB 的得分也会高。也就是说，使用 UCB 方法进行推荐，推荐系统会倾向于推荐"效果好"或者"冷启动"的物品。那么，随着冷启动的物品有倾向性地被推荐，冷启动物品快速收集反馈数据，使之能够快速通过冷启动阶段。

事实上，"探索与利用"问题是推荐系统领域一个非常重要的问题，除了解决冷启动问题，"探索与利用"机制可以更好地挖掘用户潜在兴趣，维持系统的长期受益状态，5.7 节将着重探讨解决"探索与利用"问题的主流方法。

5.6.4 "巧妇难为无米之炊"的困境

俗语说"巧妇难为无米之炊"，冷启动问题的难点就在于没有米，还要让"巧妇"（算法工程师）做一顿饭。解决这个困局的两种思路：

（1）虽然没有米，但不可能什么吃的都没有，先弄点粗粮尽可能做出点吃的再说。这就要求冷启动算法在没有精确的历史行为数据的情况下，利用一些粗粒度的特征、属性，甚至其他领域的知识进行冷启动推荐。

（2）边做吃的边买米，快速度过"无米"的阶段。这种解决问题的思路是先做出点吃的，卖了吃的换钱买米，将饭越做越好，米越换越多。这就是利用主动学习、"探索与利用"机制，甚至强化学习模型解决冷启动问题的思路。

在实际的工作中，这两种方式往往会结合使用，希望各位"巧妇"能够快速度过"借粮度日"和"卖饭换米"的阶段，早日过上"小康生活"。

5.7 探索与利用

《淮南子》中有一句话非常有名："先王之法，不涸泽而渔，不焚林而猎。"否定的是做事只顾眼前利益，不做长远打算的做法。那么在推荐系统中，有没有所谓的眼前利益和长远打算呢？当然是有的。所有的用户和物品历史数据就像是一个鱼塘，如果推荐系统只顾着捞鱼，不往里面补充新的鱼苗，那么总有一天鱼塘中鱼的资源会逐渐枯竭，以至最终无鱼可捞。

这里的"捞鱼"行为指的就是推荐系统一味使用历史数据，根据用户历史进行推荐，不注重发掘用户新的兴趣、新的优质物品。那么，"投放鱼苗"的行为自然就是推荐系统主动试探用户新的兴趣点，主动推荐新的物品，发掘有潜力的优质物品。

给用户推荐的机会是有限的，推荐用户喜欢的内容和探索用户的新兴趣这两件事都会占用宝贵的推荐机会，在推荐系统中应该如何权衡这两件事呢？这就是"探索与利用"试图解决的问题。

解决"探索与利用"问题目前主要有三大类方法。

（1）**传统的探索与利用方法**：这类方法将问题简化成多臂老虎机问题。主要的算法有ε-Greedy（ε贪婪）、Thompson Sampling（汤普森采样）和 UCB。该类解决方法着重解决新物品的探索和利用，方法中并不考虑用户、上下文等因素，因此是非个性化的探索与利用方法。

（2）**个性化的探索与利用方法**：该类方法有效地结合了个性化推荐特点和探

索与利用的思想，在考虑用户、上下文等因素的基础上进行探索与利用的权衡，因此被称为个性化探索与利用方法。

（3）**基于模型的探索与利用方法**：该类方法将探索与利用的思想融入推荐模型之中，将深度学习模型和探索与利用的思想有效结合，是近年来的热点方向。

5.7.1 传统的探索与利用方法

传统的探索与利用方法要解决的其实是一个多臂老虎机问题（Multi-Armed Bandit problem，MAB）。

基础知识——多臂老虎机问题

一个人看到一排老虎机（一种有一个摇臂的机器，投入一定金额，摇动摇臂，随机获得一定收益），它们的外表一模一样，但每个老虎机获得回报的期望不同，刚开始这个人不知道这些老虎机获得回报的期望和概率分布，如果有 N 次机会，按什么顺序选择老虎机可以收益最大化呢？这就是多臂老虎机问题（如图 5-17 所示）。

图 5-17　多臂老虎机问题示意图

在推荐系统中，每个候选物品就是一台老虎机，系统向用户推荐物品就相当于选择老虎机的过程。推荐系统当然希望向用户推荐收益大的老虎机，以获得更好的整体收益。例如，对视频网站来说，老虎机的收益就是用户的观看时长，推荐系统向用户推荐观看时长期望较大的"老虎机"，以获取更好的整体收益，从而最大化整个视频网站的观看时长。

值得注意的是，在传统的多臂老虎机问题中，假设每台老虎机的回报期望对所有用户一视同仁。也就是说，这不是一个"个性化"的问题，而是一个脱离用户的、只针对老虎机的优化问题。解决传统多臂老虎机问题的主要算法有ε-Greedy、Thompson Sampling 和 UCB。

1. ε-Greedy 算法

ε-Greedy 算法的主要流程是：选一个[0,1]的数ε，每次以ε的概率在所有老虎机中进行随机选择，以$(1-\varepsilon)$的概率选择截至当前平均收益最大的老虎机，在摇臂后，根据回报值对老虎机的回报期望进行更新。

这里ε的值代表对"探索"的偏好程度，每次以概率ε去"探索"，以$(1-\varepsilon)$的概率来"利用"，基于被选择的物品的回报更新该物品的回报期望。本质上讲，"探索"的过程其实是一个收集未知信息的过程，而"利用"的过程则是对已知信息的"贪心"利用过程，ε这一概率值正是"探索"和"利用"的权衡点。

ε-Greedy 算法是非常简单实用的探索与利用算法，但其对探索部分和利用部分的划分还略显粗暴和生硬。例如，在进行了一段时间的探索后，再进行探索的收益已经没有之前大了，这时应该逐渐减小ε的值，增加利用部分的占比；另外，对每个老虎机进行完全"随机"的探索也不是高效的探索策略，例如有的老虎机已经积累了丰富的信息，不用再进行探索来收集信息了，这时就应该让探索的机会更倾向于那不常被选择的老虎机。为了改进ε-Greedy 算法的这些缺陷，启发式探索与利用算法被提出。

2. Thompson Sampling 算法

Thompson Sampling[8]是一种经典的启发式探索与利用算法。该算法假设每个老虎机能够赢钱（这里假设赢钱的数额一致）的概率是p，同时概率p的分布符合 beta(win, lose)分布，每个老虎机都维护一组 beta 分布的参数，即 win, lose。每次试验后，选中一个老虎机，摇臂后，有收益（这里假设收益是二值的，0 或 1）则该老虎机的 win 参数增加 1，否则该老虎机的 lose 参数增加 1。

每次选择老虎机的方式是：利用每个老虎机现有的 beta 分布产生一个随机数b，逐一生成每个老虎机的随机数，选择随机数中最大的那个老虎机进行尝试。

综上，Thompson Sampling 算法流程的伪代码如代码 5-2 所示。

代码 5-2 　Thompson Sampling 算法流程的伪代码

```
Initialize S_{j,1} = 0, F_{j,1} = 0 for j = 1,…,k
for t = 1,2,…, totalIterations do
    Draw p_{j,t} from Beta(S_{j,t} +1, F_{j,t}+1) for j = 1,…,k
    Play I_t = j for j with maximum p_{j,t}
    Observe reward X_{It,t}
    Update posterior
    Set S_{It,t+1} = S_{It,t}+X_{It,t}
    Set F_{It,t+1} = F_{It,t}+1-X_{It,t}
end for
```

需要进一步解释的是——为什么可以假设赢钱的概率 p 服从 beta 分布，到底什么是 beta 分布？beta 分布是伯努利分布的共轭先验分布，因为掷硬币的过程是标准的伯努利过程，如果为硬币正面的概率指定一个先验分布，那么这个分布就是 beta 分布。CTR 的场景和掷硬币都可以看作伯努利过程（可以把 CTR 问题看成一个掷偏心硬币的过程，点击率就是硬币正面的概率），因此 Thompson Sampling 算法同样适用于 CTR 等推荐场景。

再举一个实际的例子来解释 Thompson Sampling 的过程。如图 5-18 所示，蓝色的分布 action 1 是 beta(600,400)，绿色的分布 action 2 是 beta(400,600)，红色的分布 action 3 是 beta(30,70)。

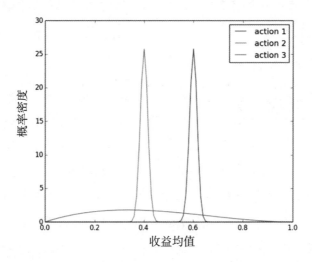

图 5-18　三个不同的 beta 分布

由于 action 1 和 action 2 已经各进行了总数 1000 次的尝试，积累了足够的数据，不确定性已经非常小，可以看出 action 1 和 action 2 的图形是非常陡峭的，其峰值在收益的经验期望附近。而对 action 3 来说，由于只进行了 100 次尝试，不确定性很大，分布图形非常平缓。

通过 Thompson Sampling 选择下一次行动时，action 3 的收益期望是三者中最低的，如果按照纯"利用"的思路，是不应该选择 action 3 这个"老虎机"的；但基于 action 3 的 beta 分布图形，可以很明显地看出其概率分布有一部分落在 action 1 和 action 2 概率分布右侧，而且概率并不小（10%~20%）。也就是说，通过 Thompson Sampling 选择 action 3 这一"老虎机"的机会并不少。这就利用了 Thompson Sampling 对新物品的倾向性。

3. UCB 算法

UCB 是经典的启发式探索与利用算法。与 Thompson Sampling 算法的理论基础一样，二者都利用了分布的不确定性作为探索强弱程度的依据。但在形式上，UCB 更便于工程实现，其算法流程如下：

（1）假设有 K 个老虎机，对每个老虎机进行随机摇臂 m 次，获得老虎机 j 收益的初始化经验期望 $\bar{x}_j$。

（2）用 t 表示至今摇臂的总次数，用 n_j 表示第 j 个老虎机至今被摇臂的次数，计算每个老虎机的 UCB 值：

$$\mathrm{UCB}(j) = \bar{x}_j + \sqrt{\frac{2\log t}{n_j}} \qquad （式 5\text{-}3）$$

（3）选择 UCB 值最大的老虎机 i 摇臂，并观察其收益 $X_{i,t}$。

（4）根据 $X_{i,t}$ 更新老虎机 i 的收益期望值 $\bar{x}_i$。

（5）重复第 2 步。

UCB 算法的重点是 UCB 值的计算方法，（式 5-3）中 $\bar{x}_j$ 指的是老虎机 j 之前实验的收益期望，这部分可以被看作"利用"的分值；而 $\sqrt{\frac{2\log t}{n_j}}$ 就是所谓的置信区间宽度，代表了"探索"的分值。二者相加就是老虎机 j 的置信区间上界。

基础知识——UCB 公式的由来

细心的读者肯定对 UCB 公式的由来有所疑问，这里进行简要介绍。其实，UCB 的公式是基于霍夫丁不等式（Hoeffding Inequality）推导而来的。

假设有 N 个范围在 0 到 1 的独立有界随机变量，$X_1, X_2, ..., X_n$，那么这 n 个随机变量的经验期望为

$$\bar{X} = \frac{X_1 + \cdots + X_n}{n}$$

满足如（式 5-4）所示的不等式：

$$P(\bar{X} - E[\bar{X}] \geqslant \varepsilon) \leqslant e^{-2n\varepsilon^2} \qquad （式 5\text{-}4）$$

这就是霍夫丁不等式。

那么，霍夫丁不等式和 UCB 的上界有什么关系呢？令 $\varepsilon = \sqrt{\frac{2\log t}{n_j}}$，并带入（式 5-4），可将霍夫丁不等式转换成如（式 5-5）所示的形式：

$$P\left(\bar{X} - E[\bar{X}] \geqslant \sqrt{\frac{2\log t}{n_j}}\right) \leqslant t^{-4} \qquad （式 5\text{-}5）$$

从（式 5-5）中可以看出，如果选择 UCB 的上界是 $\sqrt{\frac{2\log t}{n_j}}$ 的形式，那么 X 的均值与 X 的实际期望值的差距在上界之外的概率非常小，小于 t^{-4}，这就说明采用 UCB 的上界形式是严格且合理的。

对于 UCB 的一系列严格证明涉及更多的理论知识，在此不再过多扩展。只需要定性地清楚 UCB 的上界形式相当于老虎机收益期望的严格的置信区间即可。

UCB 和 Thompson Sampling 都是工程中常用的探索与利用方法，但这类传统的探索与利用方法无法解决引入个性化特征的问题。这严重限制了探索与利用方法在个性化推荐场景下的使用，为此，个性化的探索与利用方法被提出。

5.7.2 个性化的探索与利用方法

传统的探索与利用方法的弊端是无法引入用户的上下文和个性化信息，只能进行全局性的探索。事实上，在用户冷启动场景下，即使是已经被探索充分的商品，对于新用户仍是陌生的，用户对于这个商品的态度是未知的；另外，一个商品在不同上下文中的表现也不尽相同，比如一个商品在首页的表现和在品类页的表现很可能由于页面上下文环境的变化而截然不同。因此，在传统的探索与利用方法的基础上，引入个性化信息是非常重要的，这类方法通常被称为基于上下文的多臂老虎机算法（Contextual-Bandit Algorithm），其中最具代表性的算法是 2010 年由雅虎实验室提出的 LinUCB 算法[9]。

LinUCB 算法的名称就代表了其基本原理，其中 Lin 代表的是 Linear（线性），因为 LinUCB 是建立在线性推荐模型或 CTR 预估模型之上的，线性模型的数学形式，如（式 5-6）所示。

$$E[r_{t,a}|x_{t,a}] = x_{t,a}^{\mathrm{T}}\theta_a^*　　　　　（式 5-6）$$

其中，$x_{t,a}$ 代表老虎机 a 在第 t 次试验中的特征向量，θ_a^* 代表模型参数，$r_{t,a}$ 代表摇动老虎机 a 获得的回报。因此，整个式子预测的是在特征向量 $x_{t,a}$ 的条件下，摇动老虎机 a 获得的回报期望。

为了训练得到每个老虎机的模型参数 θ_a^*，雅虎根据线性模型的形式采用了经典的岭回归（Ridge Regression）的训练方法，如（式 5-7）所示。

$$\widehat{\theta_a} = (D_a^{\mathrm{T}}D_a + I_d)^{-1}D_a^{\mathrm{T}}c_a　　　　　（式 5-7）$$

其中，I_d 是 $d \times d$ 维的单位向量，d 指的是老虎机 a 特征向量的维度。矩阵 D 是一个 $m \times d$ 维的样本矩阵。m 指的是训练样本中与老虎机 a 相关的 m 个训练样本，所以矩阵 D 的每一行就是一个与老虎机 a 相关样本的特征矩阵。向量 c_a 是所有样本的标签组成的向量，顺序与矩阵 D 的样本顺序一致。

LinUCB 沿用 UCB 的基本思路进行探索部分得分的计算，但需要将传统 UCB 方法扩展到线性模型的场景下。

传统 UCB 利用切诺夫–霍夫丁不等式得到了探索部分的得分，LinUCB 的探索部分得分由（式 5-8）定义：

$$\alpha \sqrt{x_{t,a}^{\mathrm{T}} A_a^{-1} x_{t,a}} \qquad （式 5-8）$$

其中，$x_{t,a}$ 是老虎机 a 的特征向量，α 被认为是一个控制探索强弱力度的超参数。矩阵 A 的定义如（式 5-9）所示

$$A_a \overset{\text{def}}{=} D_a^{\mathrm{T}} D_a + I_d \qquad （式 5-9）$$

其中，D_a，I_d 的定义已由（式 5-7）给出。

至此，完成了 LinUCB 算法的所有相关定义。读者可能会有所疑问——为什么 LinUCB 探索部分的得分是（式 5-8）的形式？探索部分的得分本质上是对预测不确定性的一种估计，预测的不确定性越高，抽样得出高分的可能性越大。因此，LinUCB 中探索部分的得分也是对线性模型预测不确定性的估计。

根据岭回归的特点，模型的预测方差（variance）是 $x_{t,a}^{\mathrm{T}} A_a^{-1} x_{t,a}$，$\sqrt{x_{t,a}^{\mathrm{T}} A_a^{-1} x_{t,a}}$ 是预测标准差，也就是 LinUCB 中探索部分的分值。所以本质上，无论是 UCB、Thompson Sampling，还是 LinUCB，都是对预测不确定性的一种测量，对于其他任意预估模型，如果能够找到预测不确定性的测量办法，一样能构建出相应的探索与利用方法。

有了利用部分和探索部分的定义，写出 LinUCB 的算法流程是顺理成章的，如代码 5-3 所示。

代码 5-3　LinUCB 算法的伪代码

```
for t = 1, 2, 3, …, T do
    Observe features of all arms a a ∈ A_t, x_{t,a} ∈ R^d
    for all a ∈ A_t do
        if a is new then
            A_a ← I_d(d − dimensional identity matrix)
            b_a ← 0_{d×1}(d − dimensional zero vector)
        end if
        θ̂_a ← A_a^{-1} b_a
        p_{t,a} ← θ̂_a^⊤ x_{t,a} + α √(x_{a,a}^⊤ A_a^{-1} x_{t,a})
```

```
    end for
    Choose arm a_t = arg max_{a∈A_t} p_{t,a} with ties broken arbitrarily, and observe a
real-valued payoff r_t
    A_{a_t} ← A_{a_t} + x_{t,a_t} x_{t,a_t}^⊤
    b_{a_t} ← b_{a_t} + r_t x_{t,a_t}
end for
```

可以看出，算法的流程框架与 Thompson Sampling 和 UCB 的一致，不同之处仅在于挑选老虎机时使用了 LinUCB 的探索与利用得分计算方法，并且在更新模型时，需要使用基于岭回归的模型更新方法。

LinUCB 的提出无疑大大增强了模型预测的准确度和探索的针对性。但是 LinUCB 也存在着一定的局限性，正如上文所说，为了针对线性模型找到合适的探索分数，LinUCB 需要严格的理论支撑才能得到预测标准差的具体形式。随着推荐模型进入深度学习时代，深度学习的数学形式难以被正确表达，预测标准差几乎不可能通过严格的理论推导得到，在这样的情况下，如何将探索与利用的思想与深度学习模型相结合呢？

5.7.3 基于模型的探索与利用方法

无论是传统的探索与利用方法，还是以 LinUCB 为代表的个性化的探索与利用方法，都存在一个显著的问题——无法与深度学习模型进行有效的整合。例如，对 LinUCB 来说，应用的前提就是假设推荐模型是一个线性模型，如果把预测模型改为一个深度学习模型，那么 LinUCB 的理论框架就不再自洽了。

如果 CTR 预测模型或者推荐模型是一个深度学习模型，那么如何将探索与利用的思想与模型进行有效整合呢？这里要再次回顾 3.10 节介绍的强化学习模型 DRN。

在 DRN 中，对于已经训练好的当前网络 Q，通过对其模型参数 W 添加一个较小的随机扰动 ΔW，得到新的模型参数 $\tilde{W}$，这里称 $\tilde{W}$ 对应的网络为探索网络 $\tilde{Q}$。再通过系统的实时效果反馈决定是保留探索网络 $\tilde{Q}$ 还是沿用当前网络 Q。

可以看出，DRN 对于深度学习模型的探索过程是非启发式的，但这种与模型结构无关的方法也使 DRN 中的模型探索方式适用于任何深度学习模型。它有效地把探索与利用的思想与深度学习模型结合起来，通过对模型参数随机扰动的方法探索式地优化模型。

与此同时，模型参数的随机扰动也带来了推荐结果的变化和更新，自然实现了对不同内容的探索，这是"探索与利用"的思想在 DRN 模型中的直接体现。

5.7.4 "探索与利用"机制在推荐系统中的应用

探索与利用算法在推荐系统中的应用场景是多样的，主要包括以下 3 个方面：

（1）**物品冷启动**。对新加入的物品或者长久没有互动信息的长尾物品来说，探索与利用算法对新物品和长尾物品有天然的倾向性，因此可以帮助这类物品快速收集用户反馈，快速度过冷启动期，并在较少伤害系统整体收益的前提下，快速找到有潜力的物品，丰富优质的物品候选集。

（2）**发掘用户新兴趣**。本节开头已经介绍过，如果推荐系统总是利用现有数据为用户推荐物品，相当于对用户的已发掘兴趣进行"涸泽而渔"的利用，短期内用户可能满足于当前的推荐结果，但很可能快速疲倦并离开。为了发掘用户新兴趣，推荐系统有必要进行一定程度的探索，维持用户的长期兴趣。另外，用户兴趣本身也在不断的改变和进化，需要通过探索不断抓住用户兴趣改变的趋势。

（3）**增加结果多样性**。探索与利用也是增加推荐结果多样性的手段。增加结果多样性对于推荐系统的好处主要有两方面，一方面是让用户能明显感觉到结果的丰富性；另一方面是减少大量同质化内容同时出现时用户的厌倦情绪。

总的来说，探索与利用思想是所有推荐系统不可或缺的补充。相比推荐模型的优化目标——利用已有数据做到现有条件下的利益最大化，探索与利用的思想实际上是着眼于未来的，着眼于用户的长期兴趣和公司的长期利益，算法工程师不仅需要充分理解这一点，更需要制定算法目标的决策者有更深的理解，做出更有利于公司长远发展的决策。

参考文献

[1] LIN XIAO. Dual averaging methods for regularized stochastic learning and online optimization[J]. Journal of Machine Learning Research 11, 2010: 2543-2596.

[2] McMAHAN, H. BRENDAN, et al. Ad click prediction: a view from the trenches[C]. Proceedings of the 19th ACM SIGKDD international conference on Knowledge discovery and data mining, 2013.

[3] COVINGTON PAUL, JAY ADAMS, EMRE SARGIN. Deep neural networks for youtube Recommenders[C]. Proceedings of the 10th ACM conference on recommender systems, 2016.

[4] MA XIAO, et al. Entire space multi-task model: An effective approach for estimating post-click conversion rate[C]. The 41st International ACM SIGIR Conference on Research & Development in Information Retrieval, 2018.

[5] AMAT FERNANDO, et al. Artwork personalization at netflix[C]. Proceedings of the 12th ACM Conference on Recommender Systems, 2018.

[6] ELAHI MEHDI, FRANCESCO RICCI, NEIL RUBENS. A survey of active learning in collaborative filtering recommender systems[J]. Computer Science Review 20, 2016: 29-50.

[7] AUER PETER, NICOLO CESA-BIANCHI, PAUL FISCHER. Finite-time analysis of the multiarmed bandit problem. Machine learning 47.2-3, 2002: 235-256.

[8] CHAPELLE OLIVIER, LI LIHONG. An empirical evaluation of thompson sampling. Advances in neural information processing systems[C]. 2011.

[9] LI LIHONG, et al. A contextual-bandit approach to personalized news article Recommender[C]. Proceedings of the 19th international conference on World wide web, 2010.

第 6 章
深度学习推荐系统的工程实现

之前的章节已从不同的角度出发介绍了深度学习推荐系统的技术要点，主要从理论和算法层面介绍了推荐系统的关键思想。但算法和模型终究只是"好酒"，还需要用合适的"容器"盛载才能呈现出最好的味道，这里的"容器"指的就是实现推荐系统的工程平台。

从工程的角度来看推荐系统，可以将其分为两大部分：数据部分和模型部分。数据部分主要指推荐系统所需数据流的相关工程实现；模型部分指的是推荐模型的相关工程实现，根据模型应用阶段的不同，可进一步分为离线训练部分和线上服务部分。根据推荐系统整体的工程架构，本章的主要内容可以分为以下三大部分：

（1）**推荐系统的数据流**：主要介绍与推荐系统数据流相关的大数据平台的主要框架和实现大数据平台的主流技术。

（2）**深度学习推荐模型的离线训练**：主要介绍训练深度学习推荐模型的主流平台，如 Spark MLlib、Parameter Server（参数服务器）、TensorFlow、PyTorch 的主要原理。

（3）**深度学习推荐模型的上线部署**：主要介绍部署深度学习推荐模型的技术途径和模型线上服务的过程。

在此工程架构基础上，介绍工程和理论之间的权衡方法，探讨推荐算法工程师如何进行取舍才能达到工程和理论之间的平衡和统一。

6.1 推荐系统的数据流

本节要介绍的"推荐系统的数据流"指的是训练、服务推荐模型所需数据的处理流程。自 2003 年谷歌陆续发表了 Big Table[1]、Google File System[2]和 Map Reduce[3]三大大数据领域奠基性论文以来,推荐系统也全面进入了大数据时代。动辄 TB 乃至 PB 级别的训练数据,让推荐系统的数据流必须和大数据处理与存储的基础设施紧密结合,才能完成推荐系统的高效训练和在线预估。

大数据平台的发展经历了从批处理到流计算再到全面融合进化的阶段。架构模式的不断发展带来的是数据处理实时性和灵活性的大幅提升。按照发展的先后顺序,大数据平台主要有批处理、流计算、Lambda、Kappa 4 种架构模式。

6.1.1 批处理大数据架构

在大数据平台诞生之前,传统数据库很难处理海量数据的存储和计算问题。针对这一难题,以 Google GFS 和 Apache HDFS 为代表的分布式存储系统诞生,解决了海量数据的存储问题;为了进一步解决数据的计算问题,Map Reduce 框架被提出,采用分布式数据处理再逐步 Reduce 的方法并行处理海量数据。"分布式存储+Map Reduce"的架构只能批量处理已经落盘的静态数据,无法在数据采集、传输等数据流动的过程中处理数据,因此被称为批处理大数据架构。

相比之前以数据库为核心的数据处理过程,批处理大数据架构用分布式文件系统和 Map Reduce 替换了原来的依托传统文件系统和数据库的数据存储和处理方法,批处理大数据架构示意图如图 6-1 所示。

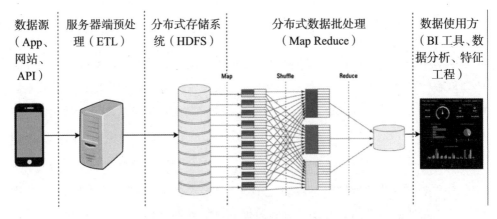

图 6-1　批处理大数据架构示意图

但该架构只能批量处理分布式文件系统中的数据，因此数据处理的延迟较大，严重影响相关应用的实时性，"流计算"的方案应运而生。

6.1.2　流计算大数据架构

流计算大数据架构在数据流产生及传递的过程中流式地消费并处理数据（如图 6-2 所示）。流计算架构中"滑动窗口"的概念非常重要，在每个"窗口"内部，数据被短暂缓存并消费，在完成一个窗口的数据处理后，流计算平台滑动到下一时间窗口进行新一轮的数据处理。因此理论上，流计算平台的延迟仅与滑动窗口的大小有关。在实际应用中，滑动窗口的大小基本以分钟级别居多，这大大提升了原"批处理"架构下动辄几小时的数据延迟。

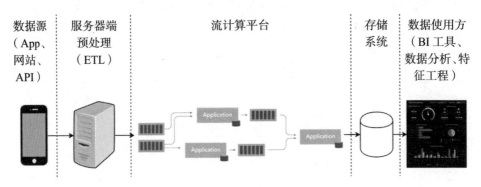

图 6-2　流计算大数据架构示意图

知名开源流计算平台包括 Storm、Spark Streaming、Flink 等，特别是近年来崛起的 Flink，它将所有数据均看作"流"，把批处理当作流计算的一种特殊情况，可以说是"原生"的流处理平台。

在流计算的过程中，流计算平台不仅可以进行单个数据流的处理，还可以对多个不同数据流进行 join 操作，并在同一个时间窗口内做整合处理。除此之外，一个流计算环节的输出还可以成为下游应用的输入，整个流计算架构是灵活可重构的。因此，流计算大数据架构的优点非常明显，就是数据处理的延迟小，数据流的灵活性非常强。这对于数据监控、推荐系统特征实时更新，以及推荐模型实时训练有很大的帮助。

另外，纯流计算的大数据架构摒弃了批处理的过程，这使得平台在数据合法性检查、数据回放、全量数据分析等应用场景下显得捉襟见肘；特别是在时间窗口较短的情况下，日志乱序、join 操作造成的数据遗漏会使数据的误差累计，纯流计算的架构并不是完美的。这就要求新的大数据架构能对流计算和批处理架构做一定程度的融合，取长补短。

6.1.3 Lambda 架构

Lambda 架构是大数据领域内举足轻重的架构，大多数一线互联网公司的数据平台基本都是基于 Lambda 架构或其后续变种架构构建的。

Lambda 架构的数据通道从最开始的数据收集阶段裂变为两条分支：实时流和离线处理。实时流部分保持了流计算架构，保障了数据的实时性，而离线处理部分则以批处理的方式为主，保障了数据的最终一致性，为系统提供了更多数据处理的选择。Lambda 架构示意图如图 6-3 所示。

流计算部分为保障数据实时性更多是以增量计算为主，而批处理部分则对数据进行全量运算，保障其最终的一致性及最终推荐系统特征的丰富性。在将统计数据存入最终的数据库之前，Lambda 架构往往会对实时流数据和离线层数据进行合并，并会利用离线层数据对实时流数据进行校检和纠错，这是 Lambda 架构的重要步骤。

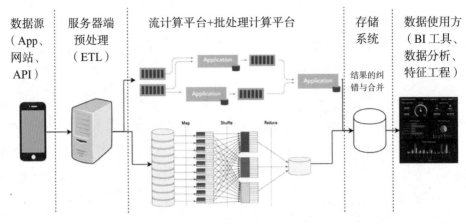

图 6-3　Lambda 架构示意图

　　Lambda 架构通过保留流处理和批处理两条数据处理流程，使系统兼具实时性和全面性，是目前大部分公司采用的主流框架。但由于实时流和离线处理部分存在大量逻辑冗余，需要重复地进行编码工作，浪费了大量计算资源，那么有没有可能对实时流和离线部分做进一步的融合呢？

6.1.4　Kappa 架构

　　Kappa 架构是为了解决 Lambda 架构的代码冗余问题而产生的。Kappa 架构秉持着——"Everything is streaming（一切皆是流）"的原则，在这个原则之下，无论是真正的实时流，还是离线批处理，都被以流计算的形式执行。也就是说，离线批处理仅是"流处理"的一种特殊形式。从某种意义讲，Kappa 架构也可以看作流计算架构的"升级"版本。

　　那么具体来讲，Kappa 架构是如何通过同样的流计算框架实现批处理的呢？事实上，"批处理"处理的也是一个时间窗口的数据，只不过与流处理相比，这个时间窗口比较大，流处理的时间窗口可能是 5 分钟，而批处理可能需要 1 天。除此之外，批处理完全可以共享流处理的计算逻辑。

　　由于批处理的时间窗口过长，不可能在在线环境下通过流处理的方式实现，那么问题的关键就在于如何在离线环境下利用同样的流处理框架进行数据批处理。

　　为了解决这个问题，需要在原有流处理的框架上加上两个新的通路"原始数据存储"和"数据重播"。"原始数据存储"将未经流处理的数据或者日志原封不动地保存到分布式文件系统中,"数据重播"将这些原始数据按时间顺序进行重播,并用同样的流处理框架进行处理,从而完成离线状态下的数据批处理。这就是 Kappa 架构的主要思路(如图 6-4 所示)。

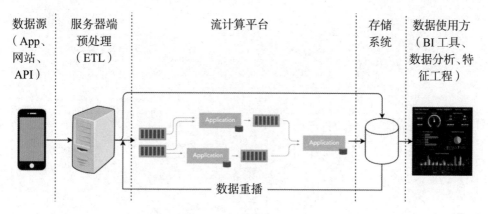

图 6-4　Kappa 架构示意图

Kappa 架构从根本上完成了 Lambda 架构流处理部分和离线部分的融合,是非常优美和简洁的大数据架构。但在工程实现过程中,Kappa 架构仍存在一些难点,例如数据回放过程的效率问题、批处理和流处理操作能否完全共享的问题。因此,当前业界的趋势仍以 Lambda 架构为主流,但逐渐向 Kappa 架构靠拢。

6.1.5　大数据平台与推荐系统的整合

大数据平台与推荐系统的关系是非常紧密的,5.3 节曾详细介绍了推荐系统实时性的重要性,无论是推荐系统特征的实时性还是模型训练的实时性都依赖于大数据平台对数据的处理速度。具体来讲,大数据平台与推荐系统的整合主要体现在两个方面:

(1)训练数据的处理。

(2)特征的预计算。

如图 6-5 所示,无论采用哪种大数据架构,大数据平台在推荐系统中的主要任务都是对特征和训练样本的处理。根据业务场景的不同,完成特征处理之后,样本和特征数据最终流向两个方向:

（1）以 HDFS 为代表的离线海量数据存储平台，主要负责存储离线训练用的训练样本。

（2）以 Redis 为代表的在线实时特征数据库，主要负责为模型的在线服务提供实时特征。

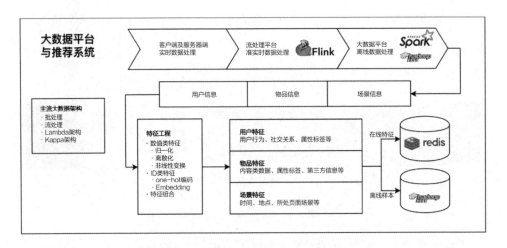

图 6-5　大数据平台与推荐系统的整合

大数据架构的选择与推荐模型的训练方式是密切相关的。如果推荐模型希望进行准实时甚至实时的训练更新，那么对大数据平台数据处理能力的要求会非常高。利用流计算平台实时地对数据进行特征工程的计算，不同数据流的 join 操作是必须要进行的，甚至可以将模型的更新过程整合进流计算平台之中。

加入了机器学习层的架构也被称为新一代的 Unified 大数据架构，其在 Lambda 或 Kappa 架构上的流处理层新增了机器学习层，将机器学习和数据处理融为一体，被看作推荐系统和大数据平台的深度整合。

总而言之，互联网海量数据场景下的推荐系统与大数据平台的关系是密不可分的。业界所有前沿的推荐系统只有与大数据平台进行深度整合，才能完成推荐系统的训练、更新、在线服务的全部过程。

6.2　推荐模型离线训练之 Spark MLlib

笔者经常把推荐系统的推荐过程比喻成做菜的过程。一位大厨能不能做出一桌好菜，关键点有 3 个：

（1）原材料如何，丰富不丰富，新鲜不新鲜。

（2）厨艺好不好，有没有丰富的经验。

（3）现场发挥。能不能物尽其用，充分展现厨艺。

对应地，推荐系统的数据流提供的就是做菜用的"原材料"，数据流提供的数据丰富程度、实时程度，就是原材料的"丰富"和"新鲜"程度；推荐系统离线训练模型的过程就是大厨台下精进厨艺的过程，训练得越充分，试过的原材料种类越多，厨艺就越高；而推荐系统的线上推荐过程就是大厨"展现厨艺"的过程，好的厨艺不仅需要现场的食材跟台下的同样丰富和新鲜，更需要烹饪的过程不拖泥带水，根据食客的口味做出最合适的佳肴。

接下来介绍推荐系统如何在离线环境下训练"厨艺"，以及如何在现场高水平发挥，在线上环境实时给出最合用户"口味"的推荐结果。

在推荐、广告、搜索等互联网场景下，动辄 TB 甚至 PB 级的数据量导致几乎不可能在传统单机环境下完成机器学习模型的训练，分布式机器学习训练成为唯一的选择。在推荐模型的离线训练问题上，笔者将依次介绍分布式机器学习训练的三个主流方案——Spark MLlib、Parameter Server 和 TensorFlow。它们并不是唯三可供选择的平台，但它们分别代表三种主流的解决分布式训练的方法。本节从 Spark MLlib 开始，介绍最流行的大数据计算平台是如何处理机器学习模型的并行训练问题的。

虽然受到诸如 Flink 等后起之秀的挑战，但 Spark 仍是当之无愧的业界最主流的计算平台，而且为了照顾数据处理和模型训练平台的一致性，也有大量公司采用 Spark 原生的机器学习平台 MLlib 进行模型训练。选择 Spark MLlib 作为机器学习分布式训练的第一站，不仅因为 Spark 被广泛使用，更是因为 Spark MLlib 的并行训练方法代表着一种朴素的、直观的解决方案。

6.2.1 Spark 的分布式计算原理

在介绍 Spark MLlib 的分布式机器学习训练方法之前，先回顾 Spark 的分布式计算原理，这是分布式机器学习的基础。

Spark 是一个分布式计算平台。所谓分布式，指的是计算节点之间不共享内存，需要通过网络通信的方式交换数据。要强调的是，Spark 最典型的应用方式是建立在大量廉价计算节点上的，这些节点可以是廉价主机，也可以是虚拟的 Docker Container（Docker 容器）；但这种方式区别于 CPU+GPU 的架构，以及共享内存多处理器的高性能服务器架构。搞清楚这一点，对于理解后续的 Spark 的计算原理是重要的。

从图 6-6 的 Spark 架构图中可以看出，Spark 程序由 Cluster Manager（集群管理节点）进行调度组织，由 Worker Node（工作节点）进行具体的计算任务执行，最终将结果返回 Driver Program（驱动程序）。在物理的 Worker Node 上，数据还可能分为不同的 Partition（数据分片），可以说 partition 是 Spark 的基础处理单元。

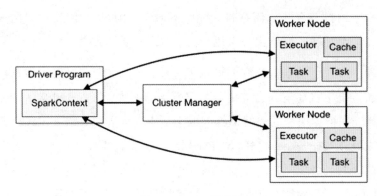

图 6-6　Spark 架构图

在执行具体的程序时，Spark 会将程序拆解成一个任务 DAG（Directed Acyclic Graph，有向无环图），再根据 DAG 决定程序各步骤执行的方法。图 6-7 所示为某示例程序的 DAG，该程序分别从 textFile 和 HadoopFile 读取文件，经过一系列操作后进行 join，最终得到处理结果。

在 Spark 平台上并行处理图 6-7 所示的 DAG 时，最关键的过程是找到哪些是可以并行处理的部分，哪些是必须 shuffle（混洗）和 reduce 的部分。

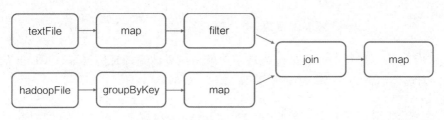

图 6-7　某 Spark 任务的有向无环图

这里的 shuffle 指的是所有 Partition 的数据必须进行洗牌后才能得到下一步的数据，最典型的操作就是 groupByKey 操作和 join 操作。以 join 操作为例，必须对 textFile 数据和 hadoopFile 数据做全量的匹配才能得到 join 操作后的 dataframe（Spark 保存数据的结构）。而 groupByKey 操作需要对数据中所有相同的 key 进行合并，也需要全局的 shuffle 才能完成。

与之相比，map、filter 等操作仅需逐条地进行数据处理和转换，不需要进行数据间的操作，因此各 Partition 之间可以并行处理。

除此之外，在得到最终的计算结果之前，程序需要进行 reduce 操作，从各 Partition 上汇总统计结果。随着 Partition 的数量逐渐减小，reduce 操作的并行程度逐渐降低，直到将最终的计算结果汇总到 master 节点（主节点）上。

可以说，shuffle 和 reduce 操作的发生决定了纯并行处理阶段的边界。如图 6-8 所示，Spark 的 DAG 被分割成了不同的并行处理阶段（stage）。

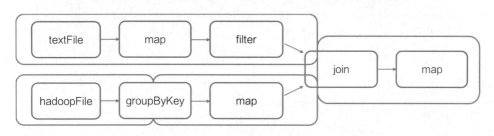

图 6-8　被 shuffle 操作分割的 DAG

需要强调的是，shuffle 操作需要在不同计算节点之间进行数据交换，非常消耗计算、通信及存储资源，因此 shuffle 操作是 spark 程序应该尽量避免的。**一句话总结 Spark 的计算过程：Stage 内部数据高效并行计算，Stage 边界处进行消耗资源的 shuffle 操作或者最终的 reduce 操作。**

6.2.2　Spark MLlib 的模型并行训练原理

有了 Spark 分布式计算过程的基础，就可以更清晰地理解 Spark MLlib 的模型并行训练原理。

在所有主流的机器学习模型中，Random Forest（随机森林）的模型结构特点决定了其可以完全进行数据并行的模型训练，而 GBDT 的结构特点决定了树之间只能进行串行的训练。本节不再赘述其 Spark 的实现方式，而将重点放在梯度下降类方法的实现上，因为梯度下降的并行程度直接决定了以逻辑回归为基础，以 MLP 为代表的深度学习模型的训练速度。

为了更准确地理解 Spark 并行梯度下降法的具体实现，这里深入 Spark MLlib 的源码，直接贴出 Spark 做 mini Batch 梯度下降的源码（代码摘自 Spark 2.4.3 GradientDescent 类的 runMiniBatchSGD 函数）：

```scala
while (!converged && i <= numIterations) {
  val bcWeights = data.context.broadcast(weights)
  // Sample a subset (fraction miniBatchFraction) of the total data
  // compute and sum up the subgradients on this subset (this is one map-reduce)
  val (gradientSum, lossSum, miniBatchSize) = data.sample(false, miniBatchFraction,
42 + i)
    .treeAggregate((BDV.zeros[Double](n), 0.0, 0L))(
    seqOp = (c, v) => {
      // c: (grad, loss, count), v: (label, features)
      val l = gradient.compute(v._2, v._1, bcWeights.value,
Vectors.fromBreeze(c._1))
      (c._1, c._2 + l, c._3 + 1)
    },
    combOp = (c1, c2) => {
      // c: (grad, loss, count)
      (c1._1 += c2._1, c1._2 + c2._2, c1._3 + c2._3)
    })
  bcWeights.destroy(blocking = false)

  if (miniBatchSize > 0) {
    /**
     * lossSum is computed using the weights from the previous iteration
     * and regVal is the regularization value computed in the previous iteration as
well.
     */
    stochasticLossHistory += lossSum / miniBatchSize + regVal
    val update = updater.compute(
```

```
    weights, Vectors.fromBreeze(gradientSum / miniBatchSize.toDouble),
    stepSize, i, regParam)
  weights = update._1
  regVal = update._2

  previousWeights = currentWeights
  currentWeights = Some(weights)
  if (previousWeights != None && currentWeights != None) {
    converged = isConverged(previousWeights.get,
      currentWeights.get, convergenceTol)
  }
} else {
  logWarning(s"Iteration ($i/$numIterations). The size of sampled batch is zero")
}
i += 1
}
```

以上代码乍一看比较复杂，如下代码为简化后只列出关键操作的部分，Spark 梯度下降的主要过程一目了然。

```
while (i <= numIterations) {                    //迭代次数不超过上限
  val bcWeights = data.context.broadcast(weights)   //广播模型所有权重参数
  val (gradientSum, lossSum, miniBatchSize) = data.sample(false,
miniBatchFraction, 42 + i)
    .treeAggregate()              //各节点采样后计算梯度，通过 treeAggregate 汇总梯度
  val weights = updater.compute(weights, gradientSum / miniBatchSize)
                                  //根据梯度更新权重
  i += 1                          //迭代次数+1
}
```

经过精简的代码非常简单，Spark 的 mini batch 过程只做了三件事：

（1）把当前的模型参数广播到各个数据 Partition（可当作虚拟的计算节点）。

（2）各计算节点进行数据抽样得到 mini batch 的数据，分别计算梯度，再通过 treeAggregate 操作汇总梯度，得到最终梯度 gradientSum。

（3）利用 gradientSum 更新模型权重。

这样一来，每次迭代的 Stage 和 Stage 的边界就非常清楚了，Stage 内部的并行部分是各节点分别采样并计算梯度的过程，Stage 的边界是汇总加和各节点梯度的过程。这里再强调一下汇总梯度的操作 treeAggregate，该操作是进行类似树结构的逐层汇总，整个过程是一个 reduce 过程，并不包含 shuffle 操作，再加上

采用分层的树形操作，每层内部的树节点操作并行执行，因此整个过程非常高效。

在迭代次数达到上限或者模型已经充分收敛后，模型停止训练。这就是 Spark MLlib 进行 mini batch 梯度下降的全过程，也是 Spark MLlib 实现分布式机器学习的最典型代表。

总结来说，Spark MLlib 的并行训练过程其实是"数据并行"的过程，并不涉及过于复杂的梯度更新策略，也没有通过"参数并行"的方式实现并行训练。这样的方式简单、直观、易于实现，但也存在一些局限性。

6.2.3 Spark MLlib 并行训练的局限性

虽然 Spark MLlib 基于分布式集群，利用数据并行的方式实现了梯度下降的并行训练，但使用过 Spark MLlib 的读者应该有相关的经验，使用 Spark MLlib 训练复杂神经网络往往力不从心，不仅训练时间长，而且在模型参数过多时，经常存在内存溢出的问题。具体地讲，Spark MLlib 的分布式训练方法有以下弊端：

- **采用全局广播的方式，在每轮迭代前广播全部模型参数**。众所周知，Spark 的广播过程非常消耗带宽资源，特别是当模型的参数规模过大时，广播过程和在每个节点都维护一个权重参数副本的过程都是极消耗资源的，这导致 Spark 在面对复杂模型时的表现不佳。

- **采用阻断式的梯度下降方式，每轮梯度下降由最慢的节点决定**。从 Spark 梯度下降的源码中可知，Spark MLlib 的 mini batch 过程是在所有节点计算完各自的梯度之后，逐层聚合（aggregate），最终汇总生成全局的梯度。也就是说，如果数据倾斜等问题导致某个节点计算梯度的时间过长，那么这一过程将阻断其他所有节点，使其无法执行新的任务。这种同步阻断的分布式梯度计算方式，是 Spark MLlib 并行训练效率较低的主要原因。

- **Spark MLlib 并不支持复杂深度学习网络结构和大量可调超参**。事实上，Spark MLlib 在其标准库里只支持标准的 MLP 的训练，并不支持 RNN、LSTM 等复杂网络结构，而且无法选择不同的激活函数等大量超参。这就导致 Spark MLlib 在支持深度学习方面的能力欠佳。

由此可见，如果想寻求更高效的训练速度和更灵活的网络结构，势必需要寻求其他平台的帮助。在这样的情况下，Parameter Server 凭借其高效的分布式训练手段成为分布式机器学习的主流，而 TensorFlow、PyTorch 等深度学习平台则凭借灵活、可调整的网络结构，完整的训练、上线支持，成为深度学习平台的主要选择。接下来，分别介绍 Parameter Server 和 TensorFlow 的主要原理。

6.3　推荐模型离线训练之 Parameter Server

6.2 节对 Spark MLlib 的并行训练方法做了详细的介绍，Spark 采取简单直接的数据并行的方法解决模型并行训练的问题，但 Spark 的并行梯度下降方法是同步阻断式的，且模型参数需通过全局广播的形式发送到各节点，因此 Spark 的并行梯度下降过程是相对低效的。

为了解决相应的问题，2014 年分布式可扩展的 Parameter Server[4][5]方案被提出，几乎完美地解决了机器学习模型的分布式训练问题。时至今日，Parameter Server 不仅被直接应用在各大公司的机器学习平台上，也被集成在 TensorFlow、MXNet 等主流的深度学习框架中，作为机器学习分布式训练重要的解决方案。

6.3.1　Parameter Server 的分布式训练原理

先以通用的机器学习问题为例，解释 Parameter Server 分布式训练的原理。

$$F(w) = \sum_{i=1}^{n} \ell(x_i, y_i, w) + \Omega(w) \qquad （式 6-1）$$

（式 6-1）是一个通用的带正则化项的损失函数，其中 n 是样本总数，$l(x,y,w)$ 是计算单个样本的损失函数，x 是特征向量，y 是样本标签，w 是模型参数。模型的训练目标就是使损失函数 $F(w)$ 最小。为了求解 $\arg(\min F(w))$，往往使用梯度下降法。Parameter Server 的主要作用就是并行进行梯度下降的计算，完成模型参数的更新直至最终收敛。需要注意的是，公式中正则化项的存在需要汇总所有模型参数才能正确计算，较难进行模型参数的完全并行训练，因此 Parameter Server 采取了和 Spark MLlib 一样的数据并行训练产生局部梯度，再汇总梯度更新参数权重的并行化训练方案。

具体地讲，代码 6-1 以伪码的方式列出了 Parameter Server 并行梯度下降的主要步骤。

代码 6-1　Parameter Server 并行梯度下降过程

```
Task Scheduler:                                    //总体并行训练流程
    issue LoadData() to all workers                //分发数据到每一个 worker 节点
    for iteration t = 0,…,T do                     //每一个 worker 节点并行执行
                                                    //WORKERITERATE 方法，共 T 轮

        Issue WORKERITERATE(t) to all workers
    end for


Worker r = 1,…,m:
    function LOADDATA()                             //worker 初始化过程
        load a part of training data {y_{i_k}, x_{i_k}}_{..}^{n_r}   //每个 worker 载入部分训练数据
        pull the working set w_r^{(0)} from servers //每个 worker 从 server 端拉取相关
                                                    //初始模型参数

    end function
    function WORKERITERATE(t)                       //worker 节点的迭代计算过程
        gradient g_r^{(t)} ← ∑_{k=1}^{n_r} ∂l(x_{i_k}, y_{i_k}, w_r^{(t)})   //仅利用本节点数据计算梯度
        push g_r^{(t)} to servers                   //将计算好的梯度 push 到 server 端
        pull w_r^{(t+1)} from servers               //从 server 端拉取新一轮模型参数
    end function


Servers:
    function SERVERITERATE(t)                       //server 节点迭代计算过程
        aggregate g^{(t)} ← ∑_{r=1}^{m} g_r^{(t)}   //在收到 m 个 worker 节点计算的梯度后，
                                                    //汇总形成总梯度

        w^{(t+1)} ← w^{(t)} - η(g^{(t)} + ∂Ω(w^{(t)}))   //利用汇总梯度，融合正则化项梯度，
                                                    //计算出新梯度

    end function
```

可以看出，Parameter Server 由 server 节点和 worker 节点组成，其主要功能如下：

- server 节点的主要功能是保存模型参数、接受 worker 节点计算出的局部梯度、汇总计算全局梯度，并更新模型参数。
- worker 节点的主要功能是保存部分训练数据，从 server 节点拉取最新的模型参数，根据训练数据计算局部梯度，上传给 server 节点。

在物理架构上，Parameter Server 和 Spark 的 manager-worker 架构基本一致，

如图 6-9 所示。

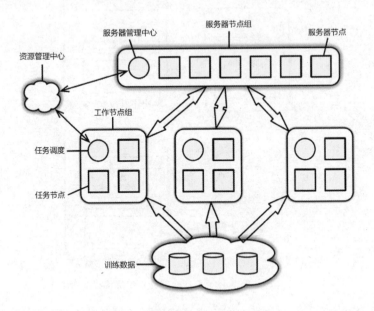

图 6-9 Parameter Server 的物理架构

可以看到，Parameter Server 分为两大部分：服务器节点组（server group）和多个工作节点组（worker group）。资源管理中心（resource manager）负责总体的资源分配调度。

服务器节点组内部包含多个服务器节点（server node），每个服务器节点负责维护一部分参数，服务器管理中心（server manager）负责维护和分配 server 资源。

每个工作节点组对应一个 Application（即一个模型训练任务），工作节点组之间，以及工作节点组内部的任务节点之间并不通信，任务节点只与 server 通信。

结合 Parameter Server 的物理架构，Parameter Server 的并行训练流程示意图如图 6-10 所示。

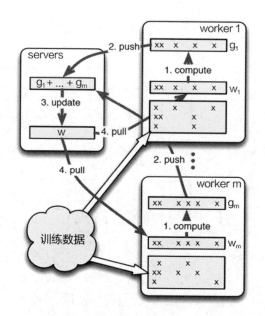

图 6-10　Parameter Server 的并行训练流程示意图

Parameter Server 的并行梯度下降流程中最关键的两个操作是 push 和 pull。

- push 操作：worker 节点利用本节点上的训练数据，计算好局部梯度，上传给 server 节点。

- pull 操作：为了进行下一轮的梯度计算，worker 节点从 server 节点拉取最新的模型参数到本地。

在图 6-10 的基础上，概括整个 Parameter Server 的分布式训练流程如下：

（1）每个 worker 载入一部分训练数据。

（2）worker 节点从 server 节点拉取（pull）最新的相关模型参数。

（3）worker 节点利用本节点数据计算梯度。

（4）worker 节点将梯度推送到 server 节点。

（5）server 节点汇总梯度更新模型。

（6）跳转到第 2 步，直到迭代次数达到上限或模型收敛。

6.3.2 一致性与并行效率之间的取舍

在总结 Spark 的并行梯度下降原理时，笔者曾提到 Spark 并行梯度下降效率较低的原因是"同步阻断式"的并行梯度下降过程。

这种并行梯度下降过程需要所有节点的梯度都计算完成，由 master 节点汇总梯度，计算好新的模型参数后才能开始下一轮的梯度计算。这就意味着最"慢"的节点会阻断其他所有节点的梯度更新过程。

另外，"同步阻断式"的并行梯度下降是"一致性"最强的梯度下降方法，因为其计算结果与串行梯度下降的计算结果严格一致。

那么，有没有在兼顾一致性的前提下，提高梯度下降并行效率的方法呢？

Parameter Server 用"**异步非阻断式**"的梯度下降替代原来的"同步阻断式"方法。图 6-11 所示为一个 worker 节点多次迭代计算梯度的过程。可以看到节点在做第 11 次迭代（iter 11）计算时，第 10 次迭代后的 push&pull 过程并没有结束，也就是说，最新的模型权重参数还没有被拉取到本地，该节点仍在使用 iter 10 的权重参数计算 iter 11 的梯度。这就是所谓的异步非阻断式梯度下降法，其他节点计算梯度的进度不会影响本节点的梯度计算。所有节点始终都在并行工作，不会被其他节点阻断。

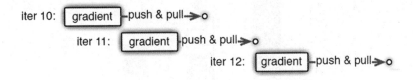

图 6-11　一个 worker 节点多次迭代计算梯度的过程

当然，任何技术方案都有"取"也有"舍"，异步梯度更新的方式虽然大幅加快了训练速度，但带来的是模型一致性的损失。也就是说，并行训练的结果与原来的单点串行训练的结果是不一致的，这样的不一致会对模型收敛的速度造成一定影响。所以最终选取同步更新还是异步更新取决于不同模型对一致性的敏感程度。这类似于一个模型超参数选取的问题，需要针对具体问题进行具体的验证。

除此之外，在同步和异步之间，还可以通过设置"最大延迟"等参数限制异步计算的程度。例如，可以限定在三轮迭代之内，模型参数必须更新一次。如果某 worker 节点计算了三轮梯度，还未完成一次从 server 节点拉取最新模型参数的过程，那么该 worker 节点就必须停下等待 pull 操作的完成。这是同步和异步之间的折中方法。

本节介绍了并行梯度下降方法中"同步"更新和"异步"更新之间的区别。在效果上，读者肯定关心下面两个指标：

（1）"异步"更新到底能够节省多少阻断时间（waiting time）。

（2）"异步"更新会降低梯度更新的一致性，这是否会让模型的收敛时间变长。

针对上面两点疑问，Parameter Server 论文的原文中提供了异步和同步更新的效率对比（基于 Sparse logistic regression（稀疏逻辑回归）模型训练），其中图 6-12 对比了梯度同步更新策略和 Parameter Server 采取的异步更新策略的计算（computing）时间和阻断（waiting）时间；图 6-13 对比了不同策略的收敛速度。

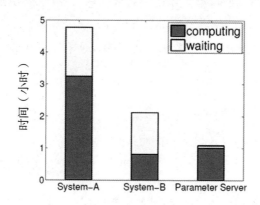

图 6-12　不同策略的计算时间和阻断时间对比

图 6-12 中，System-A 和 System-B 都是同步更新梯度的系统，Parameter Server 是异步更新的策略，可以看出 Parameter Server 的计算时间占比远高于同步更新策略，这证明 Parameter Server 的计算效率有明显提高。

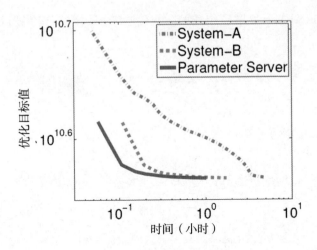

图 6-13　不同策略的收敛速度

从图 6-13 中可以看出，异步更新的 Parameter Server 的收敛速度比同步更新的 System-A 和 System-B 快，这证明异步更新带来的不一致性问题的影响没有想象中那么大。

6.3.3　多 server 节点的协同和效率问题

导致 Spark MLlib 并行训练效率低下的另一个原因是每次迭代都需要 master 节点将模型权重参数的广播发送到各 worker 节点。这导致两个问题：

（1）master 节点作为一个瓶颈节点，受带宽条件的制约，发送全部模型参数的效率不高。

（2）同步地广播发送所有权重参数，使系统的整体网络负载非常大。

那么，Parameter Server 如何解决单点 master 效率低下的问题呢？从图 6-9 所示的架构图中可知，Parameter Server 采用了服务器节点组内多 server 的架构，每个 server 主要负责部分模型参数。模型参数使用 key-value 的形式，因此每个 server 负责一个参数键范围（key range）内的参数更新就可以了。

那么另一个问题来了，每个 server 是如何决定自己负责哪部分参数范围呢？如果有新的 server 节点加入，那么如何在保证已有参数范围不发生大的变化的情况下加入新的节点呢？这两个问题的答案涉及一致性哈希（consistent hashing）

的原理。Parameter Server 节点组成的一致性哈希环如图 6-14 所示。

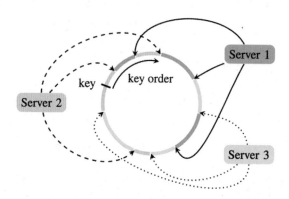

图 6-14　Parameter Server 节点组成的一致性哈希环

在 Parameter Server 的服务器节点组中，应用一致性哈希管理参数的过程大致有如下几步：

（1）将模型参数的 key 映射到一个环形的哈希空间，比如有一个哈希函数可以将任意 key 映射到 $0 \sim (2^{32})-1$ 的哈希空间内，只要让 $(2^{32})-1$ 这个桶的下一个桶是 0 这个桶，这个空间就变成了一个环形哈希空间。

（2）根据 server 节点的数量 n，将环形哈希空间等分成 nm 个范围，让每个 server 间隔地分配 m 个哈希范围。这样做的目的是保证一定的负载均衡性，避免哈希值过于集中带来的 server 负载不均。

（3）在新加入一个 server 节点时，让新加入的 server 节点找到哈希环上的插入点，让新的 server 负责插入点到下一个插入点之间的哈希范围，这样做相当于把原来的某段哈希范围分成两份，新的节点负责后半段，原来的节点负责前半段。这样不会影响其他哈希范围的哈希分配，自然不存在大量的重哈希带来的数据大混洗的问题。

（4）删除一个 server 节点时，移除该节点相关的插入点，让临近节点负责该节点的哈希范围。

在 Parameter Server 的服务器节点组中应用一致性哈希原理，可以非常有效地降低原来单 master 节点带来的瓶颈问题。在应用一致性哈希原理后，当某 worker 节点希望拉取新的模型参数时，该节点将发送不同的"范围拉取请求"

（range pull）到不同的 server 节点，之后各 server 节点可以并行地发送自己负责的权重参数到该 worker 节点。

此外，由于在处理梯度的过程中 server 节点之间也可以高效协同，某 worker 节点在计算好自己的梯度后，只需要利用范围推送（range push）操作把梯度发送给一部分相关的 server 节点。当然，这一过程也与模型结构相关，需要跟模型本身的实现结合。总的来说，Parameter Server 基于一致性哈希提供了参数范围拉取和参数范围推送的能力，让模型并行训练的实现更加灵活。

6.3.4 Parameter Server 技术要点总结

Parameter Server 实现分布式机器学习模型训练的要点如下：

- 用异步非阻断式的分布式梯度下降策略替代同步阻断式的梯度下降策略。
- 实现多 server 节点的架构，避免单 master 节点带来的带宽瓶颈和内存瓶颈。
- 使用一致性哈希、参数范围拉取、参数范围推送等工程手段实现信息的最小传递，避免广播操作带来的全局性网络阻塞和带宽浪费。

Parameter Server 仅仅是一个管理并行训练梯度的权重平台，并不涉及具体的模型实现，因此 Parameter Server 往往作为 MXNet、TensorFlow 的一个组件，要想具体实现一个机器学习模型，还需要依赖通用的、综合性的机器学习平台。6.4 节将介绍以 TensorFlow 为代表的机器学习平台的工作原理。

6.4 推荐模型离线训练之 TensorFlow

深度学习的应用在各领域日益深入，各大深度学习平台的发展也突飞猛进。谷歌的 TensorFlow[6][7]、亚马逊的 MXNet、Facebook 的 PyTorch，微软的 CNTK 等均是各大科技巨头推出的深度学习框架。与 Parameter Server 主要聚焦在模型并行训练这一点上不同，各大深度学习框架囊括了模型构建、并行训练、上线服务等几乎所有与深度学习模型相关的步骤。本节以 TensorFlow 为主要对象，介绍深度学习框架的模型训练原理，特别是并行训练的技术细节。

6.4.1 TensorFlow 的基本原理

TensorFlow 的中文名为"张量流动",这也非常准确地表达了 TensorFlow 的基本原理——根据深度学习模型架构构建一个有向图,让数据以张量的形式在其中流动起来。

张量(tensor)其实是矩阵的高维扩展,矩阵可以看作张量在二维空间上的特例。在深度学习模型中,大部分数据是以矩阵甚至更高维的张量表达的,因此谷歌为其深度学习平台取名为张量流动(tensor flow)再合适不过。

为了让张量流动起来,对于每一个深度学习模型,需要根据其结构建立一个由点和边组成的有向图,其中每个点代表着某种操作,比如池化(pooling)操作、激活函数等。每个点可以接收 0 个或多个输入张量,并产生 0 个或多个输出张量。这些张量就沿着点之间的有向边的方向流动,直到最终的输出层。

图 6-15 所示为一个简单的 TensorFlow 有向图。可以看出向量 b、矩阵 W、向量 x 是模型的输入,紫色的节点 MatMul、Add、ReLU 是操作节点,分别代表了矩阵乘、向量加、ReLU 激活函数等操作。模型的输入张量 W、b、x 经过操作节点的处理变形之后,在点之间流动。

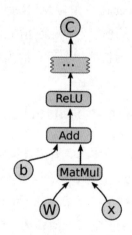

图 6-15 一个简单的 TensorFlow 有向图

事实上,任何复杂模型都可以转化为操作有向图的形式。这样做不仅有利于操作的模块化,以及定义和实现模型结构的灵活性,而且可以厘清各操作间的依赖关系，有利于判定哪些操作可以并行执行，哪些操作只能串行执行，为并行平台能够最大程度地提升训练速度打下基础。

6.4.2　TensorFlow 基于任务关系图的并行训练过程

构建了由各"操作"构成的任务关系图，TensorFlow 就可以基于任务关系图进行灵活的任务调度，以最大限度地利用多 GPU 或者分布式计算节点的并行计算资源。利用任务关系图进行调度的总原则是，**存在依赖关系的任务节点或者子图（subgraph）之间需要串行执行，不存在依赖关系的任务节点或者子图之间可以并行执行**。具体地讲，TensorFlow 使用了一个任务队列来解决依赖关系调度问题。笔者以 TensorFlow 的一个官方任务关系图为例（如图 6-16 所示）进行具体原理的说明。

如图 6-16 所示，图中将最原始的操作节点关系图进一步处理成了由操作节点（Operation node）和任务子图组成的关系图。其中，子图是由一组串行的操作节点组成的。由于是纯串行的关系，所以在并行任务调度中可被视作一个不可再分割的任务节点。

在具体的并行任务调度过程中，TensorFlow 维护了一个任务队列。当一个任务的前序任务全部执行完时，就可以将当前任务推送到任务队列尾。有空闲计算节点时，该计算节点就从任务队列中拉取出一个队首的任务进行执行。

仍以图 6-16 为例，在 Input 节点之后，Operation 1 和 Operation 3 会被同时推送到任务队列中，这时如果有两个空闲的 GPU 计算节点，Operation 1 和 Operation 3 会被拉取出，并进行并行执行。在 Operation 1 执行结束后，Subgraph 1 和 Subgraph 2 会被先后推送到任务队列中串行执行。在 Subgraph 2 执行完毕后，Operation 2 的前序依赖被移除，Operation 2 被推送到任务队列中，Operation 4 的前序依赖是 Subgraph 2 和 Operation 3，只有当这两个前序依赖全部执行完才会被推送到任务队列中。当所有计算节点上的任务都被执行完毕并且任务队列中已经没有待处理的任务时，整个训练过程结束。

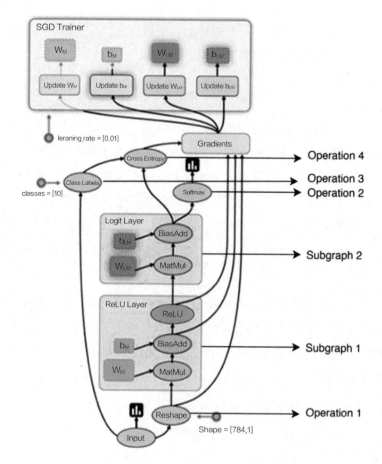

图 6-16　TensorFlow 官方给出的任务关系图示例

可以看出，TensorFlow 的任务关系图与 Spark 的 DAG 任务关系图在原理上有相通之处，不同之处在于 Spark DAG 的作用是厘清任务的先后关系，任务的粒度还停留在 join、reduce 等粗粒度操作级别，Spark 的并行机制更多是任务内部的并行执行；而 TensorFlow 的任务关系图则把任务拆解到非常细粒度的操作级别，通过并行执行互不依赖的子任务加速训练过程。

6.4.3　TensorFlow 的单机训练与分布式训练模式

TensorFlow 的计算平台也分为两种不同的模式，一种是单机训练，另一种是多机分布式训练。对单机训练来说，虽然执行过程中也包括 CPU、GPU 的并行计算过程，但总体上处于共享内存的环境，不用过多考虑通信问题；而多机分布式训练指的是多台不共享内存的独立计算节点组成的集群环境下的训练方法。计算节点间需要依靠网络通信，因此可以认为这是与 6.3 节介绍的 Parameter Server 相似的计算环境。

如图 6-17 所示，TensorFlow 的单机训练是在一个 worker 节点上进行的，单 worker 节点内部按照任务关系图的方式在不同 GPU+CPU 节点间进行并行计算；对分布式环境来说，平台存在多 worker 节点，如果采用 TensorFlow 的 Parameter Server 策略（tf.distribute.experimental.ParameterServerStrategy），则各 worker 节点会以数据并行的方式进行训练。也就是说，各 worker 节点以同样的任务关系图的方式进行训练，但训练数据不同，产生的梯度以 Parameter Server 的方式汇总更新。

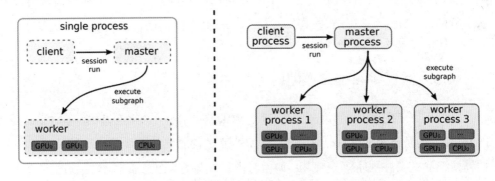

图 6-17　TensorFlow 的单机和分布式训练环境

这里介绍每个 worker 节点内部 CPU 和 GPU 的具体任务分工。GPU 拥有多核优势，因此在处理矩阵加、向量乘等张量运算时，相比 CPU 拥有巨大优势。在处理一个任务节点或任务子图时，CPU 主要负责数据和任务的调度，而 GPU 则负责计算密集度高的张量运算。

举例来说，在处理两个向量的元素乘操作时，CPU 会居中调度，把两个向量对应范围的元素发送给 GPU 处理，再收集处理结果，最终生成处理好的结果向量。从这个角度讲，CPU+GPU 的组合也像是一个 "简化版" 的 Parameter Server。

6.4.4　TensorFlow 技术要点总结

本节从训练原理的角度讲解了以 TensorFlow 为代表的深度学习平台的运行

过程。希望读者能够掌握 TensorFlow 的基本运行模式和任务拆解过程，以及并行化训练的原理，其技术要点如下：

（1）TensorFlow 直译为"张量流动"，主要原理是将模型训练过程转换成任务关系图，让数据以张量的形式在任务关系图中流动，完成整个训练。

（2）TensorFlow 基于任务关系图进行任务调度和并行计算。

（3）对于分布式 TensorFlow 来说，其并行训练分为两层，一层是基于 Parameter Server 架构的数据并行训练过程；另一层是每个 worker 节点内部，CPU+GPU 任务级别的并行计算过程。

学习 TensorFlow 及其调优会涉及大量基础知识，TensorFlow 所支持的模型、操作和训练方法也非常丰富，本书不再进行更为深入的介绍，有兴趣的读者可以从本章的原理出发，以谷歌的官方文档和教程为指导，进行更为系统的学习。

6.5 深度学习推荐模型的上线部署

前几节介绍了深度学习推荐模型的离线训练平台，无论是 TensorFlow、PyTorch，还是传统的 Spark MLlib，都提供了比较成熟的离线并行训练环境。但推荐模型终究要在线上环境使用，如何将离线训练好的模型部署在线上的生产环境，进行线上实时推断，一直是业界的一个难点。本节将介绍在完成模型的离线训练后，部署推荐模型的主流方法。

6.5.1 预存推荐结果或 Embedding 结果

对于推荐系统线上服务来说，最简单直接的方法就是在离线环境下生成每个用户的推荐结果，然后将结果预存到 Redis 等线上数据库中。在线上环境直接取出预存数据推荐给用户即可。该方法的优缺点都非常明显，其优点如下。

（1）无须实现模型线上推断的过程，线下训练平台与线上服务平台完全解耦，可以灵活地选择任意离线机器学习工具进行模型训练。

（2）线上服务过程没有复杂计算，推荐系统的线上延迟极低。

该方法的缺点如下。

（1）由于需要存储用户×物品×应用场景的组合推荐结果，在用户数量、物品数量等规模过大后，容易发生组合爆炸的情况，线上数据库根本无力支撑如此大规模结果的存储。

（2）无法引入线上场景类特征，推荐系统的灵活性和效果受限。

由于以上优缺点的存在，直接存储推荐结果的方式往往只适用于用户规模较小，或者一些冷启动、热门榜单等特殊的应用场景中。

直接预计算并存储用户和物品的 Embedding 是另一种线上"以存代算"的方式。相比直接存储推荐结果，存储 Embedding 的方式大大减少了存储量，线上也仅需做内积或余弦相似度运算就可以得到最终推荐结果，是业界经常采用的模型上线手段。

这种方式同样无法支持线上场景特征的引入，并且无法进行复杂模型结构的线上推断，表达能力受限，因此对于复杂模型，还需要从模型实时线上推断的角度入手。

6.5.2　自研模型线上服务平台

无论是在数年前深度学习刚兴起的时代，还是 TensorFlow、PyTorch 已经大行其道的今天，自研机器学习训练与线上服务的平台仍然是很多大、中型公司的重要选项。

为什么放着灵活且成熟的 TensorFlow 不用，而要从头进行模型和平台自研呢？

一个重要的原因是：TensorFlow 等通用平台为了灵活性和通用性的要求，需要支持大量冗余的功能，导致平台过重，难以修改和定制。而自研平台的好处是可以根据公司业务和需求进行定制化的实现，并兼顾模型服务的效率。

笔者曾参与过 FTRL 和神经网络模型的实现和线上服务平台的开发。由于不依赖于任何第三方工具，线上服务过程可以根据生产环境进行实现，比如采用Java 服务器作为线上服务器，那么上线 FTRL 的过程就是从参数服务器或内存数据库中得到模型参数，然后用 Java 在服务器中实现模型推断的逻辑。

另一个原因是当模型的需求比较特殊时，大部分深度学习框架无法支持。例如，某些推荐系统召回模型、"探索与利用"模型、与推荐系统具体业务结合得非常紧密的冷启动等算法，它们的线上服务方法一般也需要自研。

自研平台的弊端显而易见。由于实现模型的时间成本较高，自研一到两种模型是可行的，做到数十种模型的实现、比较和调优则很难。而在新模型层出不穷的今天，自研模型的迭代周期过长。因此，自研平台和模型往往只在大公司采用，或者在已经确定模型结构的前提下，手动实现模型推断过程的时候采用。

6.5.3 预训练 Embedding+轻量级线上模型

完全采用自研模型存在工作量大和灵活性差的问题，在各类复杂模型演化迅速的今天，自研模型的弊端更加明显，那么有没有能够结合通用平台的灵活性、功能的多样性，以及自研模型线上推断高效性的方法呢？答案是肯定的。

业界的很多公司采用了"复杂网络离线训练、生成 Embedding 存入内存数据库、线上实现逻辑回归或浅层神经网络等轻量级模型拟合优化目标"的上线方式。4.3 节曾介绍过的"双塔"模型是非常典型的例子（如图 4-5 所示）。

双塔模型分别用复杂网络对"用户特征"和"物品特征"进行了 Embedding 化，在最后的交叉层之前，用户特征和物品特征之间没有任何交互，这就形成了两个独立的"塔"，因此称为双塔模型。

在完成双塔模型的训练后，可以把最终的用户 Embedding 和物品 Embedding 存入内存数据库。而在进行线上推断时，也不用复现复杂网络，只需要实现最后输出层的逻辑即可。这里的输出层大部分情况下就是逻辑回归或 softmax，也可以使用复杂一点的浅层神经网络。但无论选择哪种神经网络，线上实现的难度并不大。在从内存数据库中取出用户 Embedding 和物品 Embedding 之后，通过输出层的线上计算即可得到最终的预估结果。

在这样的架构下，还可以在输出层之前把用户 Embedding 和物品 Embedding，以及一些场景特征连接起来，使模型能够引入线上场景特征，丰富模型的特征来源。

在 Graph Embedding 技术已经非常强大的今天，Embedding 离线训练的方法已经可以融入大量用户和物品信息，输出层并不用设计得过于复杂，因此采用 Embedding 预训练+轻量级线上模型的方法进行模型服务，不失为一种灵活简单且不过多影响模型效果的方法。

6.5.4 利用 PMML 转换并部署模型

Embedding+轻量级模型的方法是实用且高效的，但无论如何还是割裂了模型。无法实现 End2End 训练+End2End 部署这种最完美的方式。有没有在离线训练完模型之后，直接部署模型的方式呢？本节介绍一种脱离平台的通用的模型部署方式——PMML。

PMML 的全称是"预测模型标记语言"（Predictive Model Markup Language，PMML），是一种通用的以 XML 的形式表示不同模型结构参数的标记语言。在模型上线的过程中，PMML 经常作为中间媒介连接离线训练平台和线上预测平台。

这里以 Spark MLlib 模型的训练和上线过程为例解释 PMML 在整个机器学习模型训练及上线流程中扮演的角色（如图 6-18 所示）。

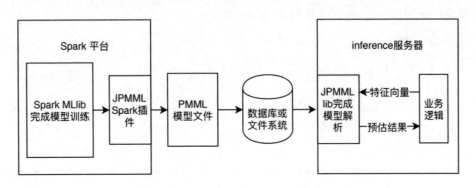

图 6-18　Spark MLlib 模型利用 PMML 的上线过程

图 6-18 中的例子使用 JPMML 作为序列化和解析 PMML 文件的 library（库）。JPMML 项目分为 Spark 和 Java Server 两部分。Spark 部分的 library 完成 Spark MLlib 模型的序列化，生成 PMML 文件并保存到线上服务器能够触达的数据库或文件系统中；Java Server 部分则完成 PMML 模型的解析，并生成预估模型，完成与业务逻辑的整合。

JPMML 在 Java Server 部分只进行推断，不考虑模型训练、分布式部署等一系列问题，因此 library 比较轻，能够高效地完成推断过程。与 JPMML 相似的开源项目还有 Mleap，同样采用了 PMML 作为模型转换和上线的媒介。

事实上，JPMML 和 MLeap 也具备 Scikit-learn、TensorFlow 中简单模型的转换和上线能力。但针对 TensorFlow 中的复杂模型，PMML 语言的表达能力是不够的，因此上线 TensorFlow 模型就需要 TensorFlow 的原生支持——TensorFlow Serving。

6.5.5　TensorFlow Serving

TensorFlow Serving 是 TensorFlow 推出的原生的模型服务器。本质上讲，TensorFlow Serving 的工作流程和 PMML 类工具的流程是一致的。不同之处在于，TensorFlow 定义了自己的模型序列化标准。利用 TensorFlow 自带的模型序列化函数可将训练好的模型参数和结构保存至某文件路径。

TensorFlow Serving 最普遍也是最便捷的服务方式是使用 Docker 建立模型服务 API。在准备好 Docker 环境后，仅需要通过拉取镜像的方式（pull image）即可完成 TensorFlow Serving 环境的安装和准备：

```
docker pull tensorflow/serving
```

在启动该 docker container 后，也仅需一行命令即可启动模型服务 API：

```
tensorflow_model_server --port=8500 --rest_api_port=8501 \
--model_name=${MODEL_NAME} --model_base_path=${MODEL_BASE_PATH}/${MODEL_NAME}
```

这里仅需注意之前保存模型的路径。

当然，要搭建一套完整的 TensorFlow Serving 服务并不是一件容易的事情，因为其中涉及模型更新、整个 docker container 集群的维护和按需扩展等一系列工程问题。TensorFlow Serving 的性能问题仍被业界诟病，但它的易用性和对复杂模型的支持，使其成为上线 TensorFlow 模型的第一选择。

6.5.6　灵活选择模型服务方法

深度学习推荐模型的线上服务问题是非常复杂的工程问题，因为其与公司的线上服务器环境、硬件环境、离线训练环境、数据库/存储系统等有非常紧密的联系。正因为这样，各家采取的方式也各不相同。在这个问题上，即使本节已经列出了 5 种主要的上线方法，也无法囊括业界的所有推荐模型上线方式，甚至在一个公司内部，针对不同的业务场景，模型的上线方式也不尽相同。

因此，作为一名算法工程师，除了应对主流的模型服务方式有所了解，还应对公司客观的工程环境进行综合权衡，给出最适合的解决方案。

6.6　工程与理论之间的权衡

工程和理论往往是解决技术问题过程中矛盾又统一的两面。理论依赖工程的实现，脱离了工程的理论是无法发挥实际作用的空中楼阁；而工程又制约着理论的发展，被装在工程框架下的理论往往需要进行一些权衡和取舍才能落地。本节希望与读者讨论的是在推荐系统领域，如何在工程与理论之间进行权衡。

6.6.1　工程师职责的本质

工程和理论的权衡是工程师不得不考虑的问题，对这个问题的思考决定了一名工程师应具备的是"工程思维"，而不是学者具备的"研究思维"。推荐系统是一个工程性极强，以技术落地为首要目标的领域，"工程思维"的重要性不言而喻。接下来，笔者会站在工程师的角度阐述如何在工程和理论之间进行权衡。

无论你是算法工程师，还是研发工程师，甚至是设计电动汽车、神舟飞船、长征火箭的工程师，职责都是相同的，那就是：**在现有实际条件的制约下，以工程完成和技术落地为目标，寻找并实现最优的解决方案。**

回到推荐系统中来，这里的"现有实际条件的制约"可以是来自研发周期的制约、软硬件环境的制约、实际业务逻辑和应用场景的制约，也可以是来自产品经理的优化目标的制约，等等。正因这些制约的存在，一名工程师不可能像学术界的研究人员一样任意尝试新的技术，做更多探索性的创新。

也正是因为工程师永远以"技术落地"为目标，而不是炫耀自己的新模型、新技术是否走在业界前沿，所以在前沿理论和工程现实之间做权衡是一名工程师应该具有的基本素质。下面笔者用三个实际的案例帮助读者体会如何在实际工程中进行技术上的权衡。

6.6.2 Redis 容量和模型上线方式之间的权衡

对线上推荐系统来说，为了进行在线服务，需要获取的数据包括两部分——模型参数和线上特征。为了保证这两部分数据的实时性，很多公司采用内存数据库的方式实现，Redis 自然是最主流的选择。但 Redis 需要占用大量内存资源，而内存资源相比存储资源和计算资源又是比较稀缺和昂贵的资源，因此无论是用 AWS（Amazon Web Services，亚马逊网络服务平台）、阿里云，还是自建数据中心，使用 Redis 的成本都比较高，Redis 的容量就成了制约推荐模型上线方式的关键因素。

在这个制约因素的限制下，工程师要从两个方面考虑问题。

（1）模型的参数规模要尽量小，特别是对深度学习推荐系统而言，模型的参数量极较传统模型有了几个量级的提升，更应该着重考虑模型的参数规模。

（2）线上预估所需的特征数量不能无限制地增加，要根据重要性做一定程度的取舍。

在这样的制约因素下上线推荐系统，必然需要舍弃一些次要的要素，关注主要矛盾。一名成熟的工程师的思路应该是这样的：

（1）对于千万甚至更高量级的特征维度，理论上参数的数量级也在千万量级，线上服务是很难支持这种级别的数据量的，这就要求工程上关注模型的稀疏性，关注主要特征，舍弃大量次要特征，舍弃一定的模型预测准确度，提升线上预估的速度，减小工程资源消耗。

（2）增强模型的稀疏性的关键技术点有哪些？加入 L1 正则化项，采用 FTRL 等稀疏性强的训练方法。

（3）实现目标的技术途径有多种，在无法确定哪种技术效果更佳的情况下，实现所有备选方案，通过离线和在线的指标进行比较观察。

（4）根据数据确定最终的技术途径，完善工程实现。

以上是模型侧的"瘦身"方法，针对在线特征的"瘦身"计划当然可以采用同样的思路。首先采用"主成分分析"等方法进行特征筛选，在不显著降低模型效果的前提下减少所用的特征。针对不好取舍的特征，进行离线评估和线上 A/B 测试，最终达到工程上可以接受的水平。

6.6.3　研发周期限制和技术选型的权衡

在实际的工程环境中，研发周期的制约同样是不可忽视的因素。这就涉及工程师对项目整体的把控能力和对研发周期的预估能力。在产品迭代日益迅速的互联网领域，没人愿意成为拖累其他团队的最慢一环。

笔者曾经经历过多次产品和技术平台的大规模升级。在技术平台升级的过程中，要充分权衡产品新需求和技术平台整体升级的进度。例如，公司希望把机器学习平台从 Spark 整体迁移到 TensorFlow，这是顺应深度学习浪潮的技术决策，但由于 Spark 平台自身的特性，编程语言、模型训练方式和 TensorFlow 有较大差别，整个迁移必然要经历一个较长的研发周期。在迁移的过程中，如果有新的产品需求，就需要工程师做出权衡，在进行技术升级的过程中兼顾日常的开发进度。

这里可能的技术途径有两个：

（1）集中团队的力量完成 Spark 到 TensorFlow 的迁移，在新平台上进行新模型和新功能的研发。

（2）团队一部分成员利用成熟稳定的 Spark 平台快速满足产品需求，为 TensorFlow 的迁移、调试、试运行留足充分的时间。与此同时，另一部分成员则全力完成 TensorFlow 的相关工作，力保在大规模迁移之前新平台的成熟度。

单纯从技术角度考虑，既然已经决定升级到 TensorFlow 平台，理论上没必要再花时间利用 Spark 平台研发新模型。这里需要搞清楚的问题有两个。

（1）再成熟的平台也需要整个团队磨合调试较长时间，绝不可能刚迁移至 TensorFlow 就让它支持重要的业务逻辑。

（2）技术平台的升级换代应作为技术团队的内部项目，最好对其他团队透明，不应成为减缓对业务支持的直接理由。

因此，从工程进度和风险角度考虑，第 2 个技术途径应成为更符合工程实际和公司实际的选择。

6.6.4 硬件平台环境和模型结构间的权衡

几乎所有算法工程师都有过类似的抱怨——"公司的平台资源太少，训练一个模型要花将近一天的时间"。当然，"大厂"的资源相对充足，"小厂"囿于研发成本的限制更容易受到硬件平台环境的制约。但无论什么规模的公司，硬件资源总归是有限的，因此要学会在有限的硬件资源条件下优化模型相关的一切工程实现。

这里的"优化"实际上包括两个方面：

一方面是程序本身的优化。笔者在带实习生时，经常遇到一些实习生抱怨 Spark 跑得太慢，究其原因，是因为他们对 Spark 的 shuffle 机制没有深入了解，写的程序包含大量触发 shuffle 的操作，容易导致大量的数据倾斜问题。这样的问题本身并不涉及技术上的"权衡"，而是应该夯实自己的技术功底，尽量通过技术上的"优化"提升模型的训练效率和实时性。

另一方面的优化就需要一些技术上的取舍了。能否通过优化或者简化模型的结构大幅提升模型训练的速度，降低模型训练的消耗，提升推荐模型的实时性呢？典型的案例在 5.3 节中已经提到。在深度学习模型中，模型的整体训练收敛速度和模型的参数数量有很强的相关性，而模型的参数数量中输入层到 Embedding 层的数量占绝大部分。因此，为了大幅加快模型的训练速度，可以将 Embedding 部分单独抽取出来做预训练，这样可以做到上层模型的快速收敛。当然，这样的做法舍弃了 End2End 训练的一致性，但在硬件条件制约的情况下，增强模型实时性的收益可能远大于 End2End 训练带来的模型一致性收益。

其他类似的例子还包括简化模型结构的问题。如果通过增加模型复杂性（例如增加神经网络层级，增加每层神经元的数量）带来的收益已经趋于平缓，就没有必要浪费过多硬件资源做微乎其微的效果提升，而是应该把优化方向转换到提升系统实时性，挖掘其他有效信息，为模型引入更有效的网络结构等方面。

6.6.5 处理好整体和局部的关系

以上案例必然无法囊括所有工程上权衡的情况，仅希望读者能够通过这些案例建立良好的工程直觉，从非常具体的技术细节中跳出，从工程师的角度平衡整体和局部的关系。

本章所讲仅是深度学习推荐系统工程实现的一小部分。但如果读者能够从此出发，建立对推荐系统工程的整体认识，将各类技术途径的原理和优缺点理解于心，就是成为一名优秀推荐工程师的开始。

参考文献

[1] CHANG FAY, et al. Bigtable: A distributed storage system for structured data[J]. ACM Transactions on Computer Systems (TOCS) 26.2 (2008): 4.

[2] GHEMAWAT SANJAY, HOWARD GOBIOFF, LEUNG SHUN-TAK. The Google file system[C]. 2003.

[3] DEAN JEFFREY, SANJAY GHEMAWAT. MapReduce: simplified data processing on large clusters[J]. Communications of the ACM 51.1, 2008: 107-113.

[4] Li MU, et al. Scaling distributed machine learning with the parameter server[C]. 11th {USENIX} Symposium on Operating Systems Design and Implementation ({OSDI} 14). 2014.

[5] Li MU, et al. Parameter server for distributed machine learning[J]. Big Learning NIPS Workshop. Vol. 6. 2013.

[6] ABADI MARTÍN, et al. TensorFlow: Large-scale machine learning on heterogeneous distributed systems[A/OL]: arXiv preprint arXiv: 1603.04467(2016).

[7] ABADI MARTÍN, et al. TensorFlow: A system for large-scale machine learning[C]. 12th {USENIX} Symposium on Operating Systems Design and Implementation ({OSDI} 16). 2016.

第 7 章
推荐系统的评估

推荐系统评估相关的知识比重在整个推荐系统的知识框架中并不大，但其重要性却应摆在与推荐系统构建同样重要的位置，它的重要性主要有以下 3 点：

（1）推荐系统评估所采用的指标直接决定了推荐系统的优化方向是否客观合理。

（2）推荐系统评估是机器学习团队与其他团队沟通合作的接口性工作。

（3）推荐系统评估指标的选取直接决定了推荐系统是否符合公司的商业目标和发展愿景。

以上 3 点都是方向性问题，是决定一个推荐系统是否成功的关键。

本章聚焦推荐系统的评估问题，从离线评估到线上测试，从多个层级探讨推荐系统评估的方法和指标，具体包括下面内容：

（1）离线评估的方法和指标。

（2）离线仿真评估方法——Replay（重播评估法）。

（3）线上 A/B 测试方法和线上评估指标。

（4）快速线上评估测试方法——Interleaving（间隔插值测试法）。

上述几种评估方法并不是独立的，本章的最后将探讨如何将不同层级的评估方法结合，形成科学且高效的多层推荐系统评估体系。

7.1 离线评估方法与基本评价指标

在推荐系统的评估过程中，离线评估往往被当作最常用也是最基本的评估方法。顾名思义，离线评估是指在将模型部署于线上环境之前，在离线环境中进行的评估。由于不用部署到生产环境，离线评估没有线上部署的工程风险，也无须浪费宝贵的线上流量资源，而且具有测试时间短、同时进行多组并行测试、能够利用丰富的线下计算资源等诸多优点。

因此，在模型上线之前，进行大量的离线评估是验证模型效果最高效的手段。为充分掌握离线评估的技术要点，需要掌握两方面的知识：一是离线评估的方法有哪些；二是离线评估的指标有哪些。

7.1.1 离线评估的主要方法

离线评估的基本原理是在离线环境中，将数据集分为"训练集"和"测试集"两部分，用"训练集"训练模型，用"测试集"评估模型。根据数据集划分方法的不同，离线评估可分为以下 3 种。

1. Holdout 检验

Holdout 检验是基础的离线评估方法，它将原始的样本集合随机划分为训练集和验证集两部分。举例来说，对于一个推荐模型，可以把样本按照 70%-30% 的比例随机分成两部分，70% 的样本用于模型的训练；30% 的样本用于模型的评估。

Holdout 检验的缺点很明显，即在验证集上计算出来的评估指标与训练集和验证集的划分有直接关系，如果仅进行少量 Holdout 检验，则得到的结论存在较大的随机性。为了消除这种随机性，"交叉检验"的思想被提出。

2. 交叉检验

k-fold 交叉验证：先将全部样本划分成 k 个大小相等的样本子集；依次遍历这 k 个子集，每次都把当前子集作为验证集，其余所有子集作为训练集，进行模型的训练和评估；最后将所有 k 次的评估指标的平均值作为最终的评估指标。在实际实验中，k 经常取 10。

留一验证：每次留下 1 个样本作为验证集，其余所有样本作为测试集。样本总数为 n，依次遍历所有 n 个样本，进行 n 次验证，再将评估指标求平均得到最终指标。在样本总数较多的情况下，留一验证法的时间开销极大。事实上，留一验证是留 p 验证的特例。留 p 验证是指每次留下 p 个样本作为验证集，而从 n 个元素中选择 p 个元素有 C_n^p 种可能，因此它的时间开销远远高于留一验证，故很少在实际工程中应用。

3. 自助法

不管是 holdout 检验还是交叉检验，都是基于划分训练集和测试集的方法进行模型评估的。然而，当样本规模比较小时，将样本集进行划分会让训练集进一步减小，这可能会影响模型的训练效果。有没有能维持训练集样本规模的验证方法呢？"自助法"可以在一定程度上解决这个问题。

自助法（Bootstrap）是基于自助采样法的检验方法：对于总数为 n 的样本集合，进行 n 次有放回的随机抽样，得到大小为 n 的训练集。在 n 次采样过程中，有的样本会被重复采样，有的样本没有被抽出过，将这些没有被抽出的样本作为验证集进行模型验证，就是自助法的验证过程。

7.1.2 离线评估的指标

在掌握正确的离线评估方法的基础上，要评估一个推荐模型的好坏，需要通过不同指标从多个角度评价推荐系统，得出综合性的结论。以下是在离线评估中使用较多的评估指标。

1. 准确率

分类准确率（Accuracy）是指分类正确的样本占总样本个数的比例，即

$$\text{Accuracy} = \frac{n_{\text{correct}}}{n_{\text{total}}} \qquad （式 7\text{-}1）$$

其中，n_{correct} 为被正确分类的样本个数，n_{total} 为总样本个数。

准确率是分类任务中较直观的评价指标，虽然其具有较强的可解释性，但也存在明显的缺陷：当不同类别的样本比例非常不均衡时，占比大的类别往往成为

影响准确率的最主要因素。例如，如果负样本占 99%，那么分类器把所有样本都预测为负样本也可以获得 99%的准确率。

如果将推荐问题看作一个点击率预估式的分类问题，那么在选定一个阈值划分正负样本的前提下，可以用准确率评估推荐模型。而在实际的推荐场景中，更多是利用推荐模型得到一个推荐序列，因此更多是使用精确率和召回率这一对指标来衡量一个推荐序列的好坏。

2. 精确率与召回率

精确率（Precision）是分类正确的正样本个数占分类器判定为正样本的样本个数的比例，召回率（Recall）是分类正确的正样本个数占真正的正样本个数的比例。

在排序模型中，通常没有一个确定的阈值把预测结果直接判定为正样本或负样本，而是采用 Top N 排序结果的精确率（Precision@N）和召回率（Recall@N）来衡量排序模型的性能，即认为模型排序的 Top N 的结果就是模型判定的正样本，然后计算 Precision@N 和 Recall@N。

精确率和召回率是矛盾统一的两个指标：为了提高精确率，分类器需要尽量在"更有把握时"才把样本预测为正样本，但往往会因过于保守而漏掉很多"没有把握"的正样本，导致召回率降低。

为了综合地反映 Precision 和 Recall 的结果，可以使用 F1-score，F1-score 是精确率和召回率的调和平均值，其定义如下：

$$F1 = \frac{2 \cdot \text{Precision} \cdot \text{Recall}}{\text{Precision} + \text{Recall}} \qquad （式 7\text{-}2）$$

3. 均方根误差

均方根误差（Root Mean Square Error，RMSE）经常被用来衡量回归模型的好坏。使用点击率预估模型构建推荐系统时，推荐系统预测的其实是样本为正样本的概率，那么就可以用 RMSE 来评估，其定义如下：

$$RMSE = \sqrt{\frac{\sum_{i=1}^{n}(y_i - \hat{y}_i)^2}{n}}$$ （式 7-3）

其中，y_i 是第 i 个样本点的真实值，$\hat{y}_i$ 是第 i 个样本点的预测值，n 是样本点的个数。

一般情况下，RMSE 能够很好地反映回归模型预测值与真实值的偏离程度。但在实际应用时，如果存在个别偏离程度非常大的离群点，那么即使离群点数量非常少，也会让 RMSE 指标变得很差。为解决这个问题，可以使用鲁棒性更强的平均绝对百分比误差（Mean Absolute Percent Error，MAPE）进行类似的评估，MAPE 的定义如下：

$$MAPE = \sum_{i=1}^{n}\left|\frac{y_i - \hat{y}_i}{y_i}\right| \times \frac{100}{n}$$ （式 7-4）

相比 RMSE，MAPE 相当于把每个点的误差进行了归一化，降低了个别离群点带来的绝对误差的影响。

4. 对数损失函数

对数损失函数（LogLoss）也是经常在离线评估中使用的指数，在一个二分类问题中，LogLoss 的定义如下：

$$LogLoss = -\frac{1}{N}\sum_{i=1}^{N}\left(y_i \log P_i + (1 - y_i)\log(1 - P_i)\right)$$ （式 7-5）

其中，y_i 为输入实例 x_i 的真实类别，p_i 为预测输入实例 x_i 是正样本的概率，N 为样本总数。

细心的读者会发现，LogLoss 就是逻辑回归的损失函数，而大量深度学习模型的输出层正是逻辑回归或 softmax，因此采用 LogLoss 作为评估指标能够非常直观地反映模型损失函数的变化。如果仅站在模型的角度来说，LogLoss 是非常适于观察模型收敛情况的评估指标。

7.2 直接评估推荐序列的离线指标

7.1 节介绍了推荐系统主要的离线评测方法和常用的评估指标，但无论是准确率、RMSE、还是 LogLoss，都更多地将推荐模型视作类似于点击率预估的预测模型，而不是一个排序模型。这其实是有弊端的，因为预测模型的要求是预测的概率应具有物理意义，也就是说，预测出的点击率应该接近经验点击率。而事实上，推荐系统的最终结果是一个排序列表，以矩阵分解方法为例，其获得的用户和物品的相似度仅是排序的一个依据，并不具有类似点击率这样的物理意义。因此，使用直接评估推荐序列的指标来评估推荐模型，就成了更加合适的评估方法。本节将依次介绍直接评估推荐序列的离线指标——P-R 曲线、ROC 曲线和平均精度均值。

7.2.1 P-R 曲线

7.1 节中介绍了评估排序序列的两个重要指标 Precision@N 和 Recall@N。为了综合评价一个排序模型的好坏，不仅要看模型在不同 Top N 下的 Precision@N 和 Recall@N，而且最好能够绘制出模型的 Precision-Recall 曲线（精确率-召回率曲线，简称 P-R 曲线）。本节简单介绍 P-R 曲线的绘制方法。

P-R 曲线的横轴是召回率，纵轴是精确率。对于一个排序模型来说，其 P-R 曲线上的一个点代表"在某一阈值下，模型将大于该阈值的结果判定为正样本，将小于该阈值的结果判定为负样本时，排序结果对应的召回率和精确率"。

整条 P-R 曲线是通过从高到低移动正样本阈值生成的。如图 7-1 所示，其中实线代表模型 A 的 P-R 曲线，虚线代表模型 B 的 P-R 曲线。横轴 0 点附近代表阈值最大时模型的精确率和召回率。

由图 7-1 可见，在召回率接近 0 时，模型 A 的精确率是 0.9，模型 B 的精确率是 1，这说明模型 B 中得分前几位的样本全部是真正的正样本，而模型 A 中即使是得分最高的几个样本，也存在预测错误的情况。然而，随着召回率的增加，精确率整体上有所下降；特别地，在召回率为 1 时，模型 A 的精确率反而超过了模型 B。这充分说明，只用一个点的精确率和召回率是不能全面衡量模型性能的，只有通过 P-R 曲线的整体表现，才能对模型进行更全面的评估。

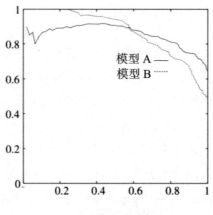

图 7-1　P-R 曲线样例图

在绘制好 P-R 曲线后，计算曲线下的面积（Area Under Curve，AUC）能够量化 P-R 曲线的优劣。顾名思义，AUC 指的是 P-R 曲线下的面积大小，因此计算 AUC 值只需要沿着 P-R 曲线横轴做积分。AUC 越大，排序模型的性能越好。

7.2.2　ROC 曲线

ROC 曲线的全称是 the Receiver Operating Characteristic 曲线，中文译为"受试者工作特征曲线"。ROC 曲线最早诞生于军事领域，而后在医学领域应用甚广，"受试者工作特征曲线"这一名称也正是来源于医学领域。

ROC 曲线的横坐标为 False Positive Rate（FPR，假阳性率）；纵坐标为 True Positive Rate（TPR，真阳性率）。FPR 和 TPR 的计算方法如下：

$$\text{FPR} = \frac{\text{FP}}{N}, \text{TPR} = \frac{\text{TP}}{P} \qquad （式 7\text{-}6）$$

在（式 7-6）中，P 是真实的正样本数量，N 是真实的负样本数量；TP 指的是 P 个正样本中被分类器预测为正样本的个数，FP 指的是 N 个负样本中被分类器预测为正样本的个数。

ROC 曲线的定义较复杂，但绘制 ROC 曲线的过程并不困难。通过绘制 ROC 曲线，读者能够清楚 ROC 曲线是如何衡量一个推荐序列的效果的。

同 P-R 曲线一样，ROC 曲线也是通过不断移动模型正样本阈值生成的。这里举例解释该过程。

假设测试集中一共有 20 个样本，模型的输出如表 7-1 所示。表中第 1 列为样本序号，第 2 列为样本的真实标签，第 3 列为模型输出的样本为正的概率。样本按照预测概率从高到低排序。在输出最终的正例、负例之前，需要指定一个阈值：预测概率大于该阈值的样本会被判为正例，小于该阈值的会被判为负例。假如指定 0.9 为阈值，那么只有第 1 个样本会被预测为正例，其他全部都是负例。这里的阈值也被称为"截断点"。

表 7-1 推荐模型的输出结果样例

样本序号	样本的真实标签	模型输出的样本为正的概率	样本序号	样本的真实标签	模型输出的样本为正的概率
1	P	0.9	11	P	0.4
2	P	0.8	12	n	0.39
3	n	0.7	13	P	0.38
4	P	0.6	14	n	0.37
5	P	0.55	15	n	0.36
6	P	0.54	16	n	0.35
7	n	0.53	17	P	0.34
8	n	0.52	18	n	0.33
9	P	0.51	19	P	0.30
10	n	0.505	20	n	0.1

动态地调整截断点，从最高的得分开始（实际上是从正无穷开始，对应着 ROC 曲线的零点），逐渐调整到最低得分。每一个截断点都会对应一个 FPR 和 TPR，在 ROC 图上绘制出每个截断点对应的位置，再连接每个点即可得到最终的 ROC 曲线。

就本例来说，当截断点选择为正无穷时，模型把全部样本预测为负例，那么 FP 和 TP 必然都为 0，FPR 和 TPR 也都为 0，因此曲线的第一个点就是(0,0)。当把截断点调整为 0.9 时，模型预测 1 号样本为正样本，并且该样本确实是正样本，因此，TP=1。在 20 个样本中，所有正例数量为 $P=10$，故 TPR=TP/P=1/10。本例没有预测错的正样本，即 FP=0，负样本总数 $N=10$，故 FPR=FP/N=0/10=0，对应着 ROC 图上的点(0,0.1)。依次调整截断点，直到画出全部关键点，再连接关键点即得到最终的 ROC 曲线，如图 7-2 所示。

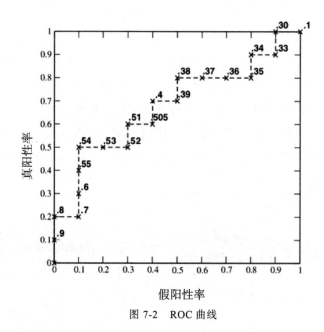

图 7-2　ROC 曲线

其实，还有一种更直观的绘制 ROC 曲线的方法。首先，根据样本标签统计出正负样本的数量，假设正样本数量为 P，负样本数量为 N；接下来，把横轴的刻度间隔设置为 $1/N$，纵轴的刻度间隔设置为 $1/P$；再根据模型输出的预测概率对样本进行排序（从高到低）；依次遍历样本，同时从零点开始绘制 ROC 曲线，每遇到一个正样本就沿纵轴方向绘制一个刻度间隔的曲线，每遇到一个负样本就沿横轴方向绘制一个刻度间隔的曲线，直到遍历完所有样本，曲线最终停在 (1,1)这个点，整个 ROC 曲线绘制完成。

在绘制完 ROC 曲线后，同 P-R 曲线一样，可以计算出 ROC 曲线的 AUC，并用 AUC 评估推荐系统排序模型的优劣。

7.2.3　平均精度均值

平均精度均值（mean Average Precision，mAP）是另一个在推荐系统、信息检索领域常用的评估指标。该指标其实是对平均精度（Average Precision，AP）的再次平均，因此在计算 mAP 之前，读者需要先了解什么是平均精度。

假设推荐系统对某一用户测试集的排序结果如表 7-2 所示。

表 7-2   排序结果示例

推荐序列	N=1	N=2	N=3	N=4	N=5	N=6
真实标签	1	0	0	1	1	1

其中，1 代表正样本，0 代表负样本。

通过之前的介绍读者已经清楚了如何计算 precision@N，那么上述序列每个位置上的 precision@N 分别是多少呢？（如表 7-3 所示。）

表 7-3   计算 precision@N 示例

推荐序列	N=1	N=2	N=3	N=4	N=5	N=6
真实标签	1	0	0	1	1	1
precision@N	1/1	1/2	1/3	2/4	3/5	4/6

AP 的计算只取正样本处的 precision 进行平均，即 AP = (1/1 + 2/4 + 3/5 + 4/6)/4 = 0.6917。那么什么是 mAP 呢？

如果推荐系统对测试集中的每个用户都进行样本排序，那么每个用户都会计算出一个 AP 值，再对所有用户的 AP 值进行平均，就得到了 mAP。也就是说，mAP 是对精确度平均的平均。

值得注意的是，mAP 的计算方法和 P-R 曲线、ROC 曲线的计算方法完全不同，因为 mAP 需要对每个用户的样本进行分用户排序，而 P-R 曲线和 ROC 曲线均是对全量测试样本进行排序。这一点在实际操作中是需要注意的。

7.2.4   合理选择评估指标

除了本节介绍的 P-R 曲线、ROC 曲线、mAP 这三个常用指标，推荐系统指标还包括归一化折扣累计收益(Normalized Discounted Cumulative Gain，NDCG)、覆盖率（coverage）、多样性（diversity），等等。在真正的离线实验中，虽然要通过不同角度评估模型，但也没必要陷入"完美主义"和"实验室思维"的误区，选择过多的指标评估模型，更没必要为了专门优化某个指标浪费过多时间。离线评估的目的在于快速定位问题，快速排除不可行的思路，为线上评估找到"靠谱"的候选者。因此，根据业务场景选择 2~4 个有代表性的离线指标，进行高效率的离线实验才是离线评估正确的"打开方式"。

7.3 更接近线上环境的离线评估方法——Replay

前两节介绍了推荐系统离线评估方法及常用的评估指标。毋庸置疑，传统的离线评估方法已经大量应用于学术界的各类模型实验创新中，但是在业界的模型应用及优化迭代过程中，Holdout 检验、交叉验证等方法真的能够客观衡量模型对公司业务目标的贡献吗？

7.3.1 模型评估的逻辑闭环

要回答上面的问题，就要回到模型评估的本质——如何评估模型才能确定其是"好"的模型？图 7-3 所示为模型评估各环节的逻辑关系。

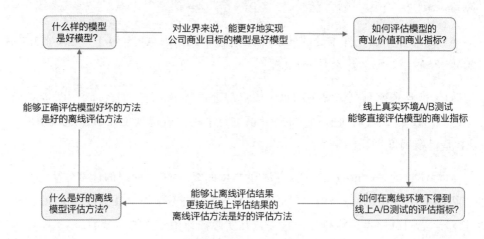

图 7-3　模型评估各环节的逻辑关系

离线评估的重点是让离线评估的结果能够尽量接近线上结果。要达到这个目标，就应该让离线评估过程尽量还原线上环境，线上环境不仅包括线上的数据环境，也包括模型的更新频率等应用环境。

7.3.2 动态离线评估方法

传统离线评估方法的弊端是评估过程是"静态的"，即模型不会随着评估的进行而更新，这显然不符合事实。假设用一个月的测试数据评估一个推荐系统，如果评估过程是"静态的"，就意味着当模型对月末的数据进行预测时，模型已经停止更新近 30 天了，这不仅不符合工程实践（因为没有一家一线互联网公司会 30 天才更新一次模型），而且会导致模型效果评估的失真。为了解决这个问题，需要让整个评估过程"动"起来，使之更加接近真实的线上环境。

动态离线评估方法先根据样本产生时间对测试样本由早到晚进行排序，再用模型根据样本时间依次进行预测。在模型更新的时间点上，模型需要增量学习更新时间点前的测试样本，更新后继续进行后续的评估。传统离线评估方法和动态离线评估方法比对如图 7-4 所示。

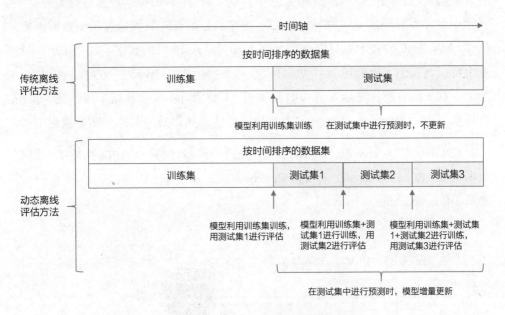

图 7-4　传统离线评估方法和动态离线评估方法对比

毫无疑问，动态评估的过程更接近真实的线上环境，评测结果也更接近客观情况。如果模型更新的频率持续加快，快到接收到样本后就更新。整个动态评估的过程也变成逐一样本回放的精准线上仿真过程，这就是经典的仿真式离线评估方法——Replay。

事实上，Replay 方法不仅适用于几乎所有推荐模型的离线评估，而且是强化学习类模型唯一的离线评估方法[1]。以 3.10 节介绍的 DRN 模型为例，由于模型需要在线上不断接收反馈并进行在线更新，这就意味着为了模拟线上环境，必须在线下使用 Replay 方法模拟反馈的产生过程和模型的实时更新过程，只有这样才能对强化学习模型进行合理的评估。

7.3.3 Netflix 的 Replay 评估方法实践

Replay 方法通过重播在线数据流的方法进行离线测试。评估方法的原理并不难理解，但在实际工程中却会遇到一些难题，其中最关键的一点是：既然是模拟在线数据流，就要求在每个样本产生时，**样本中不能包含任何"未来信息"**，要避免"数据穿越"的现象发生。

举例来说，Replay 方法使用 8 月 1 日到 8 月 31 日的样本数据进行重放，在样本中包含一个特征——"历史 CTR"，这个特征的计算只能通过历史数据生成。例如，8 月 20 日的样本就只能使用 8 月 1 日到 8 月 19 日的数据生成"历史 CTR"这个特征，而绝不能使用 8 月 20 日以后的数据生成这个特征。在评估过程中，为了工程上的方便，使用 8 月 1 日到 8 月 31 日所有的样本数据生成特征，供所有样本使用，之后再使用 Replay 方法进行评估，其得到的结论必然是错误的。

在工程上，为了便于按照 Replay 方法进行模型评估，Netflix 构建了一整套数据架构（如图 7-5 所示）来支持 Replay 方法，并起了一个很漂亮的名字——时光机（time machine）。

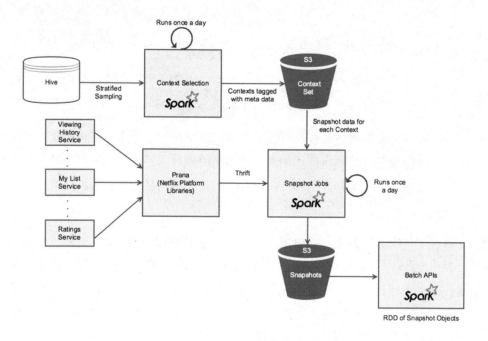

图 7-5　Netflix 的离线评估数据架构——时光机

从图中可以看出，时光机是以天为单位启动的（Runs once a day）。它的主任务 Snapshot Jobs（数据快照）的主要功能是把当天的各类日志、特征、数据整合起来，形成当天的、供模型训练和评估使用的样本数据。以日期为目录名称，将样本数据保存在分布式文件系统 S3 中，并对外提供统一的 API，可以根据用户所需的时间获取这些数据快照。

从 Snapshot Jobs 的输入来看，时光机整合的信息包括两大部分：

（1）场景信息（Context）：它包括存储在 Hive 中的不经常改变的场景信息，如用户的资料、设备信息、物品信息等。

（2）系统日志流：指的是系统实时产生的日志，它包括用户的观看历史（Viewing History）、用户的推荐列表（My List）和用户的评价（Ratings）。这些日志从各自的服务（Service）中产生，由 Netflix 的统一数据接口 Prana 对外提供服务。

Snapshot Jobs 通过 S3 获取场景信息，通过 Prana 获取日志信息，在经过整合处理、生成特征之后，保存当天的数据快照到 S3。

在生成每天的数据快照后，使用 Replay 方法进行离线评估就不再是一件困难的事情了，因为没有必要在 Replay 过程中进行烦琐的特征计算，直接使用当天的数据快照信息即可。

不失灵活性的是，由于每种模型所需的特征不同，Snapshot Jobs 不可能一次性生成所有模型需要的特征，如果需要某些特殊的特征，时光机也能在通用快照的基础上，单独为某模型生成数据快照。

在时光机的架构之上，使用某个时间段的样本进行一次 Replay 评估，相当于进行了一次时光旅行（time travel）。希望读者能够在这"美妙"的时光旅行中找到自己理想中的模型。

7.4　A/B 测试与线上评估指标

无论离线评估如何仿真线上环境，终究无法完全还原线上的所有变量。对几乎所有互联网公司来说，线上 A/B 测试都是验证新模块、新功能、新产品是否有效的主要测试方法。

7.4.1 什么是 A/B 测试

A/B 测试又称为"分流测试"或"分桶测试",是一个随机实验,通常被分为实验组和对照组。在利用控制变量法保持单一变量的前提下,将 A、B 两组数据进行对比,得出实验结论。具体到互联网场景下的算法测试中,可将用户随机分成实验组和对照组,对实验组的用户施以新模型,对对照组的用户施以旧模型,比较实验组和对照组在各线上评估指标上的差异。

相对离线评估而言,线上 A/B 测试无法被替代的原因主要有以下 3 点。

- **离线评估无法完全消除数据有偏(data bias)现象的影响**,因此得出的离线评估结果无法完全替代线上评估结果。
- **离线评估无法完全还原线上的工程环境**。一般来讲,离线评估往往不考虑线上环境的延迟、数据丢失、标签数据缺失等情况。因此,离线评估环境只能说是理想状态下的工程环境,得出的评估结果存在一定的失真现象。
- **线上系统的某些商业指标在离线评估中无法计算**。离线评估一般针对模型本身进行评估,无法直接获得与模型相关的其他指标,特别是商业指标。以新的推荐模型为例,离线评估关注的往往是 ROC 曲线、PR 曲线等的改进,而线上评估可以全面了解该推荐模型带来的用户点击率、留存时长、PV 访问量等的变化。这些都要由 A/B 测试进行全面评估。

7.4.2 A/B 测试的"分桶"原则

在 A/B 测试分桶的过程中,需要注意的是样本的独立性和采样方式的无偏性:同一个用户在测试的全程只能被分到同一个桶中,在分桶过程中所用的用户 ID 应是一个随机数,这样才能保证桶中的样本是无偏的。

在实际的 A/B 测试场景中,同一个网站或应用往往要同时进行多组不同类型的 A/B 测试,例如在前端进行不同 App 界面的 A/B 测试,在业务层进行不同中间件效率的 A/B 测试,在算法层同时进行推荐场景 1 和推荐场景 2 的 A/B 测试。如果不制定有效的 A/B 测试原则,则不同层的测试之间势必互相干扰,甚至同层测试也可能因分流策略不当导致指标的失真。谷歌关于其实验平台的论文 *Overlapping Experiment Infrastructure: More, Better, Faster Experimentation*[2]详细地介绍了实验流量分层和分流的机制，它保证了宝贵的线上测试流量的高可用性。

可以用两个原则简述 A/B 测试分层和分流的机制。

（1）层与层之间的流量"正交"。

（2）同层之间的流量"互斥"。

层与层之间的流量"正交"的具体含义为：层与层之间的独立实验的流量是正交的，即实验中每组的流量穿越该层后，都会被再次随机打散，且均匀地分布在下层实验的每个实验组中。

以图 7-6 为例，在 X 层的实验中，流量被随机平均分为 X_1（蓝色）和 X_2（白色）两部分。在 Y 层的实验中，X_1 和 X_2 的流量应该被随机且均匀地分配给 Y 层的两个桶 Y_1 和 Y_2。如果 Y_1 和 Y_2 的 X 层流量分配不均匀，那么 Y 层的样本将是有偏的，Y 层的实验结果将被 X 层的实验影响，无法客观地反映 Y 层实验组和对照组变量的影响。所以穿过 X_1 层和 X_2 的流量都应被随机打散，均匀分布在 Y_1 组和 Y_2 组中。

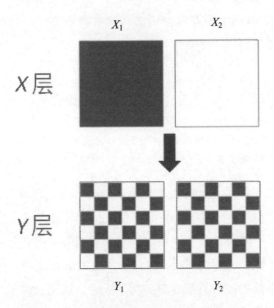

图 7-6　层与层之间的流量"正交"示例

同层之间的流量"互斥"的具体含义为：

（1）如果同层之间进行多组 A/B 测试，那么不同测试之间的流量是不重叠的，即"互斥"的。

（2）一组 A/B 测试中实验组和对照组的流量是不重叠的，是"互斥"的。

在基于用户的 A/B 测试中，"互斥"的含义应进一步解读为不同实验之间，以及 A/B 测试的实验组和对照组之间的用户应是不重叠的。特别是对推荐系统来说，用户体验的一致性很重要，推荐系统也应考虑用户的教育及引导过程，因此在 A/B 测试中保证同一用户始终分配到同一个组中是必要的。

A/B 测试的"正交"与"互斥"原则共同保证了 A/B 测试指标的客观性。那么，与离线评估的指标相比，应该如何选取线上 A/B 测试的评估指标呢？

7.4.3　线上 A/B 测试的评估指标

一般来讲，A/B 测试都是模型上线前的最后一道测试，通过 A/B 测试检验的模型将直接服务于线上用户，完成公司的商业目标。因此，A/B 测试的指标应与线上业务的核心指标保持一致。

表 7-4 列出了电商类推荐模型、新闻类推荐模型、视频类推荐模型的线上 A/B 测试的主要评估指标。

表 7-4　各类推荐模型的线上 A/B 测试的主要评估指标

推荐系统类别	线上 A/B 测试评估指标
电商类推荐模型	点击率、转化率、客单价（用户平均消费金额）
新闻类推荐模型	留存率（x 日后仍活跃的用户数/x 日前的用户数）、平均停留时长、平均点击个数
视频类推荐模型	播放完成率（播放时长/视频时长）、平均播放时长、播放总时长

读者应该已经注意到了，线上 A/B 测试的指标与离线评估的指标（如 AUC、F1-score 等）有较大差异。离线评估不具备直接计算业务核心指标的条件，因此退而求其次，选择了偏向于技术评估的模型相关指标。但在公司层面，更关心能够驱动业务发展的核心指标。因此，在具备线上测试环境时，利用 A/B 测试验证模型对业务核心指标的提升效果是必要的。从这个意义上讲，线上 A/B 测试的作用是离线评估永远无法替代的。

7.5 快速线上评估方法——Interleaving

对于诸多强算法驱动的互联网应用来说，为了不断迭代、优化推荐模型，需要进行大量 A/B 测试来验证新算法的效果。但线上 A/B 测试必然要占用宝贵的线上流量资源，还有可能对用户体验造成损害，这就带来了一个矛盾——算法工程师日益增长的 A/B 测试需求和线上 A/B 测试资源严重不足之间的矛盾。

针对上述问题，一种快速线上评估方法——Interleaving 于 2013 年被微软[3]正式提出，并被 Netflix 等公司成功应用在工程领域。具体地讲，Interleaving 方法被当作线上 A/B 测试的预选阶段（如图 7-7 所示）进行候选算法的快速筛选，从大量初始想法中筛选出少量"优秀"的推荐算法。再对缩小的算法集合进行传统的 A/B 测试，以测量它们对用户行为的长期影响。

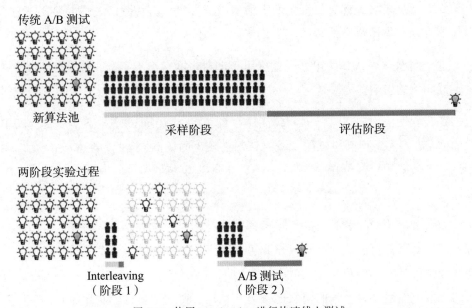

图 7-7　使用 Interleaving 进行快速线上测试

图 7-7 中用灯泡代表候选算法。其中，最优的获胜算法用红色灯泡表示。Interleaving 能够快速地将最初的候选算法集合进行缩减，比传统的 A/B 测试更快的确定最优算法。笔者将以 Netflix 的应用场景为例，介绍 Interleaving 方法的原理和特点。

7.5.1　传统 A/B 测试存在的统计学问题

传统的 A/B 测试除了存在效率问题，还存在一些统计学上的显著性差异问题。下面用一个很典型的 A/B 测试例子进行说明。

设计一个 A/B 测试来验证用户群体是否对"可口可乐"和"百事可乐"存在口味倾向。按照传统的做法，会将测试人群随机分成两组，然后进行"盲测"，即在不告知可乐品牌的情况下进行测试。第一组只提供可口可乐，第二组只提供百事可乐，然后根据一定时间内的可乐消耗量观察人们是更喜欢"可口可乐"还是"百事可乐"。

这个实验在一般意义上确实是有效的，但也存在一些潜在的问题：

在总的测试人群中，对于可乐的消费习惯肯定各不相同，从几乎不喝可乐到每天喝大量可乐的人都有。可乐的重消费人群肯定只占总测试人群的一小部分，但他们可能占整体汽水消费的较大比例。

这个问题导致 A/B 两组之间重度可乐消费者的微小不平衡，也可能对结论产生不成比例的影响。

在互联网应用中，这样的问题同样存在。在 Netflix 的场景下，非常活跃用户的数量是少数，但其贡献的观看时长却占较大的比例，因此，在 Netflix 的 A/B 测试中，活跃用户被分在 A 组的多还是被分在 B 组的多，将对测试结果产生较大影响，从而掩盖了模型的真实效果。

如何解决这个问题呢？一个可行的方法是不对测试人群进行分组，而是让所有测试者都可以自由选择百事可乐和可口可乐（测试过程中仍没有品牌标签，但能区分是两种不同的可乐）。在实验结束时，统计每个人消费可口可乐和百事可乐的比例，然后对每个人的消费比例进行平均，得到整体的消费比例。

这个测试方案的优点在于：

（1）消除了 A/B 组测试者自身属性分布不均的问题。

（2）通过给予每个人相同的权重，降低了重度消费者对结果的过多影响。

这种不区分 A/B 组，而是把不同的被测对象同时提供给受试者，最后根据受试者喜好得出评估结果的方法就是 Interleaving 方法。

7.5.2 Interleaving 方法的实现

图 7-8 描绘了传统 A/B 测试和 Interleaving 方法之间的差异。

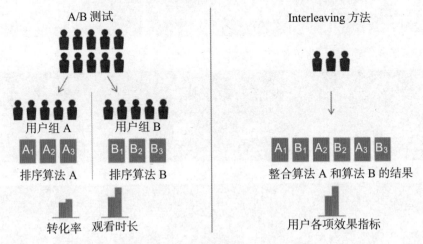

图 7-8　传统 A/B 测试和 Interleaving 方法的比较

在传统的 A/B 测试中，Netflix 会选择两组订阅用户：一组接受排序算法 A 的推荐结果，另一组接受排序算法 B 的推荐结果。

而在 Interleaving 方法中，只有一组订阅用户，这些订阅用户会收到通过混合算法 A 和 B 的排名生成的交替排名。

这就使得用户可以在一行里同时看到算法 A 和 B 的推荐结果（用户无法区分一个物品是由算法 A 推荐的还是由算法 B 推荐的），进而通过计算观看时长等指标来衡量到底是算法 A 的效果好还是算法 B 的效果好。

当然，在使用 Interleaving 方法进行测试的时候，必须考虑位置偏差的存在，避免来自算法 A 的视频总排在第一位。因此，需要以相等的概率让算法 A 和算法 B 交替领先。这类似于在野球场打球时，两个队长先通过扔硬币的方式决定谁先选人，再交替选队员的过程（如图 7-9 所示）。

排序算法 A

排序算法 B

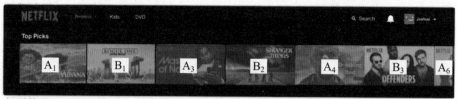

如果算法 A 选择了第一个位置

如果算法 B 选择了第一个位置

图 7-9　通过"队长选人"的方式混合两个排序算法的视频

　　厘清了 Interleaving 方法的具体评估过程后，还需要验证的是这个评估方法到底能不能替代传统的 A/B 测试，会不会得出错误的结果。Netflix 从两个方面进行了验证，一是 Interleaving 的"灵敏度"；二是 Interleaving 的"正确性"。

7.5.3　Interleaving 方法与传统 A/B 测试的灵敏度比较

　　Netflix 进行的这组"灵敏度"实验希望验证的是 Interleaving 方法相比传统 A/B 测试，需要多少样本就能够验证出算法 A 和算法 B 的优劣。由于线上测试的资源往往是受限的，自然希望 Interleaving 方法能够利用较少的线上资源和较少的测试用户解决评估问题，这就是所谓的灵敏度比较。

　　图 7-10 所示为灵敏度比较的实验结果，横轴是参与实验的样本数量，纵轴是 p-value。可以看出，Interleaving 方法利用 10^3 个样本就能判定算法 A 是否比 B 好，而 A/B 测试则需要 10^5 个样本才能将 p-value 降到 5%以下，即使与最敏感

的 A/B 测试指标相比，Interleaving 也只需要 1%的订阅用户样本就能够确定用户更偏爱哪个算法。这就意味着利用一组 A/B 测试的资源，可以做 100 组 Interleaving 实验，这无疑极大地加强了线上测试的能力。

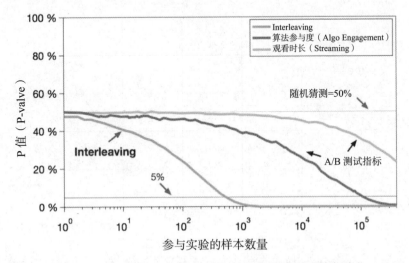

图 7-10　对 Interleaving 方法和传统 A/B 测试指标的灵敏度测试

7.5.4　Interleaving 方法指标与 A/B 测试指标的相关性

除了能够利用小样本快速进行算法评估，Interleaving 方法的判断结果是否与 A/B 测试一致，也是检验 Interleaving 方法能否在线上评估阶段取代 A/B 测试的关键。

图 7-11 所示为 Interleaving 方法的指标与 A/B 测试指标之间的相关性。每个数据点代表一个推荐模型。可以发现，Interleaving 指标与 A/B 测试评估指标之间存在非常强的相关性，这就验证了在 Interleaving 实验中胜出的算法也极有可能在之后的 A/B 测试中胜出。

需要注意的是，虽然二者测试指标的相关性极强，但 Interleaving 方法的实验中所展示的页面并不是单独由算法 A 或者算法 B 生成的产品页面，而仅仅是实验用的混合页面，因此如果要测试某算法的真实效果，Interleaving 方法无法完全替代 A/B 测试。如果希望得到更全面、真实的线上测试指标，则 A/B 测试是最权威的测试方法。

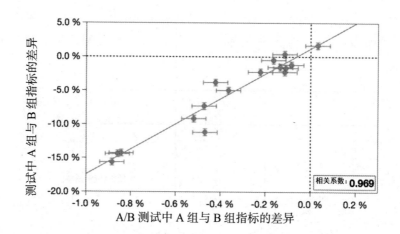

图 7-11　Interleaving 方法的指标与 A/B 测试指标的相关性

7.5.5　Interleaving 方法的优点与缺点

Interleaving 方法的优点是所需样本少，测试速度快，结果与传统 A/B 测试无明显差异。但读者要清楚，Interleaving 方法也存在一定的局限性，主要表现在以下两方面。

（1）工程实现的框架较传统 A/B 测试复杂。Interleaving 方法的实验逻辑和业务逻辑纠缠在一起，因此业务逻辑可能会被干扰。为了实现 Interleaving 方法，需要将大量辅助性的数据标识添加到整个数据流中，这都是工程实现的难点。

（2）Interleaving 方法只是对"用户对算法推荐结果偏好程度"的相对测量，不能得出一个算法真实的表现。如果希望知道算法 A 能够将用户整体的观看时长提高了多少，将用户的留存率提高了多少，那么使用 Interleaving 方法是无法得出结论的。为此，Netflix 设计了 Interleaving+A/B 测试两阶实验结构，完善整个线上测试的框架。

7.6　推荐系统的评估体系

本章依次介绍了推荐系统的主要评估方法及主要的评估指标。这些模型评估的方法并不是独立的，而是自成体系的。一个成熟的推荐系统评估体系应综合考虑评估效率和正确性，利用较少的资源，快速地筛选出效果更好的模型。本节在已介绍的所有推荐系统评估方法的基础上，系统性地讨论如何搭建一套成熟的推荐系统测试与评估体系。

7.3 节中讨论过，对一个公司来说，最公正也是最合理的评估方法是进行线上测试，评估模型能否更好地达成公司或者团队的商业目标。

既然这样，为什么不能对任何模型的改进都进行线上测试以确定改进是否合理呢？原因在 7.5 节介绍 Interleaving 方法时已经给出，是因为线上 A/B 测试要占用宝贵且有限的线上流量资源，还可能对用户体验造成损害，因此有限的线上测试机会远不能满足算法工程师改进算法的需求。另外，线上测试往往需要持续几天甚至几周，这将使算法迭代的时间大大加长。

正因为线上测试的种种限制，"离线测试"才成了算法工程师退而求其次的选择。离线测试可以利用近乎无限的离线计算资源，快速得出评估结果，从而快速实现模型的迭代优化。

在线上 A/B 测试和传统离线测试之间，还有 Replay、Interleaving 等评估测试方法。Replay 方法能够最大程度地在离线状态下模拟线上测试过程，Interleaving 方法则可以建立快速的线上测试环境。这种多层级的评估测试方法共同构成了完整的推荐系统评估体系（如图 7-12 所示），做到评测效率和正确性之间的平衡。

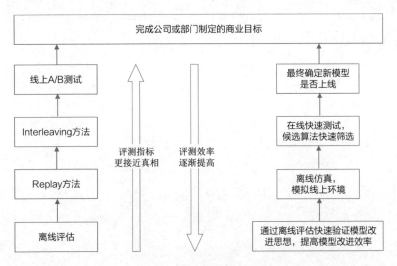

图 7-12　推荐系统评测体系

在图 7-12 所示的评测体系示意图中，左侧是不同的评估方法，右侧是"金字塔"形的模型筛选过程。可以看出：越是底层，越存在更多待筛选的模型和待验证的改进想法。由于数量巨大，"评估效率"就成了更关键的考虑因素，对评估"正确性"的要求就没有那么苛刻，这时就应该使用效率更高的离线评估方法。

随着候选模型被一层层筛选出来，越接近正式上线的阶段，评估方法对评估"正确性"的要求就越严格。在模型正式上线前，应该以最接近真实产品体验的 A/B 测试做最后的模型评估，产生最具说服力的在线指标之后，才能进行最终的模型上线，完成模型改进的迭代过程。

参考文献

[1] LI LIHONG, et al. Unbiased offline evaluation of contextual-bandit-based news article Recommender algorithms[C]. Proceedings of the fourth ACM international conference on Web search and data mining, 2011.

[2] TANG DIANE, et al. Overlapping experiment infrastructure: More, better, faster experimentation[C]. Proceedings of the 16th ACM SIGKDD international conference on Knowledge discovery and data mining, 2010.

[3] RADLINSKI, FILIP, NICK CRASWELL. Optimized interleaving for online retrieval evaluation[C]. Proceedings of the sixth ACM international conference on Web search and data mining, 2013.

第 8 章
深度学习推荐系统的前沿实践

推荐系统领域是深度学习落地最充分，产生商业价值最大的应用领域之一。一些最前沿的研究成果大多来自业界巨头的实践。从 Facebook 2014 年提出的 GBDT+LR 组合模型引领特征工程模型化的方向，到 2016 年微软提出 Deep Crossing 模型，谷歌发布 Wide&Deep 模型架构，以及 YouTube 公开其深度学习推荐系统，业界迎来了深度学习推荐系统应用的浪潮。时至今日，无论是阿里巴巴团队在商品推荐系统领域的持续创新，还是 Airbnb 在搜索推荐过程中对深度学习的前沿应用，深度学习已经成了推荐系统领域当之无愧的主流。

对从业者或有志成为推荐工程师的读者来说，处在这个代码开源和知识共享的时代无疑是幸运的。我们几乎可以零距离地通过业界先锋的论文、博客及技术演讲接触到最前沿的推荐系统应用。本章的内容将由简入深，由框架到细节，依次讲解 Facebook、Airbnb、YouTube 及阿里巴巴的深度学习推荐系统。希望读者能够在之前章节的知识基础上，关注业界最前沿的推荐系统应用的技术细节和工程实现，将推荐系统的知识融会贯通，学以致用。

8.1　Facebook 的深度学习推荐系统

2014 年，Facebook 发表了广告推荐系统论文 *Practical Lessons from Predicting Clicks on Ads at Facebook*[1]，提出了经典的 GBDT+LR 的 CTR 模型结构。严格意义上讲，GBDT+LR 的模型结构不属于深度学习的范畴，但在当时，利用 GBDT

模型进行特征的自动组合和筛选，开启了特征工程模型化、自动化的新阶段。从那时起，诸如 Deep Crossing、Embedding 等的深度学习手段被应用在特征工程上，并逐渐过渡到全深度学习的网络。从某种意义上讲，Facebook 基于 GBDT+LR 的广告推荐系统成了连接传统机器学习推荐系统时代和深度学习推荐系统时代的桥梁。此外，其在 2014 年就采用的在线学习、在线数据整合、负样本降采样等技术至今仍具有极强的工程意义。

2019 年，Facebook 又发布了最新的深度学习模型 DLRM[2]（Deep Learning Recommender Model），模型采用经典的深度学习模型架构，基于 CPU+GPU 的训练平台完成模型训练，是业界经典的深度学习推荐系统尝试。

本节先介绍 Facebook 基于 GBDT+LR 组合模型的推荐系统实现，再深入到 DLRM 的模型细节和实现中，一窥社交领域巨头企业推荐系统的风采。

8.1.1　推荐系统应用场景

Facebook 广告推荐系统的应用场景是一个标准的 CTR 预估场景，系统输入用户（User）、广告（Ad）、上下文（Context）的相关特征，预测 CTR，进而利用 CTR 进行广告排序和推荐。需要强调的是：Facebook 广告系统的其他模块需要利用 CTR 计算广告出价、投资回报率（Return on Investment，ROI）等预估值，因此 CTR 模型的预估值应是一个具有物理意义的精准的 CTR，而不是仅仅输出广告排序的高低关系（这一点是计算广告系统与推荐系统关键的不同之处）。Facebook 也特别介绍了 CTR 校正的方法，用于在 CTR 预估模型输出值与真实值有偏离时进行校正。

8.1.2　以 GBDT+LR 组合模型为基础的 CTR 预估模型

2.6 节对 GBDT+LR 的模型结构做了详细介绍，这里进行简要回顾。

简而言之，Facebook 的 CTR 预估模型采用了 GBDT+LR 的模型结构，通过 GBDT 自动进行特征筛选和组合，生成新的离散型特征向量，再把该特征向量当作 LR 模型的输入，预测 CTR。

其中，使用 GBDT 构建特征工程和利用 LR 预测 CTR 两步是采用相同的优化目标独立训练的。所以不存在如何将 LR 的梯度回传到 GBDT 这类复杂的训练问题，这样的做法也符合 Facebook 一贯的实用主义的风格。

在引入 GBDT+LR 的模型后，相比单纯的 LR 和 GBDT，提升效果非常显著。从表 8-1 中可以看出，混合模型比单纯的 LR 或 GBDT 模型在损失（Loss）上减少了 3% 左右。

表 8-1　GBDT+LR 模型与其他模型的效果对比

模型结构	归一化交叉熵基于 GBDT 效果的相对值
GBDT+LR	96.58%
LR	99.43%
GBDT	100%（以此为参考值）

在模型的实际应用中，超参数的调节过程是影响效果的重要环节。在 GBDT+LR 组合模型中，为了确定最优的 GBDT 子树规模，Facebook 给出了子树规模与模型损失的关系曲线（如图 8-1 所示）。

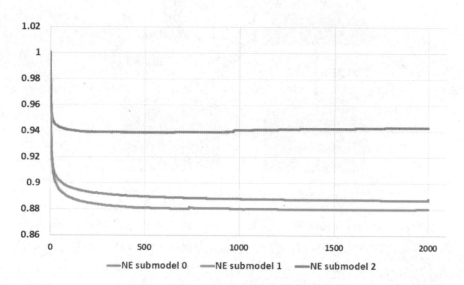

图 8-1　GBDT 子树规模与模型损失的关系曲线

可以看出，在规模超过 500 棵子树后，增加子树规模对于损失下降的贡献微乎其微。特别是最后 1000 棵子树仅贡献了 0.1% 的损失下降。可以说，继续增加模型复杂性带来的收益几乎可以忽略不计，最终 Facebook 在实际应用中选择了

600 作为子树规模。

5.3.3 节对 GBDT+LR 的模型更新方式做了介绍，囿于 Facebook 巨大的数据量及 GBDT 较难实施并行化的特点，Facebook 的工程师在实际应用中采用了 "GBDT 部分几天更新一次，LR 部分准实时更新" 的模型更新策略，兼顾模型的实时性和复杂度。

8.1.3 实时数据流架构

为了实现模型的准实时训练和特征的准实时更新（5.3 节详细介绍过推荐模型和特征的实时性相关知识），Facebook 基于 Scribe（由 Facebook 开发并开源的日志收集系统）构建了实时数据流架构，被称为 online data joiner 模块（在线数据整合），该模块与 Facebook 推荐系统其他模块的关系如图 8-2 所示。

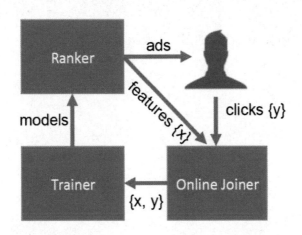

图 8-2　Facebook 的 online data joiner 与其他模块的关系

该模块最重要的作用是准实时地把来自不同数据流的数据整合起来，形成训练样本，并最终与点击数据进行整合，形成完整的有标签样本。在整个过程中，最应该注意的有以下三点。

1. waiting window（数据等待窗口）的设定

waiting window 指的是在曝光（impression）发生后，要等待多久才能够判定一个曝光行为是否产生了对应的点击。如果 waiting window 过大，则数据实时性会受影响；如果 waiting window 过小，则会有一部分点击数据来不及与曝光数据进行联结，导致样本 CTR 与真实值不符。这是一个工程调优的问题，需要有针对性地找到与实际业务相匹配的 waiting window。除此之外，少量的点击数据遗漏是不可避免的，这就要求数据平台能够阶段性地对所有数据进行全量重新处理，避免流处理平台产生的误差积累。

2．分布式架构与全局统一的 action id（行为 id）

为了实现分布式架构下曝光记录和点击记录的整合，Facebook 除了为每个行为建立全局统一的 request id（请求 id），还建立了 HashQueue（哈希队列）用于缓存曝光记录。在 HashQueue 中的曝光记录，如果在等待窗口过期时还没有匹配到点击，就会被当作负样本。Facebook 使用 Scribe 框架实现了这一过程，更多公司使用 Kafka 完成大数据缓存，使用 Flink、Spark Streaming 等流计算框架完成后续的实时计算。

3．数据流保护机制

Facebook 专门提到了 online data joiner 的保护机制，因为一旦 data joiner 由于某些异常而失效（如点击数据流由于 action id 的 Bug 无法与曝光数据流进行正确联结），所有的样本都会成为负样本。由于模型实时进行训练和服务，模型准确度将立刻受到错误样本数据的影响，进而直接影响广告投放和公司利润，后果是非常严重的。为此，Facebook 专门设立了异常检测机制，一旦发现实时样本流的数据分布发生变化，将立即切断在线学习的过程，防止预测模型受到影响。

8.1.4　降采样和模型校正

为了控制数据规模，降低训练开销，Facebook 实践了两种降采样的方法——uniform subsampling（均匀采样）和 negative down sampling（负样本降采样，以下简称负采样）。均匀采样是对所有样本进行无差别的随机抽样，为选取最优的采样频率，Facebook 试验了 1%、10%、50%、100%四个采样频率，图 8-3 比较了不同采样频率下训练出的模型的损失。

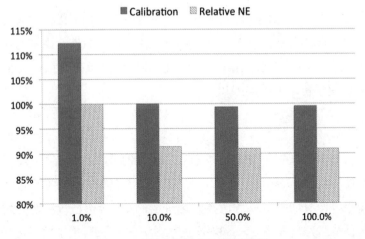

图 8-3　不同采样频率下的模型损失

可以看到，当采样频率为 10%时，相比全量数据训练的模型（最右侧 100%的柱状图），模型损失仅上升了 1%，而当采样频率降低到 1%时，模型损失大幅上升了 9%左右。因此，10%的采样频率是一个比较合适的平衡工程消耗和理论最优的选择。

另一种方法负采样则保留全量正样本，对负样本进行降采样。除了提高训练效率，负采样还直接解决了正负样本不均衡的问题，Facebook 经验性地选择了从 0.0001 到 0.1 的负采样频率，试验效果如图 8-4 所示。

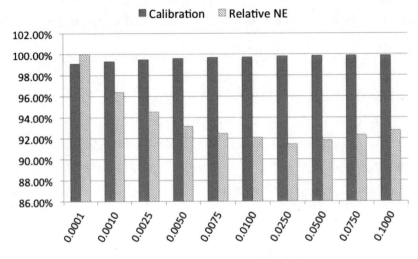

图 8-4　不同负采样频率下的模型损失

可以看到，当负采样频率在 0.0250 时，模型损失不仅小于基于更低采样频率训练出来的模型，居然也小于负采样频率在 0.1 时训练出来的模型。虽然 Facebook 在论文中没有做出进一步的解释，但最可能的原因是通过解决数据不均衡问题带来的效果提升。在实际应用中，Facebook 采用了 0.0250 的负采样频率。

负采样带来的问题是 CTR 预估值的漂移，假设真实 CTR 是 0.1%，进行 0.01 的负采样之后，CTR 将会攀升到 10% 左右。为了进行准确的竞价及 ROI 预估，CTR 预估模型是要提供准确的、有物理意义的 CTR 值的，因此在进行负采样后需要进行 CTR 的校正，使 CTR 模型的预估值的期望回到 0.1%。校正的公式如（式 8-1）所示。

$$q = \frac{p}{p + (1 - p)/w} \qquad （式 8-1）$$

其中 q 是校正后的 CTR，p 是模型的预估 CTR，w 是负采样频率。通过负采样计算 CTR 的过程并不复杂，有兴趣的读者可以根据负采样的过程手动推导上面的式子。

8.1.5　Facebook GBDT+LR 组合模型的工程实践

Facebook 基于 GBDT+LR 组合模型实现的广告推荐系统虽然已经是 2014 年的工作，但我们仍能从中吸取不少模型改造和工程实现的经验，总结来讲最值得学习的有下面三点：

1．特征工程模型化

2014 年，在很多从业者还在通过调参经验尝试各种特征组合的时候，Facebook 利用模型进行特征自动组合和筛选是相当创新的思路，也几乎是从那时起，各种深度学习和 Embedding 的思想开始爆发，发扬着特征工程模型化的思路。

2．模型复杂性和实效性的权衡

对 GBDT 和 LR 采用不同的更新频率是非常工程化且有价值的实践经验，也是对组合模型各部分优点最大化的解决方案。

3．有想法要用数据验证

在工作中，我们往往有很多直觉上的结论，比如数据和模型实时性的影响有多大，GBDT 应该设置多少棵子树，到底用负采样还是随机采样。针对这些问题，Facebook 告诉我们用数据说话，无论是多么小的一个选择，都应该用数据支撑，这才是一位工程师严谨的工作态度。

8.1.6　Facebook 的深度学习模型 DLRM

时隔 5 年，Facebook 于 2019 年再次公布了其推荐系统深度学习模型 DLRM（Deep Learning Recommender Model），相比 GBDT+LR，DLRM 是一次彻底的应用深度学习模型的尝试。接下来将介绍 DLRM 的模型结构、训练方法和效果评估。

DLRM 的模型结构如图 8-5 所示，模型各层的作用如下。

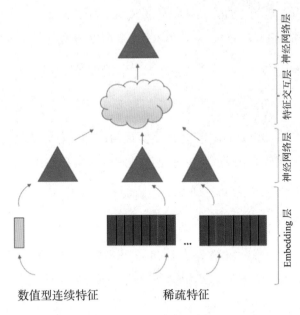

图 8-5　DLRM 的模型结构

特征工程：所有特征被分为两类：一类是将类别、id 类特征用 one-hot 编码生成的稀疏特征（sparse features）；另一类是数值型连续特征（dense features）。

Embedding 层：每个类别型特征转换成 one-hot 向量后，用 Embedding 层将

其转换成维度为 n 的 Embedding 向量。也就是说，将稀疏特征转换成 Embedding 向量。而年龄、收入等连续型特征将被连接（concat）成一个特征向量，输入图中黄色的 MLP 中，被转化成同样维度为 n 的向量。至此，无论是类别型稀疏特征，还是连续型特征组成的特征向量，在经过 Embedding 层后，都被转换成了 n 维的 Embedding 向量。

神经网络层（NNs 层）：Embedding 层之上是由三角形代表的神经网络层。也就是说，得到 n 维的 Embedding 向量后，每类 Embedding 还有可能进一步通过神经网络层做转换。但这个过程是有选择性的，根据调参和性能评估的情况来决定是否引入神经网络层进行进一步的特征处理。

特征交互层（interactions 层）：这一层会将之前的 Embedding 两两做内积，再与之前连续型特征对应的 Embedding 连接，输入后续的 MLP。所以这一步其实与 3.5 节介绍的 PNN 一样，目的是让特征之间做充分的交叉，组合之后，再进入上层 MLP 做最终的目标拟合。

目标拟合层：结构图中最上层的蓝色三角代表了另一个全连接多层神经网络，在最后一层使用 sigmoid 函数给出最终的点击率预估，这也是非常标准的深度学习模型输出层的设置。

从 DLRM 的模型结构中可以看出，模型结构并不特别复杂，也没有加入注意力机制、序列模型、强化学习等模型思路，是一个非常标准的工业界深度学习推荐模型。这与 Facebook 务实的技术风格相关，也说明在海量数据的背景下，简单的模型结构就可以发挥不俗的作用。

8.1.7 DLRM 模型并行训练方法

作为一篇来自工业界的论文，模型的实际训练方法往往可以让业界同行收益颇多。Facebook 的数据量之大，单节点的模型训练必然无法快速完成训练任务，因此模型的并行训练就是必须采用的解决方法。

简单来说，DLRM 融合使用了模型并行和数据并行的方法，对 Embedding 部分采用了模型并行，对 MLP 部分采用了数据并行。Embedding 部分采用模型并行的目的是减轻大量 Embedding 层参数带来的内存瓶颈问题。MLP 部分采用数据并行可以并行进行前向和反向传播。

其中，Embedding 做模型并行训练指的是在一个 device（设备）或者计算节点上，仅保存一部分 Embedding 层参数，每个设备进行并行 mini batch 梯度更新时，仅更新自己节点上的部分 Embedding 层参数。

MLP 层和特征交互层进行数据并行训练指的是每个设备上已经有了全部模型参数，每个设备利用部分数据计算梯度，再利用全量规约（AllReduce）的方法汇总所有梯度进行参数更新。

8.1.8　DLRM 模型的效果

DLRM 的训练是在 Facebook 自研的 AI 平台 Big Basin platform 上进行的，平台的具体配置是 Dual Socket Intel Xeon 6138 CPU@2.00GHz +8 个 Nvidia Tesla V100 16GB GPUs。Facebook Big Basin AI 硬件平台示意图如图 8-6 所示。

图 8-6　Facebook Big Basin AI 硬件平台

很明显，Big Basin platform 是一个高性能的 CPU+GPU 的组合平台，没有采用类似 6.3 节介绍的 Parameter Server 的分布式硬件架构。这节约了大量网络通信的成本，但在扩展性方面没有 Parameter Server 灵活。

在性能的对比上，DLRM 选择了谷歌 2017 年提出的 DCN 作为 baseline（性能基准）。通过对比本节介绍的 DLRM 和 3.6 节介绍的 DCN 可以发现，DLRM 和 DCN 的主要区别在于特征交叉方式的不同，DLRM 采用了不同特征域两两内积的交叉方式，而 DCN 采用了比较复杂的 cross layer 的特征交叉方式。以 Criteo Ad

Kaggle data 为测试集，二者的性能对比如图 8-7 所示。

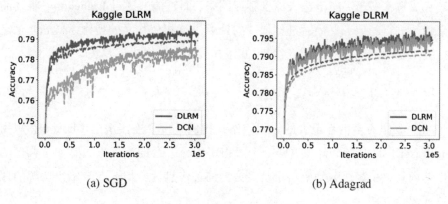

(a) SGD   (b) Adagrad

图 8-7　DLRM 与 DCN 性能对比

可以看出，DLRM 在准确率指标上稍胜一筹。当然，模型的性能与数据集的选择、参数的调优都有很大关系，而且 DLRM 在 Adagrad 训练方式下的优势已经微乎其微，这里的性能评估读者仅做参考即可。

8.1.9　Facebook 深度学习推荐系统总结

无论是 GBDT+LR 组合模型，还是最新的 DLRM 模型，Facebook 的技术选择总给人非常工业化的感觉，简单直接，以解决问题为主。虽然从学术角度看模型的创新性不足，但业界的从业者却能从中借鉴非常多的工程实践经验。DLRM 模型是非常标准且实用的深度学习推荐模型。如果公司刚开始从传统机器学习模型转到深度学习模型，则完全可以采用 DLRM 作为标准实现。而 GBDT+LR 组合模型传递出的特征工程模型化及模型组合的思路，对推荐系统技术发展有更深远的影响。

8.2　Airbnb 基于 Embedding 的实时搜索推荐系统

2018 年，Airbnb 在 KDD 上发表了论文 *Real-time Personalization using Embeddings for Search Ranking at Airbnb*[3]，并被评为当次会议的最佳论文。该文第一作者，Airbnb 的高级机器学习科学家 Mihajlo 也在多个技术会议上分享过 Airbnb 的搜索推荐系统。其中，Airbnb 对 Embedding 技术的应用尤为值得学习。

作为深度学习的"核心操作"之一，Embedding 技术不仅能够将大量稀疏特征转换成稠密特征，便于输入深度学习网络，而且能够通过 Embedding 将物品的语义特征进行编码，直接通过相似度的计算进行相似物品的搜索。Airbnb 正是充分挖掘了 Embedding 的这两点优势，基于 Embedding 构建了其实时搜索推荐系统。

8.2.1　推荐系统应用场景

Airbnb 作为全世界最大的短租网站，提供了一个连接房主（host）和短租客（guest/user）的中介平台。这样一个短租房中介平台的交互方式是一个典型的搜索推荐场景，租客输入地点、价位、关键词等信息后，Airbnb 会给出房源的搜索推荐列表，如图 8-8 所示。

图 8-8　Airbnb 的搜索业务场景

在展示了房源推荐列表后，租客和房主之间的交互方式包括以下几种（如图 8-9 所示）：

- 租客点击（Click）房源。

- 租客立即预订（Instant Book）房源。

- 租客发出预订请求（Booking Request），房主有可能拒绝（Reject）、同意（Accept）或者不响应（No Response）租客的预订请求。

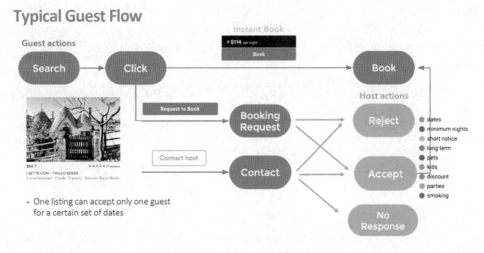

图 8-9　Airbnb 中的不同交互方式

Airbnb 的搜索团队正是基于这样的业务场景，利用几种交互方式产生的历史数据构建了实时搜索排序模型。为了捕捉用户的"短期"和"长期"兴趣，Airbnb 并没有将用户历史数据中的点击房源 id 序列（clicked listing ids）或者预订房源 id 序列（booked listing ids）直接输入排序模型，而是先对租客和房源分别进行 Embedding，进而利用 Embedding 的结果构建出诸多特征，作为排序模型的输入。

具体到 Embedding 方法上，Airbnb 生成了两种不同的 Embedding，分别对用户的"短期"和"长期"兴趣进行编码。其中生成短期兴趣 Embedding 的目的是进行房源的相似推荐，以及对用户进行 session（会话）内的实时个性化推荐。生成长期兴趣 Embedding 的目的是在最终的推荐结果中照顾到用户之前的预订偏好，推荐更容易被用户预订的个性化房源。

8.2.2　基于短期兴趣的房源 Embedding 方法

Airbnb 利用 Session 内点击数据对房源进行 Embedding，捕捉用户在一次搜索过程中的短期兴趣，其中 Session 内点击数据指的是一个用户在一次搜索过程中点击的房源序列，这个序列需要满足两个条件：一是只有在房源详情页停留超过 30 秒才算序列中的一个数据点；二是如果用户超过 30 分钟没有动作，那么这个序列会被打断，不再是一个序列。这么做的目的有二，一是清洗噪声点和负反馈信号；二是避免非相关序列的产生。Session 内点击序列的定义和条件示意图如图 8-10 所示。

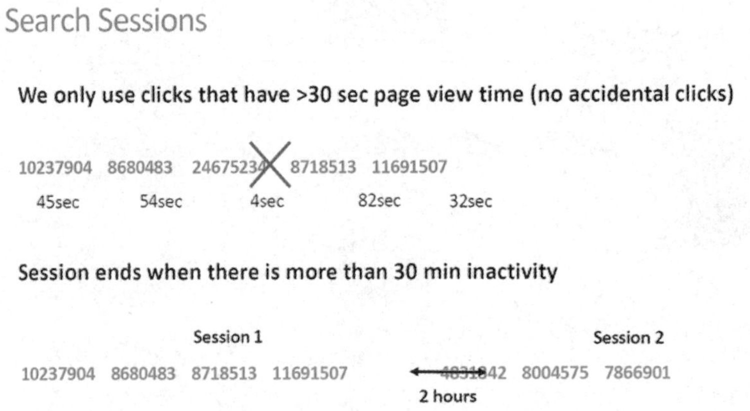

图 8-10　Session 内点击序列的定义和条件

有了由点击房源组成的序列（sequence），就可以像 4.3 节介绍的 Item2vec 方法那样，把这个序列当作一个"句子"样本，开始 Embedding 的过程。Airbnb 选择了 4.2 节介绍的 Word2vec 的 skip-gram model 作为 Embedding 方法的框架，通过修改 Word2vec 的目标函数（objective）使其逼近 Airbnb 的业务目标。图 8-11 所示为 Airbnb 基于 Word2vec 的 Embedding 方法。

本书 4.1 节已经详细介绍了 Word2vec 的方法，这里直接列出 Word2vec 的 skip-gram model 的目标函数：

$$\arg\max_{\theta} \sum_{(w,c)\in D} \log p(c|w) = \sum_{(w,c)\in D} \left(\log e^{v_c \cdot v_w} - \log \sum_{c'} e^{v_{c'} \cdot v_w} \right) \quad （\text{式 8-2}）$$

在采用负样本的训练方式后，目标函数转换成了如下形式：

$$\arg\max_{\theta} \sum_{(w,c)\in D} \log \sigma(v_c \cdot v_w) + \sum_{(w,c)\in D'} \log \sigma(-v_c \cdot v_w) \qquad （式 8-3）$$

式中 σ 函数代表常见的 sigmoid 函数，D 是正样本集合，D'是负样本集合。（式 8-3）的前半部分是正样本的形式，后半部分是负样本的形式（多了一个负号）。

回到 Airbnb 房源 Embedding 这个问题上，Embedding 过程的正样本很自然地取自 Session 内点击序列滑动窗口中的房源，负样本则是在确定中心房源（central listing）后从语料库（这里指所有房源的集合）中随机选取一个房源作为负样本。

因此，Airbnb 初始的目标函数几乎与 Word2vec 的目标函数一模一样，形式如下：

$$\arg\max_{\theta} \sum_{(l,c)\in \mathcal{D}_p} \log \frac{1}{1+e^{-v_c'v_l}} + \sum_{(l,c)\in \mathcal{D}_n} \log \frac{1}{1+e^{v_c'v_l}} \qquad （式 8-4）$$

在原始 Word2vec Embedding 的基础上，针对其业务特点，Airbnb 的工程师希望将预订信息引入 Embedding。这样可以使 Airbnb 的搜索列表和相似房源列表更倾向于推荐之前预订成功 Session 中的房源。从这个动机出发，Airbnb 把会话点击序列分成两类，最终产生预订行为的称为预订会话，没有的称为探索性会话（exploratory session）。

每个预订会话中只有最后一个房源是被预订房源（booked listing），为了将这个预订行为引入目标函数，不管这个被预订房源在不在 Word2vec 的滑动窗口中，都假设这个被预订房源与滑动窗口的中心房源相关，相当于引入了一个全局上下文（global context）到目标函数中，因此，目标函数就变成了（式 8-5）的样子。

$$\arg\max_{\theta} \sum_{(l,c)\in \mathcal{D}_p} \log \frac{1}{1+e^{-v_c'v_l}} + \sum_{(l,c)\in \mathcal{D}_n} \log \frac{1}{1+e^{v_c'v_l}} + \log \frac{1}{1+e^{-v_{l_b}'v_l}} \qquad （式 8-5）$$

其中，最后一项 l_b 代表被预订房源，因为预订是一个正样本行为，所以这一项前也是有负号的。

需要注意的是，最后一项前是没有 $\sum$ 符号的，前面的项有 $\sum$ 符号是因为滑动窗口中的中心房源与所有滑动窗口中的其他房源都相关，最后一项没有 $\sum$ 符号是因为被预订房源只有一个，所以中心房源只与这一个被预订房源有关。

为了更好地发现同一市场（market place）内部房源的差异性，Airbnb 加入了另一组负样本，就是在与中心房源同一市场的房源集合中进行随机抽样，获得一组新的负样本。同理，可以用与之前负样本同样的形式加入目标函数中。

$$\arg\max_{\theta} \sum_{(l,c)\in\mathcal{D}_p} \log \frac{1}{1+e^{-v_c'v_l}} + \sum_{(l,c)\in\mathcal{D}_n} \log \frac{1}{1+e^{v_c'v_l}} + \log \frac{1}{1+e^{-v_{l_b}'v_l}} + \sum_{(l,m_n)\in\mathcal{D}_{m_n}} \log \frac{1}{1+e^{v_{m_n}'v_l}}$$

（式 8-6）

其中，$\mathcal{D}_{m_n}$ 指新的同一地区的负样本集合。

至此，房源 Embedding 的目标函数就定义完成了，Embedding 的训练过程就是 Word2vec 使用负采样方法进行训练的标准过程，这里不再详述。

除此之外，论文中还介绍了解决冷启动问题的方法。简而言之，如果有新的房源缺失 Embedding 向量，就找附近的 3 个同样类型、相似价格的房源向量进行平均得到，这不失为一个实用的工程经验。

为了对房源 Embedding 的相似效果进行检验，Airbnb 实现了一个通过 Embedding 搜索相似房源的内部工具网站。图 8-11 所示为一组相似 Embedding 房源的结果。

从图中可以看出，Embedding 不仅编码了房源的价格、类型等信息，甚至连房源的建筑风格信息都能抓住，说明即使不利用图片信息，Embedding 也能从用户的点击序列中挖掘出相似建筑风格的房源。

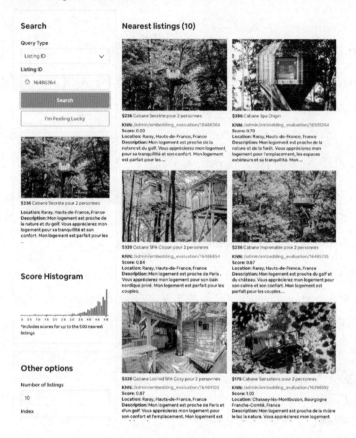

图 8-11　一组相似 Embedding 房源的结果

8.2.3　基于长期兴趣的用户 Embedding 和房源 Embedding

短期兴趣 Embedding 使用用户的点击数据构建了房源 Embedding，基于该 Embedding 可以很好地找出相似房源，但有所欠缺的是，该 Embedding 并没有包含用户的长期兴趣信息。比如用户 6 个月前预订过一个房源，其中包含了该用户对房屋价格、房屋类型等属性的长期偏好，但由于之前的 Embedding 只使用了 Session 级别的点击数据，从而丢失了用户的长期兴趣信息。

为了捕捉用户的长期偏好，Airbnb 使用了预订会话序列。比如用户 j 在过去 1 年依次预订过 5 个房源，那么其预订会话就是 $s_j = (l_{j1}, l_{j2}, l_{j3}, l_{j4}, l_{j5})$。既然有了预订会话的集合，是否可以像之前对待点击会话（click session）那样将 Word2vec 的方法用到 Embedding 上呢？答案是否定的，因为会遇到非常棘手的数据稀疏问题。

具体地讲，预订会话的数据稀疏问题表现为以下 3 点：

（1）预订行为的总体数量本身远远小于点击行为，所以预订会话集合的大小是远远小于点击会话的。

（2）单一用户的预订行为很少，大量用户在过去 1 年甚至只预订过一个房源，这导致很多预订会话序列的长度仅仅为 1。

（3）大部分房源被预订的次数也少得可怜，要使 Word2vec 训练出较稳定有意义的 Embedding，物品最少需要出现 5~10 次，但大量房源被预订的次数少于 5 次，根本无法得到有效的 Embedding。

如何解决如此严重的数据稀疏问题，训练出有意义的用户 Embedding 和房源 Embedding 呢？Airbnb 给出的答案是基于某些属性规则做相似用户和相似房源的聚合。举例来说，房源属性如表 8-2 所示。

表 8-2　房源属性

分桶 id（Buckets）	1	2	3	4	5	6	7	8
国家（Country）	US	CA	GB	FR	MX	AU	ES	…
房源属性（Listing Type）	Ent	Priv	Share					
每晚价格（$per Night）	<40	40~55	56~69	70~83	84~100	101~129	130~189	190+
床数量（Num Beds）	1	2	3	4+				
5 星好评百分比（Listing 5 Star %）	0~40	41~60	61~90	90+				

可以用属性名称和分桶 id（这里指属性值对应的序号）组成一个属性标识，例如，某个房源的国家是 US，房源属性是 Ent（bucket 1），每晚的价格是 56~59 美元（bucket 3），就可以用 US_lt1_pn3 表示该房源的属性标识。

用户属性的定义同理，从表 8-3 中可以看出，用户属性包括设备类型、是否填写简介、是否有头像照片、历史预订次数，等等。可以看出，用户属性是指一些非常基础的属性，利用与房源属性标识相同的方式，可以生成用户属性标识（user type）。

表 8-3　用户属性

分桶 id（Buckets）	1	2	3	4	5	6	7
市场（Market）	SF	NYC	LA	PHL	AUS	LV	…
语言（Language）	En	Es	Fr	Jp	Ru	Ko	De
设备类型（Device Type）	Mac	Msft	Andr	iPad	Tablet	iPhone	…
是否填写简介（Full Profile）	Yes	No					
是否有头像照片（Profile Photo）	Yes	No					
历史预订次数（Num Booking）	0	1	2~7	8+			
每晚平均价格（$per Night）	<40	40~55	56~69	70~83	84~100	101~129	130~189

有了用户属性和房源属性，就可以用聚合数据的方式生成新的预订序列（booking session sequence）。直接用用户属性替代原来的 user id，生成一个由所有该用户属性预订历史组成的预订序列。这种方法解决了用户预订数据稀疏的问题。

在得到用户属性的预订序列之后，如何得到用户属性和房源属性的 Embedding 呢？为了让 user type Embedding 和 listing type Embedding 在同一个向量空间中生成，Airbnb 采用了一种比较"反直觉"的方式。

针对某一 user id 按时间排序的 booking session$(l_1, l_2, ..., l_m)$，用(user_type, listing_type) 组成的元组替换原来的 listing item，原序列就变成了 $((u_{type1}, l_{type1}), (u_{type2}, l_{type2}), ..., (u_{typeM}, l_{typeM}))$，这里 l_{type1} 指的就是房源 l_1 对应的房源属性，u_{type1} 指的是该用户在预订房源 l_1 时的用户属性，由于用户的 user_type 会随着时间变化，所以 u_{type1}, u_{type2} 不一定相同。

有了该序列的定义，下面的问题是如何训练 Embedding 使得用户属性和房源属性在一个空间内。训练所用的目标函数完全沿用 8.2.2 节定义的目标函数的形式，但由于这里使用（user type,listing type）元组替换了原来的 listing，如何确定"中心词"（central item）就成了核心问题。事实上，Airbnb 在相关论文中并没有披露这里的技术细节，但结合其大致的介绍，本节将给出一种最接近论文原文的训练方式。

Airbnb 分别给出了训练 user type Embedding 和 listing type Embedding 时，滑动窗口内"中心词"分别是 user type(u_t)和 listing type(l_t)时的目标函数：

$$\arg\max_{\theta} \sum_{(u_t,c)\in\mathcal{D}_{book}} \log\frac{1}{1+e^{-V_c'V_{u_t}}} + \sum_{(u_t,c)\in\mathcal{D}_{neg}} \log\frac{1}{1+e^{V_c'V_{u_t}}} \quad （式 8-7）$$

$$\arg\max_{\theta} \sum_{(l_t,c)\in\mathcal{D}_{book}} \log\frac{1}{1+e^{-V_c'V_{l_t}}} + \sum_{(l_t,c)\in\mathcal{D}_{neg}} \log\frac{1}{1+e^{V_c'V_{l_t}}} \quad （式 8-8）$$

其中，D_{book}是中心词附近的用户属性和房源属性的集合。所以在训练过程中，用户属性和房源属性完全是被同等对待的，这两个目标函数也是完全一样的。

可以认为，Airbnb 在训练 user type Embedding 和 listing type Embedding 时是把所有元组扁平化了，把用户属性和房源属性当作完全相同的词去训练 Embedding，这样的方式保证了二者自然而然地在一个向量空间中生成。虽然整个过程浪费了一些信息，但不失为一个好的工程解决办法。

定义了 Embedding 的目标函数，用户和房源又被定义在同一向量空间中，利用 Word2vec 负采样的训练方法，可以同时得到用户和房源的 Embedding，二者之间的余弦相似度代表了用户对某房源的长期兴趣偏好。

8.2.4　Airbnb 搜索词的 Embedding

除了计算用户和房源的 Embedding，Airbnb 还在其搜索推荐系统中对搜索词（query）进行了 Embedding，与用户 Embedding 的方法类似，通过把搜索词和房源置于同一向量空间进行 Embedding，再通过二者之间的余弦相似度进行排序。从图 8-12 和图 8-13 中可以看出，采用 Embedding 方法生成的搜索排序和传统文本相似度方法的差别。

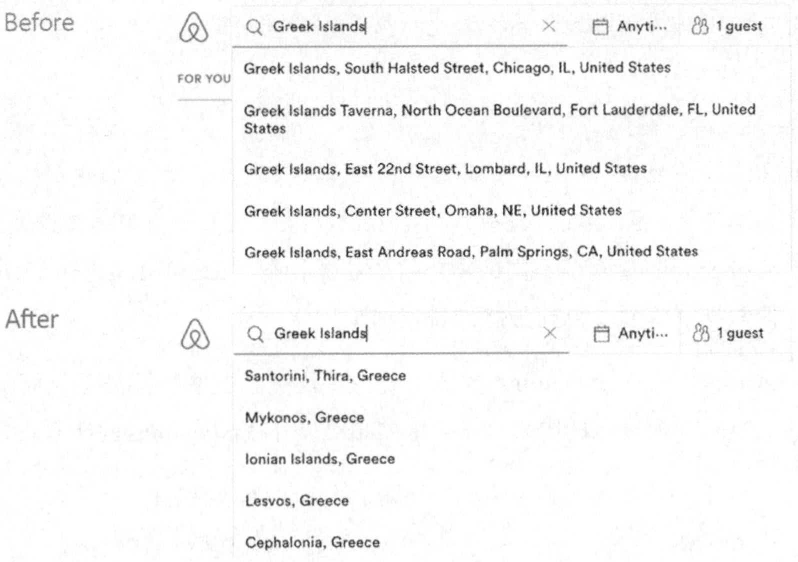

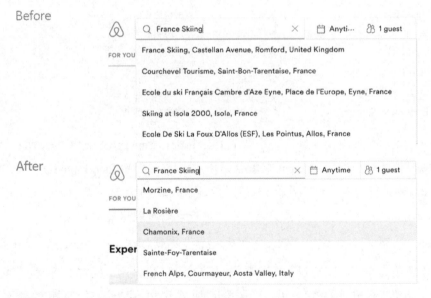

图 8-12　引入 Embedding 前后搜索 "Greek Islands" 的搜索结果对比

图 8-13　引入 Embedding 前后搜索 "France Skiing" 的搜索结果对比

可以看出，在引入 Embedding 之前，搜索结果只能是输入的关键词，而引入 Embedding 之后，搜索结果甚至能够捕捉到搜索词的语义信息。例如，输入 France Skiing（法国滑雪），虽然结果中没有一个地点名带有 Skiing 这个关键词，但联想结果中都是法国的滑雪胜地，这无疑是更接近用户动机的结果。

8.2.5 Airbnb 的实时搜索排序模型及其特征工程

上面介绍了 Airbnb 对用户短期和长期兴趣进行用户和房源 Embedding 的方法，需要强调的是，Airbnb 并没有直接把 Embedding 相似度排名当作搜索结果，而是基于 Embedding 得到了不同的用户房源相关特征（user-listing pair feature），然后输入搜索排序模型，得到最终的排序结果。

那么 Airbnb 基于 Embedding 生成了哪些特征呢？这些特征又是如何驱动搜索结果的"实时"个性化的呢？表 8-4 中列出了基于 Embedding 的所有特征。

表 8-4　Airbnb 基于用户和房源 Embedding 生成的特征

特征名称	特征描述
EmbClickSim	候选房源与用户点击房源相似度
EmbSkipSim	候选房源与用户忽略房源相似度
EmbLongClickSim	候选房源与用户长点击房源相似度
EmbWishlistSim	候选房源与用户收藏房源相似度
EmbInqSim	候选房源与用户联系房源相似度
EmbBookSim	候选房源与用户预订房源相似度
EmbLastLongClickSim	候选房源与用户最后长点击房源相似度
UserTypeListingTypeSim	候选房源属性与用户属性相似度

可以很清楚地看出，最后一个特征 UserTypeListingTypeSim 指的是用户属性和房源属性的相似度。该特征相似度就是使用 user type 和 listing type 的长期兴趣 Embedding 计算得到的。除此之外，其他特征都适用于短期兴趣 Embedding。例如，EmbClickSim 指的是候选房源与用户最近点击过的房源的相似度。

细心的读者可能会有一个疑问——Airbnb 强调的"实时"系统中的"实时"到底体现在哪儿？其实通过上面的特征设计就可以给出这个问题的答案了。在这些 Embedding 相关的特征中，Airbnb 加入了"最近点击房源的相似度（EmbClickSim）""最后点击房源的相似度（EmbLastLongClickSim）"这类特征。由于这类特征的存在，用户在点击浏览的过程中就可以得到实时的反馈，搜索结果也可以实时地根据用户的点击行为而改变。

在得到这些 Embedding 特征之后，会将 Embedding 类特征与其他特征一起输入搜索排序模型进行训练。这里，Airbnb 采用的搜索排序模型是一个支持 Pairwise Lambda Rank 的 GBDT 模型[4]，并已由 Airbnb 的工程师开源。最后，表 8-5 所示为 Airbnb 对各特征重要度的评估结果，供读者参考。

表 8-5　Airbnb 对各特征重要度的评估结果

特征名称	覆盖率	特征重要性排名
EmbClickSim	76.16%	5/104
EmbSkipSim	78.64%	8/104
EmbLongClickSim	51.05%	20/104
EmbWishlistSim	36.50%	47/104
EmbInqSim	20.61%	12/104
EmbBookSim	8.06%	46/104
EmbLastLongClickSim	48.28%	11/104
UserTypeListingTypeSim	86.11%	22/104

8.2.6　Airbnb 实时搜索推荐系统总结

本节介绍了与 Airbnb 实时搜索推荐系统相关的内容，总的来说，Airbnb 的实时搜索推荐系统有如下值得我们思考借鉴的地方。

1．工程与理论结合得极佳

通过对经典的 Word2vec 方法进行改造，完成对用户和房源的 Embedding，并针对数据稀疏的问题，利用用户属性和房源属性聚合稀疏数据，这些极具实践价值的方法是算法工程师应该学习的思路。

2．业务与知识结合得极佳

在对 Embedding 目标函数的改造过程中，不止一次引入了与业务强相关的目标项，使算法的改造与公司业务和商业模型紧密结合，这往往是很多学术导向的算法工程师缺乏的能力。

8.3　YouTube 深度学习视频推荐系统

本节介绍的是 YouTube 的深度学习视频推荐系统。2016 年，YouTube 发表了深度学习推荐系统论文 *Deep Neural Networks for YouTube Recommenders*[5]，按照如今的标准，这篇论文的内容已经不算新颖，但这丝毫不影响这篇论文提出的方案成为推荐系统业界最经典的深度学习架构之一。读者不仅能够从中学到深度学习推荐系统的经典架构，更能从技术细节中学到诸多工程实践经验，这对工程师来说无疑是宝贵的。

8.3.1　推荐系统应用场景

作为全球最大的视频分享网站，YouTube 平台中几乎所有的视频都来自 UGC，这样的内容产生模式有两个特点。

（1）商业模式不同。Netflix 和国内的爱奇艺等流媒体，它们的大部分内容都是采购或自制的电影、剧集等头部内容，YouTube 内容的头部效应没有那么明显。

（2）由于 YouTube 的视频基数巨大，用户较难发现喜欢的内容。

YouTube 内容的特点使推荐系统的作用相比其他流媒体重要得多。除此之外，YouTube 的利润来源主要来自视频广告，而广告的曝光机会与用户观看时长成正比，因此 YouTube 推荐系统正是其商业模式的基础。

基于 YouTube 的商业模式和内容特点，其推荐团队构建了两个深度学习网络，分别考虑召回率和准确率的要求，并构建了以用户观看时长为优化目标的排序模型，最大化用户观看时长，进而产生更多的广告曝光机会，下面详细介绍 YouTube 推荐系统的模型结构和技术细节。

8.3.2　YouTube 推荐系统架构

前面已经提到 YouTube 视频基数巨大，这要求其推荐系统能在百万量级的视频规模下进行个性化推荐。考虑到在线系统的延迟问题，不宜用复杂网络直接对所有海量候选集进行排序，所以 YouTube 采用两级深度学习模型完成整个推荐过程（如图 8-14 所示）。

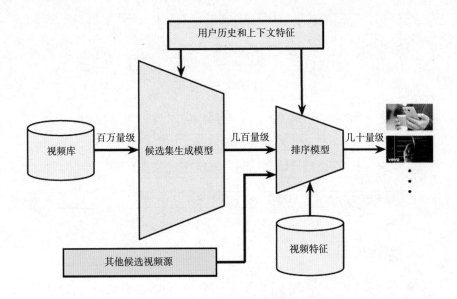

图 8-14　YouTube 推荐系统整体架构

第一级用候选集生成模型（Candidate Generation Model）完成候选视频的快速筛选，在这一步，候选视频集合由百万量级降至几百量级。这相当于经典推荐系统架构中的召回层。

第二级用排序模型（Ranking Model）完成几百个候选视频的精排。这相当于经典推荐系统架构中的排序层。

8.3.3　候选集生成模型

首先，介绍候选集生成模型的架构（如图 8-15 所示）。自底而上地看这个网络，底层的输入是用户历史观看视频 Embedding 向量和搜索词 Embedding 向量。

为了生成视频 Embedding 和搜索词 Embedding，YouTube 采用的方法同 8.2 节介绍的 Airbnb Embedding 方法相似，利用用户的观看序列和搜索序列，采用 Word2vec 方法对视频和搜索词做 Embedding，再作为候选集生成模型的输入，具体做法可以参考 8.2 节中 Airbnb 对房源进行 Embedding 的过程。除了进行预先 Embedding，还可以直接在深度学习网络中增加 Embedding 层，与上层的 DNN 一起进行端到端训练，两种方法孰优孰劣，4.5 节已经讨论过。

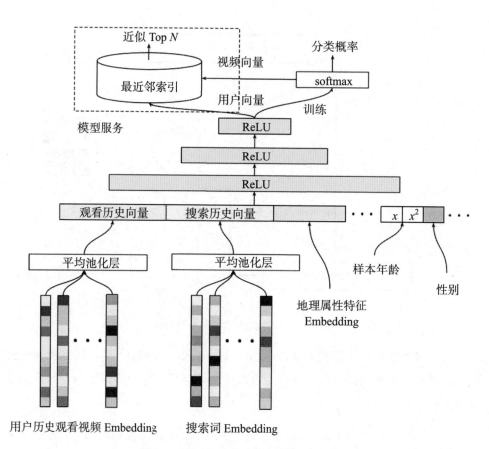

图 8-15　YouTube 候选集生成模型的架构

除了视频和搜索词 Embedding 向量，特征向量中还包括用户的地理属性特征 Embedding、年龄、性别等。然后把所有特征连接起来，输入上层的 ReLU 神经网络进行训练。

三层神经网络过后，使用 softmax 函数作为输出层。读者看到 softmax 函数就应知道该模型是一个多分类模型。YouTube 是把选择候选视频集这个问题看作用户推荐 next watch（下一次观看视频）的问题，模型的最终输出是一个在所有候选视频上的概率分布，显然这是一个多分类问题，所以这里用 softmax 作为最终的输出层。

总的来讲，YouTube 推荐系统的候选集生成模型是一个标准的利用 Embedding 预训练特征的深度神经网络模型。

8.3.4　候选集生成模型独特的线上服务方法

细心的读者可能已经发现，架构图 8-15 左上角的模型服务方法与模型训练方法完全不同。在候选集生成网络的线上服务过程中，YouTube 并没有直接采用训练时的模型进行预测，而是采用了一种最近邻搜索的方法，这是一个经典的工程和理论做权衡的结果。

具体来讲，在模型服务过程中，如果对每次推荐请求都端到端地运行一遍候选集生成网络的推断过程，那么由于网络结构比较复杂，参数数量特别是输出层的参数数量非常巨大，整个推断过程的开销会很大。因此，在通过"候选集生成模型"得到用户和视频的 Embedding 后，通过 Embedding 最近邻搜索的方法进行模型服务的效率会高很多。这样甚至不用把模型推断的逻辑搬上服务器，只需将用户 Embedding 和视频 Embedding 存到 Redis 等内存数据库或者服务器内存中就好。如果采用 4.6 节介绍的局部敏感哈希等最近邻搜索的方法，那么甚至可以把模型服务的计算复杂度降至常数级别。这对百万量级规模的候选集生成过程的效率提升是巨大的。

如果继续深挖，还能得到非常有意思的信息。架构图中从 softmax 向模型服务模块画了个箭头，代表视频 Embedding 向量的生成。这里的视频 Embedding 是如何生成的呢？由于最后的输出层是 softmax，该 softmax 层的参数本质上是一个 $m \times n$ 维的矩阵，其中 m 指的是最后一层（ReLU 层）的维度，n 指的是分类的总数，也就是 YouTube 所有视频的总数为 n。那么视频 Embedding 就是这个 $m \times n$ 维矩阵的各列向量。这样的 Embedding 生成方法其实和 Word2vec 中词向量的生成方法相同。

除此之外，用户向量的生成就非常好理解了，因为输入的特征向量全部都是用户相关的特征，所以在使用某用户 u 的特征向量作为模型输入时，最后一层 ReLU 层的输出向量可以当作该用户的 Embedding 向量。在模型训练完成后，逐个输入所有用户的特征向量到模型中，就可以得到所有用户的 Embedding 向量，之后导入线上 Embedding 数据库。在预测某用户的视频候选集时，先得到该用户的 Embedding 向量，再在视频 Embedding 向量空间中利用局部敏感哈希等方法搜索该用户 Embedding 向量的 Top K 近邻，就可以快速得到 k 个候选视频集合。

8.3.5 排序模型

通过候选集生成模型，得到几百个候选视频集合，然后利用排序模型进行精排序，YouTube 推荐系统的排序模型如图 5-9 所示。

第一眼看上去，读者可能会认为排序模型的网络结构与候选集生成模型没有太大区别，在模型结构上确实是这样的，这里需要重点关注模型的输入层和输出层，即排序模型的特征工程和优化目标。

相比候选集生成模型需要对几百万候选集进行粗筛，排序模型只需对几百个候选视频进行排序，因此可以引入更多特征进行精排。具体地讲，输入层从左至右的特征依次是：

（1）当前候选视频的 Embedding（impression video ID embedding）。

（2）用户观看过的最后 N 个视频 Embedding 的平均值（watched video IDs average embedding）。

（3）用户语言的 Embedding 和当前候选视频语言的 Embedding（language embedding）。

（4）该用户自上次观看同频道视频的时间（time since last watch）。

（5）该视频已经被曝光给该用户的次数（#previous impressions）。

上面 5 个特征中，前 3 个的含义是直观的，这里重点介绍第 4 个和第 5 个特征。因为这两个特征很好地引入了 YouTube 对用户行为的观察。

第 4 个特征 time since last watch 表达的是用户观看同类视频的间隔时间。从用户的角度出发，假如某用户刚看过"DOTA 比赛经典回顾"这个频道的视频，那么用户大概率会继续看这个频道的视频，该特征很好地捕捉到了这一用户行为。

第 5 个特征#previous impressions 则在一定程度上引入了 5.7 节介绍的"探索与利用"机制，避免同一个视频对同一用户的持续无效曝光，尽量增加用户看到新视频的可能性。

需要注意的是，排序模型不仅针对第 4 个和第 5 个特征引入了原特征值，还进行了平方和开方的处理。作为新的特征输入模型，这一操作引入了特征的非线性，提升了模型对特征的表达能力。

经过三层 ReLU 网络之后，排序模型的输出层与候选集生成模型又有所不同。候选集生成模型选择 softmax 作为其输出层，而排序模型选择加权逻辑回归作为模型输出层。与此同时，模型服务阶段的输出层选择的是 $e^{(Wx+b)}$ 函数。YouTube 为什么分别在训练和服务阶段选择了不同的输出层函数呢？

从 YouTube 的商业模式出发，增加用户观看时长才是其推荐系统最主要的优化目标，所以在训练排序模型时，每次曝光期望观看时长（expected watch time per impression）应该作为更合理的优化目标。因此，为了能直接预估观看时长，YouTube 将正样本的观看时长作为其样本权重，用加权逻辑回归进行训练，就可以让模型学到用户观看时长的信息。

假设一件事情发生的概率是 p，这里引入一个新的概念——Odds（机会比），它指一件事情发生和不发生的比值。

对逻辑回归来说，一件事情发生的概率 p 由 sigmoid 函数得到，如（式 8-9）所示：

$$p = \text{sigmoid}(\boldsymbol{\theta}^{\text{T}}x) = \frac{1}{1 + e^{-(Wx+b)}} \qquad （式 8-9）$$

这里定义变量 Odds 如（式 8-10）所示，并带入（式 8-9）可得：

$$\text{Odds} = \frac{p}{1-p} = e^{Wx+b} \qquad （式 8-10）$$

显而易见，YouTube 正是把变量 Odds 当作了模型服务过程中的输出。为什么 YouTube 要预测变量 Odds 呢？Odds 又有什么物理意义呢？

这里需要结合加权逻辑回归的原理进行进一步说明。由于加权逻辑回归引入了正样本权重的信息，在 YouTube 场景下，正样本 i 的观看时长 T_i 就是其样本权重，因此正样本发生的概率变成原来的 T_i 倍，那么正样本 i 的 Odds 如（式 8-11）所示：

$$\text{Odds}(i) = \frac{T_i p}{1 - T_i p} \qquad （式 8-11）$$

在视频推荐场景中，用户打开一个视频的概率 p 往往是一个很小的值（通常在 1%左右），因此（式 8-11）可以继续简化：

$$\text{Odds}(i) = \frac{T_i p}{1 - T_i p} \approx T_i p = E(T_i) = 期望观看时长$$

可以看出，变量 Odds 本质上的物理意义就是**每次曝光期望观看时长**，这正是排序模型希望优化的目标。因此，利用加权逻辑回归进行模型训练，利用 e^{Wx+b} 进行模型服务是最符合优化目标的技术实现。

8.3.6 训练和测试样本的处理

事实上，为了能够提高模型的训练效率和预测准确率，YouTube 采取了诸多处理训练样本的工程措施，主要有以下 3 点经验供读者借鉴。

（1）候选集生成模型把推荐问题转换成多分类问题，在预测下一次观看的场景中，每一个备选视频都会是一个分类，因此总共的分类有数百万之巨，使用 softmax 对其进行训练无疑是低效的，这个问题 YouTube 是如何解决的呢？

YouTube 采用了 Word2vec 中常用的负采样训练方法减少了每次预测的分类数量，从而加快了整个模型的收敛速度，具体的方法在 4.1 节已经有所介绍。此外，YouTube 也尝试了 Word2vec 另一种常用的训练方法 hierarchical softmax（分层 softmax），但并没有取得很好的效果，因此在实践中选择了更为简便的负采样方法。

（2）在对训练集的预处理过程中，YouTube 没有采用原始的用户日志，而是对每个用户提取等数量的训练样本，这是为什么呢？

YouTube 这样做的目的是减少高度活跃用户对模型损失的过度影响，使模型过于偏向活跃用户的行为模式，忽略数量更广大的长尾用户的体验。

（3)在处理测试集的时候，YouTube 为什么不采用经典的随机留一法(random holdout)，而是一定要以用户最近一次观看的行为作为测试集呢？

只留最后一次观看行为做测试集主要是为了避免引入未来信息（ future information ），产生与事实不符的数据穿越问题。

可以看出，YouTube 对于训练集和测试集的处理过程也是基于对业务数据的观察理解的，这是非常好的工程经验。

8.3.7 如何处理用户对新视频的偏好

对 UGC 平台来说，用户对新内容的偏好很明显。对绝大多数内容来说，刚上线的那段时间是其流量高峰，然后快速衰减，之后趋于平稳（如图 8-16 中绿色曲线所示）。YouTube 的内容当然也不例外，因此，能否处理好用户对新视频的偏好直接影响了预测的准确率。

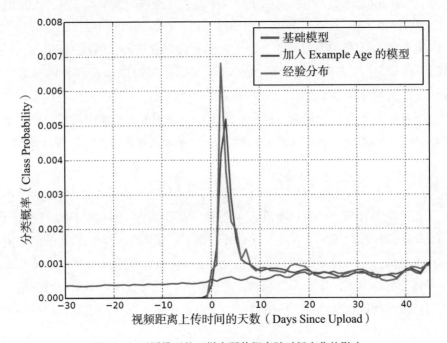

图 8-16　不同模型的正样本预估概率随时间变化的影响

为了拟合用户对新内容的偏好，YouTube 推荐系统引入了 Example Age 这个特征，该特征的定义是**训练样本产生的时刻距离当前时刻的时间**。例如，24 小时前产生的训练样本，Example Age 的特征值就是 24。在做模型服务的时候，不管候选视频是哪个，可以直接将这个特征值设成 0，甚至是一个很小的负值，因为这次的训练样本将在不久的未来产生这次推荐结果的时候实际生成。

YouTube 选择这样一个时间特征来反映内容新鲜程度的逻辑并不容易理解，读者可以仔细思考这个做法的细节和动机。笔者对这个特征的理解是：该特征本身并不包含任何信息，但当该特征在深度神经网络中与其他特征做交叉时，就起到了时间戳的作用，通过这个时间戳和其他特征的交叉，保存了其他特征随时间变化的权重，也就让最终的预测包含了时间趋势的信息。

YouTube 通过试验验证了 Example Age 特征的重要性，图 8-16 中蓝色曲线是引入 Example Age 前的模型预估值，可以看出与时间没有显著关系，而引入 Example Age 后的模型预估十分接近经验分布。

通常"新鲜程度"这一特征会定义为视频距离上传时间的天数（Days since Upload），比如虽然是 24 小时前产生的样本，但样本的视频已经上传了 90 小时，该特征值就应是 90。那么在做线上预估时，这个特征的值就不会是 0，而是当前时间与每个视频上传时间的间隔。这无疑是一种保存时间信息的方法，YouTube 显然没有采用这种方法，笔者推测该方法效果不好的原因是这种做法会导致 Example Age 的分布过于分散，在训练过程中会包含刚上传的视频，也会包含上传已经 1 年，甚至 5 年的视频，这会导致 Example Age 无法集中描述近期的变化趋势。当然，推荐读者同时实现这两种做法，并通过效果评估得出最终的结论。

8.3.8　YouTube 深度学习视频推荐系统总结

至此，本节介绍了 YouTube 深度学习视频推荐系统、模型结构及技术细节。YouTube 分享的关于其深度学习推荐系统的论文是笔者迄今为止看到的包含实践内容最丰富的一篇工程导向的推荐系统论文。每位读者都应该向 YouTube 的工程师学习其开放的分享态度和实践精神。即使读者已经阅读了本节的内容，笔者仍强烈建议读者细读论文原文，搞清楚每一个技术细节，这将对读者开阔思路非常有帮助。

8.4　阿里巴巴深度学习推荐系统的进化

自 2017 年发表 LS-PLM 模型[6]的论文以来，阿里巴巴的广告推荐团队（这里主要指阿里妈妈团队的工作）以惊人的速度和执行力进化着其商品推荐系统。它们不仅包括 3.8 节和 3.9 节介绍的 DIN[7]和其进化版本 DIEN[8]，还包括于 2019 年发布的推荐模型——多通道兴趣记忆网络（Multi-channel user Interest Memory Network，MIMN[9]）。阿里巴巴的数据质量和技术实力毋庸置疑，这为它们的技术快速演进提供了深厚的土壤。笔者希望用更大的时间跨度，总结阿里巴巴深度学习推荐系统的技术迭代历程，期望读者能够从时间和空间上体会头部互联网公司是如何思考问题并进行技术升级的。

8.4.1 推荐系统应用场景

阿里巴巴的应用场景读者可能比较熟悉，无论是天猫还是淘宝，阿里巴巴推荐系统的主要功能是根据用户的历史行为、输入的搜索词及其他商品和用户信息，在网站或 App 的不同推荐位置为用户推荐感兴趣的商品。

在解决推荐问题时，熟悉场景中的细节要素和用户操作的不同阶段是重要的。例如，某用户希望在天猫中购买一个"无线鼠标"，从登录天猫到购买成功，一般需要经历以下几个阶段（图 8-17 展示了用户搜索"无线鼠标"时的推荐结果）。

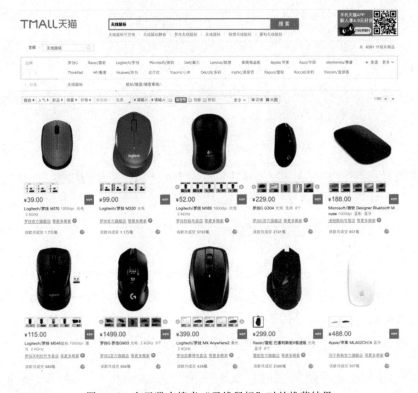

图 8-17　在天猫中搜索"无线鼠标"时的推荐结果

（1）登录。

（2）搜索。

（3）浏览。

（4）点击。

（5）加入购物车。

（6）支付。

（7）购买成功。

每一步都存在着用户的流失，又以"浏览–点击"，"点击–加入购物车"最为关键。那么，到底应该为这两个阶段的行为单独建立 CTR 模型和 CVR 模型，还是统一建模呢？5.4 节介绍的多目标优化模型 ESMM[10]给出了阿里巴巴技术人员对这个问题的思考。

在推荐过程中，可利用的商品信息是多样的，既有文本类的描述信息，又有数字类的价格、购买量等信息，还有不可忽视的商品图片信息，这么多"模态"的信息在一起，如何更好地驱动推荐引擎呢？阿里巴巴技术团队在多模态 CTR 模型一文中（*Image Matters: Visually modeling user behaviors using Advanced Model Server*[11]）给出了解决方案。

除此之外，在推荐系统主模型的迭代过程中，从最开始的 LS-PLM 到基础深度学习模型，再到引入了注意力机制的 DIN 及后续进化版本 DIEN，以及 MIMN，阿里巴巴一直进行着推荐模型的快速迭代升级。

8.4.2　阿里巴巴的推荐模型体系

从 8.4.1 节的介绍中读者可以发现，即使是巨型互联网公司，其技术团队在考虑问题时也是从细节出发的。正是多目标、多模态、各推荐模型的配合使用，才高效地驱动了如此多的推荐场景，解决推荐场景中潜藏的大量细节问题。这里可以如图 8-18 大致勾勒出了阿里巴巴推荐模型的体系。

图中的大部分模型都已经在前面章节中有所涉及，比如 2.7 节介绍了 LS-PLM，3.8 节介绍了 DIN 模型，3.9 节介绍了 DIEN 模型，5.4 节介绍了多目标模型 ESMM。接下来，笔者将以介绍模型的主要思路为主，将阿里巴巴推荐模型的发展过程串联起来。

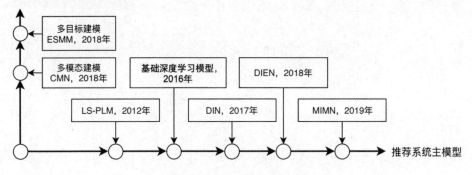

图 8-18   阿里巴巴推荐模型体系

8.4.3   阿里巴巴深度学习推荐模型的进化过程

不谈阿里巴巴在前深度学习时代的推荐模型 LS-PLM（2.7 节已经详细介绍了其原理），其深度学习推荐模型演化的 4 个阶段。

1．基础深度学习模型

基于经典的 Embedding+MLP 深度学习模型架构，将用户行为历史的 Embedding 简单地通过加和池化操作叠加，再与其他用户特征、广告特征、场景特征连接后输入上层神经网络进行训练，模型结构如图 8-19(a)所示。

2．DIN 模型

利用注意力机制替换基础模型的 Sum Pooling 操作，根据候选广告和用户历史行为之间的关系确定每个历史行为的权重，模型结构如图 8-19(b)所示。

3．DIEN 模型

在 DIN 的基础上，进一步改进对用户行为历史的建模，使用序列模型在用户行为历史之上抽取用户兴趣并模拟用户兴趣的演化过程，模型结构如图 8-19(c)所示。

4．MIMN 模型

在 DIEN 的基础上，将用户的兴趣细分为不同兴趣通道，进一步模拟用户在不同兴趣通道上的演化过程，生成不同兴趣通道的记忆向量，再利用注意力机制作用于多层神经网络，模型结构如图 8-19(d)所示。

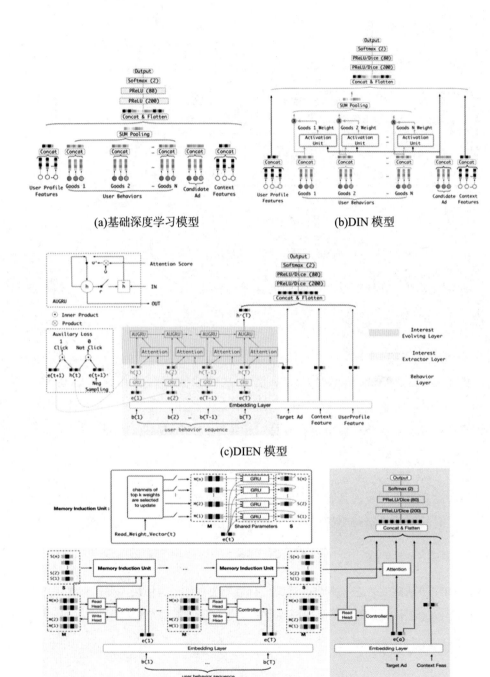

(a)基础深度学习模型   (b)DIN 模型

(c)DIEN 模型

(d)MIMN 模型

图 8-19　阿里巴巴深度学习推荐模型演化的 4 个阶段

阿里巴巴推荐模型进化过程的重点在于对用户历史行为的利用。一方面，用户历史行为确实在推荐中扮演着至关重要的作用；另一方面，得益于阿里巴巴极高的数据质量，其在电商领域的领先地位决定了它的数据能够保存大部分用户的购买兴趣特征，从而有效地对其建模。图 8-20 所示为某女性用户的购买历史。这个例子（每个图片代表该用户购买过的一个商品）很好地解释了阿里巴巴不同推荐模型对用户行为的建模原理。

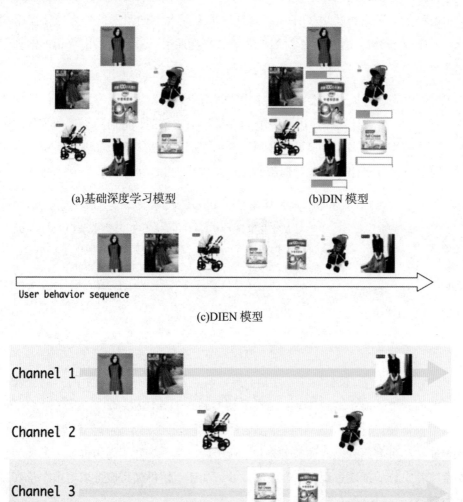

(a)基础深度学习模型   (b)DIN 模型

(c)DIEN 模型

(d)MIMN 模型

图 8-20　阿里巴巴各模型对用户行为的建模方法

图 8-20(a)是基础深度学习模型对待用户行为的办法，即一视同仁，不分重点；从图 8-20(b)中可以看出，每个商品开始有了一个用进度条表示的权重，这个权重是基于该商品与候选商品的关系，通过注意力机制学习出来的。这就让模型具备了有重点地看待不同用户行为的能力；图 8-20(c)中的用户行为有了时间维度，行为历史按照时间轴被排列成了一个序列，DIEN 模型开始考虑用户行为和用户兴趣随时间变化的趋势，这让模型真正具备了下次购买的预测能力；图 8-20(d)中的用户行为不仅被排成了序列，而且根据商品种类的不同被排列成了多个序列，这使得 MIMN 模型开始对用户多个"兴趣通道"进行建模，更精准地把握用户的兴趣变迁过程，避免不同兴趣之间相互干扰。

可以看到，阿里巴巴推荐模型抓住了"用户兴趣"这个关键点进行了数次改进，整个改进过程让模型对用户兴趣的理解越来越精准，进而让模型的效果越来越好。从各模型在淘宝数据集和亚马逊数据集的 AUC 表现（如表 8-6 所示）来看，阿里巴巴针对用户兴趣对模型的改进是成功的。

表 8-6　阿里巴巴各模型的模型效果（AUC）

模　　型	淘宝数据集 (mean±std)	亚马逊数据集 (mean±std)
基础深度学习模型	0.8709 ± 0.00184	0.7367 ± 0.00043
DIN	0.8833 ± 0.00220	0.7419 ± 0.00049
DIEN	0.9081 ± 0.00221	0.7481 ± 0.00102
MIMN	0.9179 ± 0.00325	0.7593 ± 0.00150

8.4.4　模型服务模块的技术架构

针对复杂模型，模型服务一直是业界的难点。使用一些近似的手段简化模型，会让模型效果受损；端到端地将复杂模型搬到线上，使服务的延迟率居高不下，影响用户体验。这一两难的问题同样困扰着阿里巴巴的工程师。对于 DIEN 和 MIMN 这类带有序列结构的模型来说，这个问题尤为突出，因为模型中的序列结构意味着串行的推断过程，模型无法被并行加速，使得模型服务成了整个推荐过程的瓶颈。

那么，如何解决这个棘手的问题的呢？MIMN 的论文原文公开了相关的解决方案（如图 8-21 所示）。

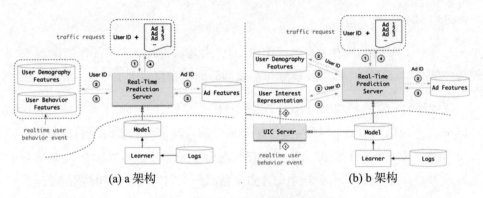

(a) a 架构　　　　　　　　　　　(b) b 架构

图 8-21　阿里巴巴的实时模型服务架构

图 8-21(a)和(b)分别代表了两种不同的模型服务架构，两图中部横向的虚线代表了在线环境和离线环境的分隔。两种架构的区别主要在于左部处理用户行为事件的方法，有以下两点主要区别：

1．用户兴趣表达模块

b 架构将 a 架构的"用户行为特征（User Behavior Features）在线数据库"替换成了"用户兴趣表达（User Interest Representation）在线数据库"。这一变化对模型推断过程非常重要。无论是 DIEN 还是 MIMN，它们表达用户兴趣的最终形式都是兴趣 Embedding 向量。如果在线获取的是用户行为特征序列，那么对实时预估服务器（Real-time Prediction Server）来说，还需要运行复杂的序列模型推断过程生成用户兴趣向量。如果在线获取的是用户兴趣向量，那么实时预估服务器就可以跳过序列模型阶段，直接开始 MLP 阶段的运算。MLP 的层数相较序列模型大大减少，而且便于并行计算，因此整个实时预估的延迟可以大幅减少。

2．用户兴趣中心模块

b 架构增加了一个服务模块——用户兴趣中心（User Interest Center，UIC）。UIC 用于根据用户行为序列生成用户兴趣向量，对 DIEN 和 MIMN 来说，UIC 运行着生成用户兴趣向量的部分模型。与此同时，实时用户行为事件（realtime user behavior event）的更新方式也发生着变化，对 a 架构来说，一个新的用户行为事件产生时，该事件会被插入用户行为特征数据库中，而对 b 架构来说，新的用户行为事件会触发 UIC 的更新逻辑，UIC 会利用该事件更新对应用户的兴趣

Embedding 向量。

在理解了用户兴趣表达模块和 UIC 的作用之后，其他模块的作用在 a 和 b 架构中是基本一致的，其离线部分和在线部分的运行逻辑如下：

离线部分：学习模块（Learner）定期利用系统日志（Logs）训练并更新模型（Model），模型更新之后，新模型在 a 架构中被直接部署在实时预估服务器中，而 b 架构则对模型进行拆分，生成用户兴趣向量的部分（图 8-21(b)左侧部分）部署在 UIC，其余部分（图 8-21(b)右侧灰色部分）部署在实时预估服务器。

在线部分：在线部分的运行流程如下。

（1）流量请求（traffic request）到来，其中携带了用户 ID（User ID）和待排序的候选商品 ID（Ad ID）。

（2）实时预估服务器根据用户 ID 和候选商品 ID 获取用户和商品特征（Ad Features），用户特征具体包括用户的人口属性特征（User Demography Features）和用户行为特征（a 架构）或用户兴趣表达向量（b 架构）。

（3）实时预估服务器利用用户和商品特征进行预估和排序，返回最终排序结果给请求方。

b 架构对最耗时的序列模型部分进行了拆解，因此大幅降低了模型服务的总延迟，根据阿里巴巴公开的数据，每个服务节点在 500 QPS（Queries Per Second，每秒查询次数）的压力下，DIEN 模型的预估时间从 200 毫秒降至 19 毫秒。这无疑是从工程角度优化模型服务过程的功劳。

熟悉之前章节的读者肯定也联想到了 6.5 节介绍的深度学习推荐模型线上部署方法。事实上，a 架构本质上采用了 TensorFlow Serving 或自研模型这种端到端的部署方案，而 b 架构则采用了 Embedding+轻量级线上模型的部署方案。阿里巴巴的实践给这几种线上部署方案提供了最好的案例。

8.4.5 阿里巴巴推荐技术架构总结

从 2016 年到 2019 年，阿里巴巴广告推荐团队发表的一系列论文，构筑起了一整套推荐技术架构，无论是在深度学习理论方面还是在工程方面，都非常建议读者追踪这一系列的文章和技术分享，具体原因有如下 3 点。

1．工程实践性很强

工程实践性强的文章有两个特点，一是应用场景来源于实际，二是解决问题的方案更容易落地。这得益于阿里巴巴得天独厚的业务和数据环境，再加上有优秀工程师的持续输出，让我们看到很多"实践出真知"的解决方案。

2．对用户行为的观察非常精准

在改进推荐系统的过程中，只有将用户的行为和习惯揣摩到位，才能以此出发，从技术上映射用户的习惯。DIN、DIEN、MIMN 等一系列针对用户兴趣的推荐模型，精准地抓住了用户的行为习惯，这样的工作是细致且有效的。

3．模型的微创新

从低维到高维是创新，从离散到连续是创新，从单一到融合也是创新，阿里巴巴的一系列模型将在自然语言处理领域大行其道的注意力机制、序列模型引入推荐领域，是另一种典型且有效的创新手段。除此之外，每次模型的迭代更新都不是推倒重建，而是基于之前模型的微创新，这往往是一个成熟团队进行高效技术迭代的成果。

参考文献

[1] HE XINRAN, et al. Practical lessons from predicting clicks on ads at facebook[C]. Proceedings of the Eighth International Workshop on Data Mining for Online Advertising. 2014.

[2] NAUMOV MAXIM, et al. Deep learning recommendation model for personalization and recommendation systems[A/OL]: arXiv preprint arXiv:1906.00091 (2019).

[3] GRBOVIC MIHAJLO, CHENG HAIBIN Real-time personalization using embeddings for search ranking at airbnb[C]. Proceedings of the 24th ACM SIGKDD International Conference on Knowledge Discovery & Data Mining. 2018.

[4] BURGES, CHRISTOPHER JC. From ranknet to lambdarank to lambdamart: An

overview[J]. Learning 11.23-581 (2010): 81.

[5] COVINGTON PAUL, JAY ADAMS, EMRE SARGIN. Deep neural networks for youtube recommendations[C]. Proceedings of the 10th ACM conference on recommender systems. 2016.

[6] GAI KUN, et al. Learning piece-wise linear models from large scale data for ad click prediction[A/OL]: arXiv preprint arXiv:1704.05194 (2017).

[7] ZHOU GUORUI, et al. Deep interest network for click-through rate prediction[C]. Proceedings of the 24th ACM SIGKDD International Conference on Knowledge Discovery & Data Mining. 2018.

[8] ZHOU GUORUI, et al. Deep interest evolution network for click-through rate prediction[J]. Proceedings of the AAAI Conference on Artificial Intelligence. Vol. 33. 2019.

[9] PI, QI, et al. Practice on long sequential user behavior modeling for click-through rate prediction[C]. Proceedings of the 25th ACM SIGKDD International Conference on Knowledge Discovery & Data Mining. 2019.

[10] MA XIAO, et al. Entire space multi-task model: An effective approach for estimating post-click conversion rate[C]. The 41st International ACM SIGIR Conference on Research & Development in Information Retrieval. 2018.

[11] GE TIEZHENG, et al. Image matters: Visually modeling user behaviors using advanced model server[C]. Proceedings of the 27th ACM International Conference on Information and Knowledge Management. 2018.

第 9 章
构建属于你的推荐系统知识框架

本章是本书的最后一章,在结束了所有推荐系统技术细节的讨论之后,希望读者能够回到推荐系统架构上来,从更高的角度俯瞰推荐系统整体的知识框架。

笔者在第 1 章描述推荐系统的技术架构图时曾提到,读者可以暂时忽略技术架构图中的细节,仅留一个框架在心中,随着不同模块的技术细节逐渐在具体的章节中展开,相信每位读者都会以自己的方式逐一填充心中的技术架构图。

针对某一领域,构建属于自己的知识框架是最重要的,只有建立了知识框架,才能在这个框架的基础上查漏补缺,开枝散叶;只有建立了知识框架,在思考领域相关问题时才能见微知著,深入细节而不忘整体。希望本书为你带来的不仅是解决推荐系统技术问题的具体方法,而是行业内有一定高度的技术格局。

本章将通过 3 种方式回顾本书的所有技术内容,建立它们之间的逻辑联系。

9.1 节将在第 1 章推荐系统技术架构图的基础上,进一步丰富技术细节,形成最终的"推荐系统整体知识架构图"。

9.2 节针对架构图中最核心的推荐模型部分,以时间线的方式回顾模型发展,特别是深度学习模型发展进化的过程。

9.3 节将从推荐系统算法工程师的角度,谈一谈合格的推荐系统算法工程师应该具备的核心素质。

9.1 推荐系统的整体知识架构图

图 9-1 是全书总结性的技术框架图,它与图 1-4 相呼应,在其基础上补充了

本书涉及的大部分技术细节。

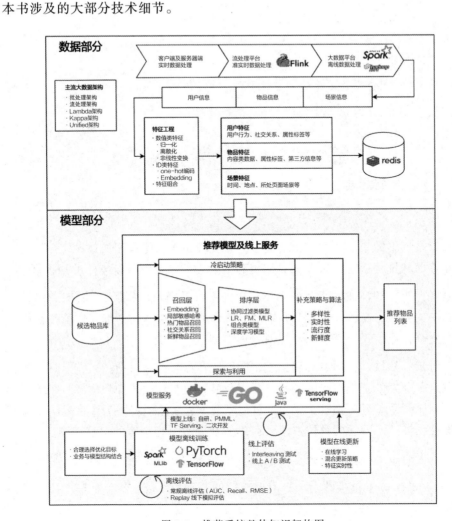

图 9-1　推荐系统整体知识架构图

读者可以把该图当作全书的技术索引，看到图中的每个模块，甚至每一个名词就能回忆起相应技术要点的细节。在打仗时，将军常说"不谋全局者，不足谋一域"，虽然工程师的职责可能不如将军重要，但心中也不可缺少技术系统的"全局"，只有有了"全局"，才能在管理"一域"时找到最佳的解决方案，做到真正的全局最优。

虽然笔者尽可能地在图中汇总了深度学习推荐系统的相关知识，但"技术方案永远是多元的，不可能是唯一的"。图 9-1 是多数企业采用的企业级推荐系统架构，不是唯一的"正确"答案。由于笔者的知识所限，也会遗漏一些优秀的技术途径。在实际应用中，每位工程师都应该以自己的客观环境为出发点，构建最"合适"的而不是最"正确"的推荐系统。

9.2 推荐模型发展的时间线

图 9-2 以时间线的形式总结了本书涉及的推荐模型的发展历程。

图 9-2　推荐模型发展的时间线

读者可以明显感觉到，从 2016 年开始，深度学习推荐模型加快了迭代演化的速度，同时越来越多优秀的互联网公司参与进来，带来了诸多业界最佳实践。

在写作本书的同时，一定又有很多优秀的技术和模型被提出和应用，书本的内容是静态的，但技术的发展是动态的，更前沿的内容还需要读者不断追踪学习。

9.3　如何成为一名优秀的推荐工程师

作为一名推荐工程师，笔者希望与读者探讨优秀的推荐工程师应具备哪些基本素质。作为一名推荐工程师，所擅长的不应仅仅是机器学习相关知识，更应该从业务实践的角度出发，提升自己各方面的能力。

9.3.1　推荐工程师的 4 项能力

抛开具体的岗位需求，从稍高的角度看待这个问题，一名推荐工程师的技术能力基本可以拆解成以下 4 个方面：**知识、工具、逻辑、业务**。

如果用技能雷达图的形式展示与机器学习相关的几个职位所需的能力，则大致如图 9-3 所示。读者可以初步体会这几个职位对能力需求的细微差别。

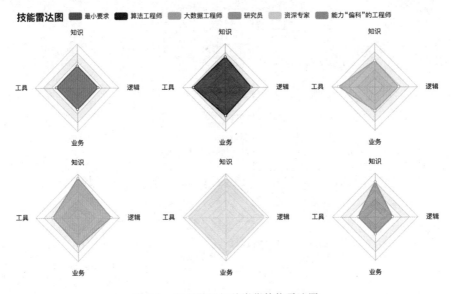

图 9-3　机器学习相关岗位技能雷达图

简单来说，任何推荐系统相关的工程师都应该满足 4 项技能的最小要求，因为在成为一名"优秀"的推荐工程师之前，首先应该是一名合格的工程师。不仅应具有领域相关的知识，还应具有把知识转换成实际系统的能力。一位笔者面试的推荐工程师职位候选人曾发表过一些机器学习相关的论文和专利，从领域"**知识**"的角度看，他是不错的人选，但当验证他的工程能力时，他明确表示不愿意写代码。也许当时不愿意写代码另有隐情，但对面试官来说，这位候选人使用"**工具**"的能力无法被验证，他的能力可能严重"偏科"，自然不是一名合格的推荐工程师。在笔者看来，推荐系统相关的从业者应该具备的最小能力要求如下：

- **知识**：具备基本的推荐系统领域相关知识。
- **工具**：具备编程能力，了解推荐系统相关的工程实践工具。
- **逻辑**：具备算法基础，思考的逻辑性、条理性较强。
- **业务**：对推荐系统的业务场景有所了解。

在最小要求的基础上，不同岗位对能力的要求也有所不同。结合图 9-3 所示的技能雷达，不同岗位的能力特点如下：

- **算法工程师**：算法工程师的能力要求是相对全面的。作为算法模型的实现者和应用者，要求算法工程师有扎实的机器学习基础，改进和实现算法的能力，对工具的运用能力及对业务的洞察。
- **大数据工程师**：更注重大数据工具和平台的改进，需要维护推荐系统相关的整个数据链路，因此对运用**工具**的能力要求最高。
- **算法研究员**：担负着提出新算法、新模型结构等研究任务，因此对算法研究员的**知识**和**逻辑**能力的要求最高。
- **能力"偏科"的工程师**：有些读者平时不注重对工具使用、业务理解方面的知识积累，找工作时临时抱佛脚恶补知识、刷算法题，在一些面试场合下也许是奏效的，但要想成为一名优秀的推荐工程师，还需要补齐自己的能力短板。

当然，只用"知识""工具""逻辑""业务"这 4 个词描述推荐工程师所需的能力过于形而上，接下来具体解释这 4 个技能。

- **知识**：主要指推荐系统相关知识和理论的储备，比如主流的推荐模型、Embedding 的主要方法等。

- **工具**：运用工具将推荐系统的知识应用于实际业务的能力，推荐系统相关的工具主要包括 TensorFlow、PyTorch 等模型训练工具，Spark、Flink 等大数据处理工具，以及一些模型服务相关的工具。

- **逻辑**：举一反三的能力，解决问题的条理性，发散思维的能力，聪明程度，通用算法的掌握程度。

- **业务**：理解推荐系统的应用场景、商业模式；从业务中发现用户动机，制定相应的优化目标并改进模型算法的能力。

请读者根据自己的具体岗位、具体项目有针对性地学习相关技能。

9.3.2 能力的深度和广度

在一项具体的工作面前，优秀的推荐工程师所具备的能力应该是综合的——能够从"深度"和"广度"两个方面提供解决方案。例如，公司希望改进目前的推荐模型，于是你提出了以 DIN 为主要结构的模型改进方案。这就要求你在深度和广度两个方面对 DIN 的原理和实现方案有全面的了解。

深度方面，需要了解从模型动机到实现细节的一系列问题，一条从概括到具体的学习路径的例子如下：

- DIN 模型提出的动机是什么？是否适合自己公司当前的场景和数据特点。（**业务**理解能力。）

- DIN 模型的模型结构是什么？具体实现起来有哪些工程上的难点。（**知识**学习能力，**工具**运用能力。）

- DIN 模型强调的注意力机制是什么？为什么在推荐系统中使用注意力机制能够有效果上的提升？（**业务**理解能力，**知识**学习能力。）

- DIN 模型将用户和商品进行了 Embedding，在实际使用中，应该如何实现 Embedding 过程？（**知识**学习能力，**逻辑**思维能力。）

- 是通过改进现有模型实现 DIN 模型，还是使用全新的离线训练方式训练

DIN 模型？（**工具**运用能力，**逻辑**思维能力。）

- 线上部署和服务 DIN 模型有哪些潜在问题，有哪些解决方案？（**工具**运用能力。）

从这个例子中读者可以看到，一套完备的模型改进方案的形成需要推荐工程师深入了解新模型的细节。缺少了深度的钻研，改进方案就会在实现过程中遇到方向性的错误，增加纠错成本。

推荐工程师除了要深入了解所采用技术方案的细节，还需要在广度上了解各种可能的备选方案的优劣，做到通过综合权衡得出当前客观环境下的最优解。接着上文模型改进的例子，推荐工程师应该从以下方面在广度上进行知识储备：

- 与 DIN 类似的模型有哪些，是否适合当前的使用场景？
- DIN 模型使用的 Embedding 方法有哪些，不同 Embedding 方法的优劣是什么？
- 训练和上线 DIN 的技术方案有哪些？如何与自己公司的技术栈融合？

在深度了解了一个技术方案的前提下，对其他方向的了解可以是概要式的，但也要清楚每种技术方案的要点和特点，必要时可通过 A/B 测试、业界交流咨询、原型系统试验等方式排除候选方案，确定目标方案。

除此之外，6.6 节提到的工程和理论之间的权衡能力也是推荐工程师不可或缺的技能点之一。只有具备了这一点，才能在现实和理想之间进行合理的妥协，完成成熟的技术方案。

9.3.3 推荐工程师的能力总结

想要成为一名优秀的推荐工程师，甚至一名优秀的算法工程师，应该在"知识""工具""逻辑""业务"这 4 个方面综合提高自己的能力，对某一技术方案应该有"深度"和"广度"上的技术储备，在客观技术环境的制约下，针对问题做出权衡和取舍，最终得出可行且合理的技术方案。

后记

　　从开始写作本书到最终结稿，整整花了一年的时间。在这一年中，深度学习推荐系统的发展从未停歇，即便几次调整本书所包括知识的范围，力图跟上推荐系统技术发展的脚步，仍无法囊括所有最新的进展。就像笔者经常向别人介绍自己工作时所说的那样，"推荐工程师是一份挣扎在随时被淘汰边缘的工作"。所以当你合上本书时，这不是结束，而是另一个开始。

　　情况也没那么悲观，就像第 9 章开头介绍的，一旦建立起自己的推荐系统知识体系，剩下的就是在这棵大树上开枝散叶。笔者相信深度学习改变推荐系统的进程远没有结束，之前沉淀下来的经典模型终将成为知识大树上的重要节点，让大家一直受益，也希望本书能成为这棵大树的一个阶段性画像。对笔者来说，这也肯定不是结束，在不远的将来，笔者会持续更新书中的内容，让本书的知识体系同样枝繁叶茂，期待到时再次与你交流。